Strategische Netzwerkplanung unter Berücksichtigung von Rohstoffpreis-Unsicherheiten am Beispiel der Sammlung und Verwertung von Photovoltaik-Modulen

Von der Fakultät für Wirtschaftswissenschaften der Rheinisch-Westfälischen Technischen Hochschule Aachen zur Erlangung des akademischen Grades einer Doktorin der Wirtschafts- und Sozialwissenschaften genehmigte Dissertation

vorgelegt von

Diplom-Kauffrau Eva Johanna Degel, geb. Burgard

Berichter: Univ.-Prof. Dr. rer. pol. Grit Walther
Univ.-Prof. Dr. rer. pol. Peter Letmathe

Tag der mündlichen Prüfung: 13.05.2016

Bibliografische Information der Deutschen Nationalbibliothek
Die Deutsche Nationalbibliothek verzeichnet diese Publikation in der Deutschen Nationalbibliografie; detaillierte bibliografische Daten sind im Internet über http://dnb.ddb.de abrufbar.

Eva Johanna Degel:

Strategische Netzwerkplanung unter Berücksichtigung von Rohstoffpreis-Unsicherheiten am Beispiel der Sammlung und Verwertung von Photovoltaik-Modulen

1. Auflage, 2017

Gedruckt auf holz- und säurefreiem Papier, 100% chlorfrei gebleicht.

Apprimus Verlag, Aachen, 2017
Wissenschaftsverlag des Instituts für Industriekommunikation und Fachmedien an der RWTH Aachen
Steinbachstr. 25, 52074 Aachen
Internet: www.apprimus-verlag.de, E-Mail: info@apprimus-verlag.de

Druck: KN Digital Printforce GmbH, Stuttgart

ISBN 978-3-86359-505-0

D 82 (Diss. RWTH Aachen University, 2016)

Danksagung

Ich bin sehr glücklich, dass ich heute diese Arbeit in den Händen halte. Aus diesem Grund bin ich auch einigen Menschen sehr dankbar, die mich bei der Zusammenstellung dieser Arbeit unterstützt und begleitet haben.

Zuallererst möchte ich meiner Doktormutter Univ.-Prof. Dr. Grit Walther für die gute Unterstützung sowie zahlreichen Anregungen und Denkanstöße während meiner Promotionszeit herzlich danken! Ebenfalls bedanke ich mich herzlich bei Univ.-Prof. Dr. Peter Letmathe für die Übernahme des Koreferates und das Interesse an meiner Themenstellung. Bei Univ.-Prof. Dr. Catherine Cleophas bedanke ich mich für die Leitung sowie bei Univ.-Prof. Dr. Oliver Lorz für die Mitarbeit an meiner Promotionskommission.

Ein ganz besonderer Dank gilt meinen Kollegen, die meine Arbeit und mein Leben auf fachlicher und überfachlicher Ebene sehr bereichert haben. Insbesondere danke ich Dr. Martin Bock, Olga Bock, Laura Hombach, Dr. Sophie Meyer, Christian Rathjen und Dr. Henric Fründ für die gute Zeit an der Bergischen Universität Wuppertal sowie Veronika Liebke und Verena Feld für die gute Zusammenarbeit an der RWTH Aachen. Ein ganz großer Dank gilt meiner Freundin Dr. Ruth Steinhauer für die Korrektur des Manuskripts und ihre fürsorgliche Unterstützung in allen Lebenslagen.

Ich danke ganz besonders meiner Schwester Marie und meinem Bruder Robert für die vielen schönen Momente, die wir zusammen verbracht haben und verbringen werden. Von Herzen danke ich meinen Eltern Birgit und Bernd Burgard dafür, dass sie immer für mich da sind und immer ihr Bestes geben, um meinen Geschwistern und mir alles zu ermöglichen. Ein ganz besonderer Dank gilt auch meinen Schwiegereltern Rosita und Manfred Degel für die große Hilfe und Unterstützung nicht nur während der Erstellung dieser Arbeit. Mein größter Dank gilt meinem Ehemann Dirk für seine Liebe und seinen unermüdlichen Antrieb, unsere Grenzen immer neu auszuloten.

Eva Johanna Degel

Inhaltsverzeichnis

Inhaltsverzeichnis I

Abbildungsverzeichnis IV

Tabellenverzeichnis VI

Abkürzungsverzeichnis IX

Symbolverzeichnis XI

1. Einleitung 1

1.1. Ausgangslage und Problemstellung 1

1.2. Zielsetzung und Vorgehensweise 3

2. Rahmenbedingungen der Sammlung und Verwertung von PV-Modulen 7

2.1. Technische Rahmenbedingungen 8

2.1.1. PV-Anlagen – Aufbau und Charakterisierung 8

2.1.2. PV-Module – Typen, Funktionsweise und Zusammensetzung . . 11

2.1.3. Lebensdauer und Abfallaufkommen 14

2.1.3.1. Entwicklung und Prognose des Ausbaus von Photovoltaik-Anlagen 16

2.1.3.2. Lebensdauer 20

2.1.3.3. Weitere Abfallquellen 21

2.1.3.4. Abschätzung des Abfallaufkommens an PV-Modulen . 23

2.2. Rechtliche Rahmenbedingungen 27

2.3. Existierende Sammlungs- und Verwertungsmaßnahmen 31

2.3.1. Sammlung 31

2.3.2. Verwertung 32

2.3.2.1. Glasrecycling 35

2.3.2.2. SolarWorld/SolarCycle 37

2.3.2.3. First Solar 39

2.3.2.4. Lobbe 40

2.3.2.5. Weitere Recyclingansätze 42

2.4. Strategisches Rohstoffpotential von PV-Modulen 44

2.4.1. Rohstoff-Angebot 45

2.4.2. Rohstoff-Nachfrage 46

2.4.3. Historische Rohstoffpreisentwicklung 50
2.5. Fazit und Ableitung von Anforderungen an ein Entscheidungsunterstützungssystem 53

3. Ansätze zur strategischen Planung von Sammlungs- und Verwertungsnetzwerken 57
3.1. Planungsansätze des Reverse Logistics 58
3.1.1. Allgemeine Ansätze für die strategischen Planung von Sammlungs- und Verwertungsnetzwerken 60
3.1.2. Spezielle Ansätze für die Sammlung und Verwertung von PV-Modulen 63
3.2. Ansätze zur Optimierung unter Unsicherheit 66
3.2.1. Methoden zur Unterstützung von Entscheidungen unter Unsicherheit 66
3.2.2. Analyse der Integration von Unsicherheit in strategischen Planungsansätzen des Reverse Logistics und Closed-Loop Supply Chain Managements 73
3.3. Ansätze und Indikatoren für die Rohstoffpreisprognose 77
3.3.1. Ansätze für die Prognose von Rohstoffpreisen 77
3.3.2. Ansätze zur Messung der Rohstoffkritikalität 78
3.3.2.1. Konzepte zur Messung der Rohstoffkritikalität 78
3.3.2.2. Bewertung der in PV-Modulen enthaltenen Rohstoffe hinsichtlich der Rohstoffkritikalität 83
3.4. Fazit: Geeignete Ansätze für die strategische Netzwerkplanung der Sammlung und Verwertung von PV-Modulen 85

4. Konzeption eines strategischen Planungsansatzes zur Modellierung und Bewertung der Sammlung und Verwertung von PV-Modulen 87
4.1. Darstellung eines Netzwerkes zur Sammlung und Verwertung von PV-Modulen 88
4.2. Technische Modellierung der Verwertung 92
4.3. Betriebswirtschaftliche Bewertung von Verwertungsnetzwerken 93
4.3.1. Modellierung der Investitionen 94
4.3.2. Modellierung der betriebsbedingten Zahlungen 96
4.3.2.1. Fixe betriebsbedingte Zahlungen 96
4.3.2.2. Variable Zahlungen 96
4.3.3. Modellierung der Zahlungen für Transporte 97

4.4. Modellierung eines strategischen Planungsansatzes für die Sammlung und Verwertung von PV-Modulen . . . 98
4.5. Szenariobasierte Erweiterung des Planungsmodells . . . 108
4.6. Komplexität des Planungsansatzes . . . 111

5. Fallstudien zur Planung eines Sammlungs- und Verwertungsnetzwerkes für PV-Module 115

5.1. Datenerhebung . . . 116
5.1.1. Sammlung . . . 116
5.1.2. Recyclinganlagen . . . 118
5.1.3. Transport . . . 120
5.1.4. Rohstoffpreisentwicklung . . . 122
5.1.5. Weitere planungsrelevante Daten . . . 123
5.2. Daten-Aggregation und Standortvorauswahl . . . 123
5.3. Regionale Fallstudie für Nordrhein-Westfalen . . . 125
5.3.1. Datenermittlung Fallstudie NRW . . . 126
5.3.2. Preprocessing und Implementierung . . . 128
5.3.2.1. Preprocessing . . . 128
5.3.2.2. Implementierung . . . 129
5.3.3. Ergebnisse . . . 130
5.4. Fallstudie Deutschland . . . 135
5.4.1. Datenermittlung Fallstudie Deutschland . . . 135
5.4.2. Modellanpassung und Preprocessing . . . 136
5.4.3. Ergebnisse . . . 140
5.4.4. Szenarioanalyse . . . 145
5.5. Handlungsempfehlungen für die Sammlung und Verwertung von PV-Modulen . . . 147
5.5.1. Handlungsempfehlungen an potentielle Investoren . . . 148
5.5.2. Handlungsempfehlungen an Hersteller von PV-Modulen . . . 149
5.5.3. Handlungsempfehlungen an Forschung und Entwicklung . . . 150
5.5.4. Handlungsempfehlungen an politische Entscheidungsträger . . . 150

6. Kritische Würdigung und Ausblick 153

6.1. Kritische Würdigung . . . 153
6.2. Weitere Einsatzbereiche des Planungsansatzes . . . 155
6.3. Weiterer Forschungsbedarf . . . 156

7. Zusammenfassung 159

A. Anhang **163**
A.1. Übersicht PV-Hersteller 163
A.2. Auswertung verschiedener Rohstoffkritikalitätsstudien 165

Literaturverzeichnis **169**

Abbildungsverzeichnis

1.1. Zielsetzung und Lösungswege der Arbeit 5

2.1. Komponenten einer PV-Anlage 9
2.2. Exemplarischer Aufbau c-Si PV-Modul 11
2.3. Schematischer Aufbau einer Solarzelle mit $p-n$-Übergang und Kontaktierung 12
2.4. Solarzellentypen im Überblick 12
2.5. Entwicklung der Wirkungsgrade verschiedener PV-Modultypen 13
2.6. Entwicklung der Marktanteile verschiedener PV-Modultypen 14
2.7. Entwicklung des Zubaus an PV-Leistung im Zeitraum von 1990–2014 . 17
2.8. Verteilung der installierten Leistung nach Bundesländern 19
2.9. Vergleich verschiedener Zubau-Prognosen für Deutschland 20
2.10. PV-Hersteller in Deutschland 23
2.11. Abschätzung des Abfallaufkommes für Deutschland 25
2.12. Vergleich des erwarteten Abfallaufkommens für Deutschland anhand verschiedener Quellen 26
2.13. Begrifflichkeiten des Abfallrechts sowie einzuhaltende Quoten gemäß ElektroG 27
2.14. Glasrecycling-Prozess 35
2.15. Bestehende Standorte der Glasrecyclinganlagen der Exner Trenntechnik und der Reiling Unternehmensgruppe 37
2.16. Recyclingprozess SolarWorld 38
2.17. Recyclingprozess First Solar 40
2.18. Recyclingprozess Lobbe 42
2.19. Anteil der importierten und exportierten Mengen am gesamten Handelsvolumen verschiedener Rohstoffe 47
2.20. Erwartete Entwicklung des globalen Bedarfs ausgewählter Rohstoffe . . 49
2.21. Entwicklung Preisindizes für metallische Rohstoffe 51
2.22. Preis- und Volatilitätsentwicklung von Silber, Indium und Tellur . . . 52

3.1. Klassifizierung von Entscheidungssituationen anhand der verfügbaren Information 67
3.2. Methodenüberblick: Entscheidungen unter Unsicherheit 73

3.3. Zweidimensionale Kritikalitätsmatrix nach [National Research Council, 2008] . . . 79
3.4. Kritierenhierarchie zur Messung der Kritikalität eines Rohstoffs . . . 82
3.5. Konzept zur Entscheidungsunterstützung der strategischen Netzwerkplanung für die Sammlung und Verwertung von PV-Modulen . . . 86

4.1. Prozess Sammlung und Verwertung von PV-Modulen . . . 88
4.2. Recyclingprozess SolarWorld . . . 92

5.1. Aggregiertes Abfallaufkommen am Beispiel des Bundeslandes Nordrhein-Westfalen . . . 124
5.2. In NRW installierte PV-Leistung . . . 126
5.3. Abschätzung des Abfallaufkommes für NRW . . . 127
5.4. Aggregierte Kundenstandorte sowie Standortvorauswahl für individuelle Sammelstellen und Verwertungsanlagen . . . 129
5.5. Zeitlicher und geographischer Verlauf der Verwertungsinfrastrukturentwicklung je Szenario . . . 130
5.6. Verteilung der Auszahlungen je Szenario und gesamte Aus- und Einzahlungen je Szenario . . . 131
5.7. Verwertungspfade je Modultyp und Szenario . . . 132
5.8. Diskontierte Gesamteinzahlungen je Rohstoff und je Szenario . . . 133
5.9. Optimale Zielfunktionswerte je Szenario sowie Ergebnisse des Hurwicz-Ansatzes . . . 134
5.10. Installierte PV-Leistung je Bundesland sowie Standorte der PV-Hersteller 136
5.11. Aggregierte Kundenstandorte sowie Standortvorauswahl für Sammelstellen bzw. Verwertungsanlagen . . . 139
5.12. Zeitlicher und geographischer Verlauf der Verwertungsinfrastrukturentwicklung je Szenario . . . 140
5.13. Prozentuale Verteilung der Auszahlungen je Szenario und gesamte Aus- und Einzahlungen je Szenario . . . 141
5.14. Verwertungspfade je Modultyp . . . 142
5.15. Diskontierte Gesamteinzahlungen je Rohstoff und je Szenario . . . 143
5.16. Optimale Zielfunktionswerte je Szenario sowie Ergebnisse des Hurwicz-Ansatzes . . . 144

Tabellenverzeichnis

2.1. Marktanteile verschiedener Größenklassen von PV-Anlagen 10
2.2. Rohstoffzusammensetzung verschiedener PV-Modultypen 15
2.3. Wahrscheinlichkeiten des Endes der Lebensdauer 21
2.4. Marktanteile nach PV-Modultyp und Jahr in Europa 24
2.5. Modulgewichte unterschiedlicher PV-Modultypen 24
2.6. Erfassungs-, Verwertungs- sowie Recyclingquoten für PV-Module anhand des Referenzentwurfs des ElektroG 30
2.7. Überblick Verwertungstechnologien für PV-Module 34
2.8. Wiedergewonnene Outputfraktionen Glasrecycling 36
2.9. Wiedergewonnene Outputfraktionen Solarworld 39
2.10. Wiedergewonnene Outputfraktionen FirstSolar 41
2.11. Wiedergewonnene Outputfraktionen Lobbe 42
2.12. Reserven und Ressourcen von PV-Rohstoffen 45
2.13. Statische Reichweite ausgewählter Rohstoffe 46
2.14. Ausgewählte Einsatzgebiete und Anwendungen verschiedener Rohstoffe 48
2.15. Durchschnittliche Preise und Volatilitäten 50
2.16. Kritikalitätsbewertung nach [Erdmann et al., 2011] 52

3.1. Planungsprobleme des Reverse Logistics 60
3.2. Literaturüberblick: Strategische Netzwerkplanung im Reverse Logistics 65
3.3. Entscheidungsregeln für Entscheidungen unter Risiko 69
3.4. Klassische Entscheidungskriterien unter Ungewissheit 70
3.5. Ausgewählte Konzepte der robusten Optimierung 72
3.6. Literaturüberblick: Berücksichtigung von Unsicherheiten in der strategischen Netzwerkplanung im Reverse Logistics 74
3.7. Literaturüberblick: Studien zur Kritikalitätsbewertung 80
3.8. Kritikalitätsbewertung von in PV-Modulen enthaltenen Rohstoffen . . 84

4.1. Wertebereich der Auszahlungen 97

5.1. Betriebliche Daten der verschiedenen Sammelsysteme 118
5.2. Komplexitätsvergleich der Verfahren 119
5.3. Zusammensetzung fixe betriebsbedingte Zahlungen 120
5.4. Technologiespezifische betriebswirtschaftliche Daten der Recyclingtechnologien 121

5.5. Zahlungen für den Transport 121
5.6. Rohstoffpreise und Kritikalitätsbewertung 122
5.7. Szenarien Rohstoffpreise 123
5.8. Größe der Optimierungsmodelle der NRW-Fallstudie 129
5.9. Änderung in der Notation für Fallstudie Deutschland 137
5.11. Größe der Optimierungsmodelle der Fallstudie Deutschland 139
5.12. Prozentuale Verteilung der installierten Kapazitäten auf die einzelnen Recyclingtechnologien 141
5.13. Wiedergewonnene Massenanteile je Rohstoff und Szenario 144
5.14. Betriebswirtschaftliche Daten bei einer Verteuerung der Verwertungsanlage Lobbe 146
5.15. Betriebswirtschaftliche Daten für Anlagen mit einer jährlichen Kapazität von 30.000 t 147

A.1. Übersicht PV-Hersteller mit erwarteter Produktionsmenge für 2013 . . 163
A.2. Kritikalität nach [National Research Council, 2008] 165
A.3. Kritikalität nach [Morley und Eatherley, 2008] 165
A.4. Kritikalität nach [Buchert et al., 2009] 166
A.5. Kritikalität nach [Europäische Kommission, 2014] und [Europäische Kommission, 2010a] 166
A.6. Kritikalität nach [U.S. Department of Energy, 2010] 167
A.7. Kritikalität nach [Pfleger et al., 2011] 167
A.8. Kritikalität nach [Erdmann et al., 2011] 168

Abkürzungsverzeichnis

Abkürzungen

AbfRRL	Abfallrahmenrichtlinie
a-Si	amorphe Silizium-Module
BGR	Bundesanstalt für Geowissenschaften und Rohstoffe
CdTe	Kadmiumtellurid Module
CIGS/CIS	Kupfer-(Indium/Gallium)-(Selen/Schwefel) Module
c-Si	Kristallines Silizium
DC-Kabel	Gleichstromkabel
DERA	Deutsche Rohstoffagentur
EEG	Erneuerbare-Energien-Gesetz
ElektroG	Elektro- und Elektronikgerätegesetz
EU	Europäische Union
EVA	Ethylenvinylacetat
IMP-Index	Industriemetallpreis-Index
KrWG	Kreislaufwirtschaftsgesetz
MILP	Mixed integer linear problem (gemischt-ganzzahliges lineares Optimierungsproblem)
NRW	Nordrhein-Westfalen
NPV	Net Present Value (Kapitalwert)
Off-Grid-Anlage	Netzentkoppelte Anlage
örE	Öffentlich-rechtliche Entsorgungsträger
PV	Photovoltaik
PV-Anlage	Photovoltaik-Anlage
PV-Hersteller	Photovoltaik-Hersteller
PV-Modul	Photovoltaik-Modul
PV-Modultyp	Photovoltaik-Modultyp
WEEE	Waste Electrical and Electronic Equipment

Einheiten

€	Euro
$	Dollar
a	Jahr

g	Gramm
GWp	Gigawatt peak
kg	Kilogramm
km	Kilometer
kWp	Kilowatt peak
l	Liter
MWp	Megawatt peak
t	Tonne
W	Watt

Symbolverzeichnis

Indizes und Mengen

C^I : Menge aller potentiellen Sammelstellen c eines individuellen Sammelsystems $c \in C^I$

C^O : Menge aller bestehenden WEEE-Sammelstellen $c \in C^O$

C : Menge aller Sammelstellen c, es gilt: $C = C^I \cup C^O$

G : Menge aller Kapazitätsklassen g der Verwertungsanlagen, $g \in G$

H : Menge aller Outputfraktionen $h \in H$

M^H : Menge aller Herstellerstandorte $m \in M^H$

M^K : Menge aller Kundenstandorte mit installierten PV-Anlagen $m \in M^K$

M : Menge aller Abfallentstehungsorte m, es gilt: $M = M^H \cup M^K$

N^R : Menge aller potentiellen Standorte für Verwertungsanlagen $n \in N^R$

N^A : Menge der Standorte der existierenden Verwertungsanlagen $n \in N^A$

N : Menge aller Verwertungsstandorte $n \in N$, es gilt: $N = N^R \cup N^A$

P : Menge aller PV-Modultypen $p \in P$

P_r^R : Menge aller PV-Modultypen p, die von Verwertungstechnologie r verwertet werden können

Q^N : Menge aller niedrigen Qualitäten der Sammlung $q \in Q^N$ (unsortiert)

Q^H : Menge aller hohen Qualitäten der Sammlung $q \in Q^H$ (sortiert)

Q : Menge aller Qualitäten der Sammlung $q \in Q$, es gilt: $Q = Q^N \cup Q^H$

Q_r^R : Menge aller Qualitäten q, die von Verwertungstechnologie r verwertet werden können

R : Menge aller Verwertungstechnologien $r \in R$

S : Menge aller Szenarien $s \in S$

T : Menge aller (diskreten) Perioden $t \in T$

Variablen und Parameter

A_{mpt} : Abfallaufkommen am Abfallentstehungsort $m \in M$ von PV-Modultyp p in Periode t in [t/a]

A_{mpt}^H : Abfallaufkommen am Herstellerstandort $m \in M^H$ von PV-Modultyp p in Periode t in [t/a]

A^K_{mpt}	:	Abfallaufkommen am Kundenstandort $m \in M^K$ von PV-Modultyp p in Periode t in [t/a]
b_{cpqt}	:	Menge, die an der individuellen Sammelstelle $c \in C^I$ an Modultyp p in Qualität q in Periode t gelagert wird in [t/a]
C^T_t	:	Zahlungen für die Transporte in Periode t in [€]
C^P_t	:	Zahlungen für den Betrieb der Sammelstellen und Verwertungsanlagen in Periode t in [€]
D^{CN}_{cn}	:	Entfernung zwischen der Sammelstelle $c \in C$ und dem Verwertungsstandort $n \in N$ in [km]
D^{HN}_{mn}	:	Entfernung zwischen Herstellerstandort $m \in M^H$ und dem Verwertungsstandort $n \in N$ in [km]
D^{HC}_{mc}	:	Entfernung zwischen Herstellerstandort $m \in M^H$ und der individuellen Sammelstelle $c \in C^I$ in [km]
D^{KC}_{mc}	:	Entfernung zwischen Kundenstandort $m \in M^K$ und der Sammelstelle $c \in C$ in [km]
$E^{Out}_{t(s)}$	:	Zahlungen für den Verkauf bzw. die Beseitigung der Outputfraktionen in Periode t (und Szenario s) in [€]
i	:	Kalkulationszinssatz in [%/a]
IC	:	Investition zur Errichtung einer individuellen Sammelstelle in [€]
IR_{rg}	:	Investition zur Errichtung einer Verwertungsanlage der Technologie r in Kapazitätsklasse g in [€]
I_t	:	Investitionen in Periode t in [€]
K^{CI}	:	Lagerkapazität einer individuellen Sammelstelle in [t/a]
KF	:	Komplexitätsfaktor eines Prozesses relativ zum Verfahren von SolarWorld
K^{NA}_n	:	Freie Kapazität der existierenden Verwertungsanlage am Standort $n \in N^A$ in [t/a]
K^{Rec}_{rg}	:	Kapazität der Verwertungsanlage der Technologie r in Kapazitätsklasse g in [t/a]
$\mathbf{M}$	:	Hinreichend große Zahl
$\boldsymbol{NPV}_s$	:	Net Present Value in Szenario s in [€]
P^{Bes}_{pt}	:	Auszahlung für die Beseitigung von einer Tonne PV-Modulen p in Periode t in [€/t]

$P_{ht(s)}$: Ein-/Auszahlung für den Verkauf bzw. die Beseitigung einer Tonne der Outputfraktion h in Periode t (und Szenario s) in [€/t]

t_r^* : Zeitpunkt, zu dem die Verwertungstechnologie r für den industriellen Einsatz zur Verfügung steht

T^{HN} : Distanzabhängige Zahlungen für den Transport einer Tonne vom Herstellerstandort $m \in M^H$ zum Verwertungsstandort $n \in N$ in [€/tkm]

T^{HC} : Distanzabhängige Zahlungen für den Transport einer Tonne vom Herstellerstandort $m \in M^H$ zur Sammelstelle $c \in C^I$ in [€/tkm]

T^{KC} : Distanzabhängige Zahlungen für den Transport einer Tonne vom Kundenstandort $m \in M^K$ zur Sammelstelle $c \in C$ in [€/tkm]

T^{CN} : Distanzabhängige Zahlungen für den Transport einer Tonne von Sammelstelle $c \in C$ zum Verwertungsstandort $n \in N$ in [€/tkm]

u_t : Verwertungs- und Recyclingquote in [%]

V_{rph} : Transformationskoeffizient der Verwertungstechnologie r bei Verwertung eines Moduls des Modultyps p zu Outputfraktion h

w_{cqt} : Binärvariable, die anzeigt, ob eine Sammelstelle an Standort $c \in C$ zur Sammlung in Qualität q in Periode t in Betrieb ist

x^{Bes}_{nrgpqt} : Menge von Modultyp p in Qualität q, die an Standort n mit Verwertungstechnologie r in Kapazitätsklasse g in Periode t beseitigt wird in [t/a]

x^{C}_{cpqt} : Abfallmenge, die an Sammelstelle $c \in C^I$ an Modultyp p in Qualität q in Periode t gesammelt wird in [t/a]

x^{CN}_{cnpqt} : Menge, die von Sammelstelle $c \in C$ zum Verwertungsstandort $n \in N$ mit Verwertungstechnologie r an Modultyp p in Qualität q in Periode t transportiert wird in [t/a]

x^{HN}_{mnpqt} : Abfallmenge, die von Herstellerstandort $m \in M^H$ direkt zum Verwertungsstandort n an PV-Modultyp p in Periode t in Qualität q transportiert wird in [t/a]

x^{HC}_{mcpt} : Abfallmenge, die von Produktionsstandort $m \in M^H$ zur individuellen Sammelstelle $c \in C^I$ an PV-Modultyp p in Periode t transportiert wird in [t/a]

x^{KC}_{mcpt} : Menge, die von Kundenstandort $m \in M^K$ zur Sammelstelle $c \in C$ an Modultyp p in Periode t transportiert wird in [t/a]

x_{mcpt}^{MC} : Abfallmenge, die von Abfallentstehungsort $m \in M$ zur Sammelstelle $c \in C^I$ an PV-Modultyp p in Periode t transportiert wird in [t/a]

x_{nht}^{Out} : Menge der Outputfraktion h, die am Standort n in Periode t erzeugt wird in [t/a]

x_{nrgpqt}^{V} : Menge, die am Verwertungsstandort n mit Verwertungstechnologie r in Kapazitätsklasse g an PV-Modultyp p in Qualität q in Periode t verwertet wird in [t/a]

y_{cqt}^{CI} : Binärvariable, die anzeigt, ob eine individuelle Sammelstelle am Standort $c \in C^I$ zur Sammlung in Qualität q in Periode t errichtet wird

y_{nrgt}^{Rec} : Ganzzahlige Variable, die die Eröffnung von Verwertungsanlagen der Technologie r in Kapazitätsklasse g am Standort $n \in N^R$ in Periode t anzeigt

z^{min} : Hilfsvariable für schlechtesten Zielfunktionswert im Hurwicz-Ansatz

z^{max} : Hilfsvariable für besten Zielfunktionswert im Hurwicz-Ansatz

z_s : Hilfsvariable zur Auswahl eines Szenarios im Hurwicz-Ansatz

ZC_{cq}^{fix} : Fixe Zahlungen je Periode bei Betrieb einer Sammelstelle c und Sammlung in Qualität q (Unterscheidung nach Sammelstellentyp in $c \in C^O$ bzw. $c \in C^I$) in [€/a]

ZL_q : Variable Zahlungen für die Lagerung einer Tonne für eine Periode an einer individuellen Sammelstelle in Abhängigkeit von der Sammelqualität q in [€/(t·a)]

ZR_{rg}^{fix} : Fixe Zahlungen je Periode bei Betrieb einer Verwertungsanlage der Technologie r in Kapazitätsklasse g in [€/a]

ZR_{rg}^{var} : Variable Zahlungen je verwerteter Tonne bei Betrieb einer Verwertungsanlage der Technologie r in Kapazitätsklasse g in [€/t]

z_{nrgt}^{Rec} : Anzahl der Verwertungsanlagen, die am Standort $n \in N^R$ in Technologie r und Kapazitätsklasse g in Periode t in Betrieb sind

λ : Optimismusparameter

1 Einleitung

1.1. Ausgangslage und Problemstellung

Angesichts des drohenden Klimawandels hat die Erzeugung von Energie mittels erneuerbarer Energieträger in den letzten Jahren zunehmend an Bedeutung gewonnen. Hierzu werden neben der schon seit vielen Jahren eingesetzten Wasserkraft in zunehmendem Maße Windkraft, Biomasse, Geothermie und Sonnenenergie genutzt. Die verfügbare Energie, die sich aus der Umwandlung von Sonneneinstrahlung in elektrische Energie erzeugen liese, übersteigt den globalen Energiebedarf um ein Vielfaches [Teske und Masson, 2011, S. 14]. Zur Nutzung dieser Energiequelle sind jedoch zunächst die hierfür notwendigen Photovoltaik-Anlagen (PV-Anlagen) zu installieren. Insbesondere Deutschland wurde in den vergangenen Jahren zum Vorreiter bei deren Inbetriebnahme. Im Zuge eines subventionsbedingten starken Zubaus der installierten Leistung wurde im Jahre 2014 ein Anteil von 6 % des gesamten Bruttostromverbrauchs durch diese Energiequelle gedeckt [Umweltbundesamt, 2015b]. Dies entspricht einer installierten Leistung von ca. 38 GWp [Bundesverband Solarwirtschaft e. V., 2015].

Aufgrund der langen Lebensdauer der PV-Anlagen stand bisher hauptsächlich die Installation und der Betrieb der Anlagen im Fokus des öffentlichen Interesses. In den nächsten Jahren wird jedoch zunehmend die Frage der Verwertung ausgedienter PV-Anlagen von Relevanz werden. Ausgehend von einer erwarteten Lebensdauer von 20–25 Jahren wird für 2035 in der Europäischen Union ein Abfallaufkommen von ca. 2 Mio. Tonnen PV-Altmodulen erwartet [Monier und Hestin, 2011, S. 50].

Vor diesem Hintergrund wurden PV-Module im Rahmen der Novelle der europäischen Richtlinie 2012/19/EU über Elektro- und Elektronik-Altgeräte (WEEE) in den Geltungsbereich dieser Richtlinie integriert [WEEE, 2012]. Entsprechend wird den Herstellern die Verantwortung über die Verwertung der Module am Ende ihrer Lebensdauer übertragen. Hierfür sieht die Richtlinie feste Erfassungsquoten sowie Verwertungs-

und Recyclingquoten vor. Die notwendige Umsetzung der europäischen Richtlinie in nationales Recht im Rahmen einer Novelle des Gesetzes über das Inverkehrbringen, die Rücknahme und die umweltverträgliche Entsorgung von Elektro- und Elektronikgeräten (ElektroG) befindet sich zur Zeit in der Gesetzgebung [ElektroG, 2015]. Für die Einhaltung der vorgeschriebenen Quoten ist es unabdingbar eine adäquate Sammlungs- und Verwertungsinfrastruktur einzurichten.

Derzeit befinden sich eine Reihe verschiedener PV-Modultypen im Einsatz, die sich durch ihre jeweilige Technologie unterscheiden. Je nach verwendeter Technologie werden in den Modulen unterschiedliche Rohstoffe eingesetzt. Darunter befinden sich in geringen Mengen eine Reihe kritischer Rohstoffe – u. a. Indium, Silber, Kupfer, Tellur oder Gallium –, für deren Bezug gerade Deutschland zum Teil auf Importe angewiesen ist. Demnach könnte das Recycling von PV-Modulen hinsichtlich der Rohstoffsicherung eine interessante Alternative darstellen [Sander et al., 2007, S. 148], [Kroll und Szombathy, 2012, S. 14]. Dies deckt sich auch mit der Rohstoffstrategie der Bundesregierung, in der das Recycling als eine der Säulen zur Sicherung der zukünftigen Rohstoffversorgung verankert ist [Bundesministerium für Wirtschaft und Technologie, 2010, S. 13].

Zur Wiedergewinnung der enthaltenen Rohstoffe befinden sich bereits verschiedene Recyclingtechnologien in der Entwicklung. Diese teils spezifisch auf einzelne PV-Modultypen abgestimmten Technologien unterscheiden sich neben ihrem Entwicklungsstadium auch dahingehend, welche Rohstoffe diese wiedergewinnen können. Eine Installation der fortschrittlichen Technologien, die auch die enthaltenen kritischen Rohstoffe wiedergewinnen können, wird mit hohen Investitionen verbunden sein. Die ökonomische Attraktivität einer solchen Investition hängt letztlich von den erzielbaren Erlösen der Anlagen und damit der zukünftigen Preisentwicklung für die gewonnenen Sekundärrohstoffe ab. Im Hinblick auf den zukünftig weiterhin stark steigenden Rohstoffbedarf und vor dem Hintergrund der Abhängigkeit Deutschlands von Rohstoffimporten sind Preissteigerungen in Zukunft potentiell möglich, jedoch großen Unsicherheiten unterworfen [Huy et al., 2014; Angerer et al., 2009]. Entsprechend stellt sich die Frage, ob und wie eine Kreislaufführung der in den PV-Modulen enthaltenen kritischen Rohstoffe durch eine frühzeitige Einführung einer entsprechenden Sammlungs- und Verwertungsinfrastruktur ermöglicht werden sollte.

1.2. Zielsetzung und Vorgehensweise

Vor diesem Hintergrund besteht die Zielsetzung dieser Arbeit in der Konzeption eines strategischen Planungsansatzes zur Errichtung einer Sammlungs- und Verwertungsinfrastruktur für PV-Module unter expliziter Berücksichtigung der unsicheren Rohstoffpreisentwicklung. Der Ansatz dient der Unterstützung und betriebswirtschaftlichen Bewertung von zukünftigen Investitionsentscheidungen zur Standort-, Kapazitäts- und Technologieplanung für dieses System.

Voraussetzung für die Gewährleistung einer geeigneten Entscheidungsunterstützung ist die adäquate Abbildung der Entscheidungssituation im Rahmen eines Entscheidungsunterstützungssystems. Hierzu müssen zunächst die entscheidungsrelevanten Rahmenbedingungen sowie die Zusammenhänge zwischen den einzelnen Entscheidungsgrößen im Rahmen einer technischen Betrachtung analysiert werden. Für die Bewertung aus Sicht einer betriebswirtschaftlichen Perspektive ist eine entsprechende ökonomische Bewertung des Entscheidungssystems notwendig. Aufgrund der Verzahnung dieser beiden Betrachtungsebenen wird der Planungsansatz basierend auf einer techno-ökonomischen Bewertung aufgestellt. Die Anwendung des erstellten Planungsansatzes ermöglicht die Analyse der Ausgestaltung eines ökonomisch attraktiven Sammlungs- und Verwertungsnetzwerkes. Hierbei wird zunächst eine Gesamtsystemperspektive betrachtet.

Zur Erreichung dieser Zielsetzung erfolgt in Kapitel 2 zunächst die Darstellung der planungsrelevanten Rahmenbedingungen, welche bei der Abbildung der Entscheidungssituation zu berücksichtigen sind. Hierbei sind neben den technischen Aspekten auch die gegebenen rechtlichen Rahmenbedingungen zu beachten. Ein Schwerpunkt der Betrachtung liegt auf der Analyse der Versorgungssituation an den verschiedenen, in PV-Modulen enthaltenen Rohstoffen aus der Perspektive der Bundesrepublik Deutschland. Hierbei werden das verfügbare Angebot, die Entwicklung der Nachfrage sowie die historischen Preisentwicklungen im Detail untersucht. Aus der Analyse dieser Rahmenbedingungen ergeben sich die Anforderungen an das zu entwickelnde Entscheidungsunterstützungssystem

Auf dieser Basis erfolgt in Kapitel 3 eine Analyse der bestehenden Ansätze in der Literatur und die Überprüfung der Übertragbarkeit auf das vorliegende Planungsproblem. Hierbei liegt der Fokus auf strategischen Planungsansätzen aus dem Bereich des Reverse Logisitics und Closed Loop Supply Chain Managements. Zur Berücksichtigung der unsicheren Rohstoffpreisentwicklung ist es notwendig, diese explizit bei der Planung miteinzubeziehen. Um dies zu gewährleisten werden im zweiten Teil des Kapitels Ansätze der Optimierung unter Unsicherheit vorgestellt und auf ihre Übertragbarkeit hin überprüft. Der dritte Teil des Kapitels stellt Ansätze und Indikatoren für die Rohstoffpreisprognose vor, die als Basis für die Ableitung von Rohstoffpreisszenarien dienen.

Aufbauend auf diesen Ergebnissen erfolgt in Kapitel 4 die Entwicklung eines Ansatzes zur integrierten Standort-, Kapazitäts- und Technologieplanung für die Sammlung und Verwertung von PV-Modulen. Die verschiedenen Optionen sowohl für die Ausgestaltung des Sammelsystems als auch für die einsetzbaren Verwertungstechnologien werden hierbei berücksichtigt. Die Optimierung des erstellten mehrperiodigen gemischt-ganzzahligen Optimierungsmodells erfolgt anhand der Maximierung des Kapitalwertes. Um die Unsicherheiten bezüglich der Preisentwicklung der Rohstoffe adäquat in der Systementscheidung abbilden zu können, erfolgt eine robuste Modellerweiterung auf Basis verschiedener Rohstoffpreisszenarien, die aus der Kritikalitätsbewertung der Rohstoffe abgeleitet werden.

In Kapitel 5 erfolgt die Validierung des entwickelten strategischen Planungsansatzes exemplarisch anhand zweier Fallstudien zur Planung eines Sammlungs- und Verwertungsnetzwerkes für PV Module. Die entscheidungsrelevanten betriebswirtschaftlichen und technischen Parameter werden mittels Szenarioanalysen geprüft. Anhand der Ergebnisse der Fallstudien werden Handlungsindikationen für die Sammlung und Verwertung von PV-Modulen abgeleitet.

Kapitel 6 beinhaltet die kritische Würdigung des entwickelten Planungsansatzes zur strategischen Netzwerkplanung für die Sammlung und Verwertung von PV-Modulen. Die räumliche, inhaltliche und funktionelle Übertragbarkeit des Ansatzes auf andere Einsatzgebiete wird aufgezeigt sowie weiterer Forschungsbedarf abgeleitet.

Die Arbeit schließt mit einer Zusammenfassung in Kapitel 7.

Abbildung 1.1 stellt den Aufbau der Arbeit dar. Hierzu wird schematisch dargelegt, wie auf Basis der Zielsetzung der einzelnen Kapitel die relevanten Informationen für die Fragestellungen der Folgekapitel erarbeitet werden, um letztlich die Gesamtzielsetzung der vorliegenden Dissertation zu erfüllen.

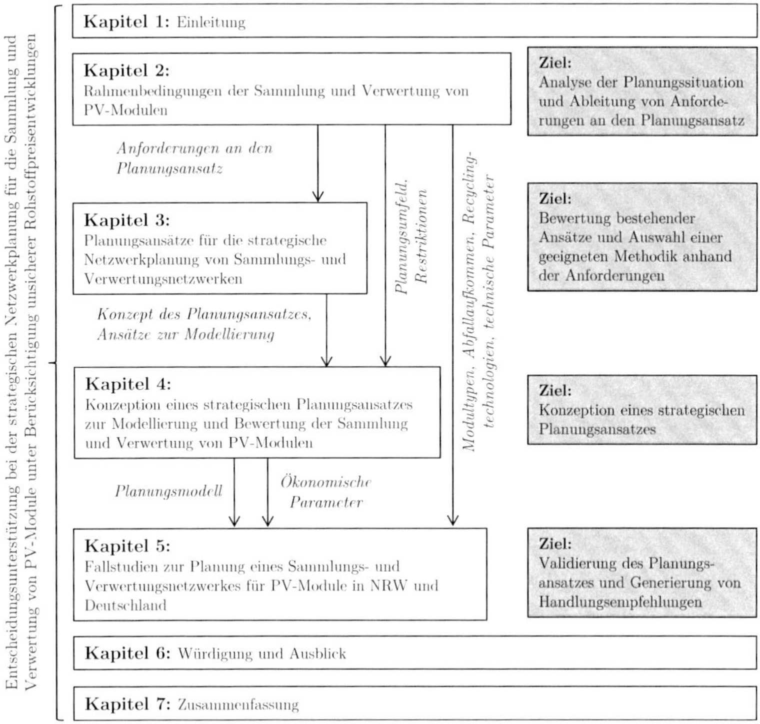

Abbildung 1.1.: Zielsetzung und Lösungswege der Arbeit

2

Rahmenbedingungen der Sammlung und Verwertung von PV-Modulen

Die zukünftige Sammlung und Verwertung von Photovoltaik-Modulen (PV-Module) wird durch verschiedene Rahmenbedingungen determiniert, die sowohl technische als auch rechtliche und ökonomische Aspekte umfassen. Diese werden im nachfolgenden Kapitel im Einzelnen analysiert, um daraus die Anforderungen an den zu entwickelnden Planungsansatz abzuleiten. Die Basis der techno-ökonomischen Bewertung stellen hier zunächst die technischen Rahmenbedingungen der PV-Anlagen bzw. PV-Module dar, dargelegt in Abschnitt 2.1. Um eine ordnungsgemäße Sammlung und Verwertung für PV-Module zu gewährleisten, wurden die entsprechenden gesetzlichen Rahmenbedingungen angepasst. Die zu erfüllenden rechtlichen Anforderungen zeigt Abschnitt 2.2 auf. In jüngerer Vergangenheit entstanden bereits erste Initiativen für die getrennte Sammlung von PV-Modulen. Zudem gibt es verschiedene Recyclingtechnologien, die sich in unterschiedlichen Entwicklungsstadien befinden. Für die Ableitung von praxistauglichen Handlungsempfehlungen ist es essentiell, die bestehenden Optionen für die Sammlung sowie die verschiedenen Recyclingtechnologien mit ihren jeweiligen Charakteristika zu erfassen. Dies erfolgt in Abschnitt 2.3. Ein wesentlicher Unterschied zwischen den einzelnen Recyclingtechnologien besteht darin, welche PV-Modultypen diese verwerten können und insbesondere, welche Rohstoffe diese wiedergewinnen können. Entsprechend ist mit der Auswahlentscheidung zwischen den einzelnen Recyclingtechnologien auch eine Entscheidung über die wiedergewinnbaren und demnach wieder zur Verfügung stehenden Rohstoffe verbunden. Im Hinblick auf die Importabhängigkeit Deutschlands bei vielen Rohstoffen sowie dem kontinuierlich steigenden Rohstoffbedarf vieler Industrien sollte dieser Aspekt in der Planung Berücksichtigung finden. Dazu wird die aktuelle und zukünftige Bedeutung der einzelnen Rohstoffe für Deutschland analysiert (siehe Abschnitt 2.4). Das Kapitel schließt mit der zusammenfassenden Darstellung der resultierenden Anforderungen an den zu entwickelnden Planungsansatz in Abschnitt 2.5.

2.1. Technische Rahmenbedingungen

Zur Ausgestaltung eines geeigneten Sammlungs- und Verwertungssystems für PV-Module ist es zunächst notwendig die technischen Daten der PV-Anlagen im Allgemeinen (Abschnitt 2.1.1) sowie der PV-Module im Speziellen (Abschnitt 2.1.2) zu betrachten. Die wesentliche Information für die Kapazitätsauslegung des Verwertungsnetzwerkes stellt das erwartete Abfallaufkommen dar. Unter Verwendung der erwarteten Lebensdauer und der Informationen über die Entwicklung des Zubaus der Anlagen in Deutschland kann dieses geeignet abgeschätzt werden. Dies erfolgt in Abschnitt 2.1.3.

2.1.1. PV-Anlagen – Aufbau und Charakterisierung

Wie bereits eingangs erwähnt, könnte mittels der Erzeugung von elektrischer Energie aus solarer Strahlung der globale Energiebedarf theoretisch vielfach gedeckt werden [Teske und Masson, 2011, S. 14]. Um diese nahezu unerschöpfliche Energiequelle zu nutzen, wird bereits seit dem 19. Jahrhundert an entsprechenden Technologien geforscht. Der von dem französischen Physiker Alexandre-Edmond Becquerel im Jahr 1839 entdeckte sogenannte photovoltaische Effekt bezeichnet die Umwandlung von Strahlungsenergie in elektrische Energie mit Hilfe von Solarzellen [Wesselak und Voswinckel, 2012, S. 1]. Im Jahre 1884 stellte der amerikanische Wissenschaftler Charles Fritts das erste funktionsfähige Solarmodul der Öffentlichkeit vor. Dieses Modul hatte einen Wirkungsgrad von nur ca. einem Prozent. [Wesselak und Voswinckel, 2012, S. 4] Da die Leistung einer einzigen Zelle selbst bei heutiger Technologie sehr gering ist, werden mehrere Zellen zusammengefasst und verschaltet [Hudec et al., 2009, S. 462]. Die so entstehenden PV-Module bilden die Grundlage für alle heute genutzten PV-Anlagen.

Zur Errichtung einer funktionsfähigen PV-Anlage sind darüber hinaus noch weitere Komponenten nötig. Diese können in drei Bereiche untergliedert werden (siehe Abbildung 2.1). Die PV-Module sind hierbei Teil des PV-Generators, d. h. dem Teil der Anlage, der die solare Strahlung in elektrische Energie umwandelt. Neben den Modulen zählen hierzu die Gleichstromverkabelung (DC-Kabel) sowie die Aufständerung zur Befestigung der Module. Um den erzeugten Gleichstrom in das öffentliche Stromnetz einspeisen oder direkt nutzen zu können, bedarf es der Umwandlung in netzkonformen Wechselstrom. Dies geschieht mit Hilfe des Wechselrichters. Da der Betriebszustand aufgrund fehlender beweglicher Teile nicht ohne weiteres zu erkennen ist, wird diese in der Regel über ein Monitoringsystem überwacht. [Wesselak und Voswinckel, 2012, S. 61f.]

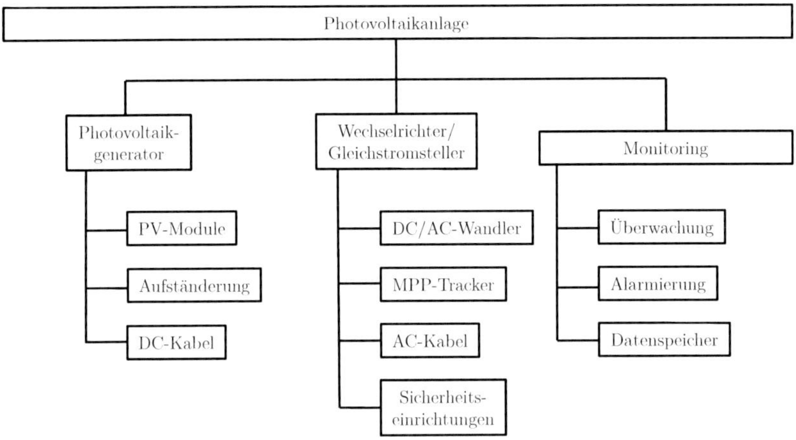

Abbildung 2.1.: Komponenten einer PV-Anlage entnommen aus [Wesselak und Voswinckel, 2012, S. 62]

Die einzelnen, existierenden PV-Anlagentypen lassen sich nach verschiedenen Merkmalen charakterisieren. Hierzu werden die folgenden Aspekte herangezogen: Netzanschluss, Größe bzw. Leistung, Installationsart sowie – für die geltenden gesetzlichen Bestimmungen zur Verwertung wesentlich – der Betreiber der Anlage. Nach einer kurzen Erläuterung dieser Merkmale wird im Folgenden der Bestand an PV-Anlagen in Deutschland analysiert.

Je nachdem ob eine Anlage an das öffentliche Stromnetz angeschlossen ist oder nicht, wird zwischen netzgekoppelten oder sogenannten Insel-Anlagen (Off-Grid), die zur Selbstversorgung dienen [Teske und Masson, 2011, S. 11f.], unterschieden. Das Segment der Off-Grid-Anlagen hat in Deutschland bisher nur eine sehr geringe Bedeutung [Werner et al., 2011]. Dies könnte sich jedoch mit der Einführung der Förderung von Solarstrom-Speichern ändern, da durch die Speicherung der Zeitpunkt der Energieerzeugung nicht mehr mit dem Zeitpunkt des Energieverbrauchs übereinstimmen muss und somit auch in Stunden ohne Sonneneinstrahlung Energie verfügbar ist. Allerdings wurde mit der Novelle des EEG (Erneuerbare-Energien-Gesetz) eine Belastung von eigenverbrauchtem Strom mit der EEG-Umlage beschlossen, was dieser Entwicklung entgegenläuft [EEG, 2014, § 61 (1)]. Daher ist es denkbar, dass auch Anlagen mit einem Speicher weiterhin netzgebunden bleiben und in Hochpreisphasen ihren gespeicherten Strom verkaufen. Im Folgenden werden implizit immer netzgekoppelte Anlagen betrachtet.

PV-Anlagen kommen in sehr unterschiedlichen Größenklassen zum Einsatz. Die Spannbreite reicht von Anlagen mit einer Leistung von ca. fünf bis zehn kWp bis hin zu Großanlagen mit einer Leistung von mehr als zehn MWp. Kleinere Anlagen sind hierbei tendenziell auf Dächern beispielsweise von privaten Haushalten installiert, wohingegen Großanlagen mit mehr als einem MWp Leistung auf Freiflächen aufgestellt werden. Der Anteil der Freiflächenanlagen an den im Jahr 2013 neu installierten Anlagen betrug rund 30 % [Bundesministerium für Wirtschaft und Energie, 2015, S. 1]. Tabelle 2.1 gibt einen Überblick über die einzelnen Marktsegmente anhand des Zubaus im Jahre 2013. Es fällt auf, dass die kleinen Anlagen bis zehn kWp, in der Regel von privaten Haushalten betrieben, zwar nur 18 % der Leistung stellen, aber ca. 70 % der insgesamt installierten Anlagen ausmachen. Diese große Anzahl an Kleinstanlagen privater Haushalte stellt eine Herausforderung an eine effiziente Sammelinfrastruktur dar. Die hierzu geltenden gesetzlichen Anforderungen werden im Abschnitt 2.2 analysiert.

Tabelle 2.1.: Marktanteile verschiedener Größenklassen von PV-Anlagen [Zentrum für Sonnenenergie- und Wasserstoff-Forschung Baden-Württemberg, 2014, S. 3, 107]

Größenklasse	Marktanteil 2013		Anlagenbetreiber
	nach Leistung in [MWp] (in %)	nach Anzahl in 1.000-Anlagen (in %)	
≤ 10 kWp	593 (18 %)	88 (71 %)	Privatpersonen
10–30 kWp	484 (15 %)	26 (21 %)	Privatpersonen, Landwirte, kleine Betriebe, öffentliche Hand
30–100 kWp	351 (11 %)	6 (5 %)	Privatpersonen, Landwirte, Handel, mittlere Betriebe, öffentliche Hand
100–1.000 kWp	710 (22 %)	3 (2 %)	Landwirte, große Betriebe, öffentliche Hand, Fonds, Projektgesellschaften, Unternehmen
> 1.000 kWp	1.120 (34 %)	1 (< 1 %)	Fonds, Projektgesellschaften, Unternehmen

Im Zuge der Novelle der europäischen Richtlinie über Elektro- und Elektronik-Altgeräte (WEEE) wurde der Geltungsbereich der Richtlinie auf PV-Module erweitert (siehe Abschnitt 2.2). Für die übrigen Bestandteile von PV-Anlagen existieren derzeit noch keine expliziten gesetzlichen Verwertungsvorschriften. In der Regel können diese aber über herkömmliche Entsorgungswege für Elektro- und Elektronikaltgeräte verwertet werden und bedürfen daher keiner gesonderten Untersuchung [Naß, 2013]. Entsprechend wird die Betrachtung im Folgenden auf PV-Module eingegrenzt.

2.1.2. PV-Module – Typen, Funktionsweise und Zusammensetzung

Wie oben bereits erwähnt, besteht ein Modul aus einzelnen verschalteten Solarzellen. Darüber hinaus sind einige weitere Komponenten erforderlich, um das System funktionsfähig einzurichten. Der detaillierte Aufbau hängt vom jeweiligen PV-Modultyp ab, ist jedoch grundsätzlich ähnlich. Abbildung 2.2 zeigt exemplarisch den Modulaufbau eines kristallinen Siliziummoduls (c-Si). Um die Solarzellen zu schützen, werden diese von einer Folienschicht umschlossen. Hierzu wird in der Regel Ethylenvinylacetat-(EVA)-Folie als Verbundmaterial verwendet. Die Vorderseite ist mit einer Glasscheibe versehen, die Rückseite ist mit einer Schicht aus Tedlar-Folie (Polyvinyl fluoride film) bedeckt. Ein Rahmen, der meist aus Aluminium besteht, verstärkt die Gesamtkonstruktion. Die Stromabnahme erfolgt über eine Anschlussbox und die entsprechende Verkabelung. [Sander et al., 2004, S. 18f.]

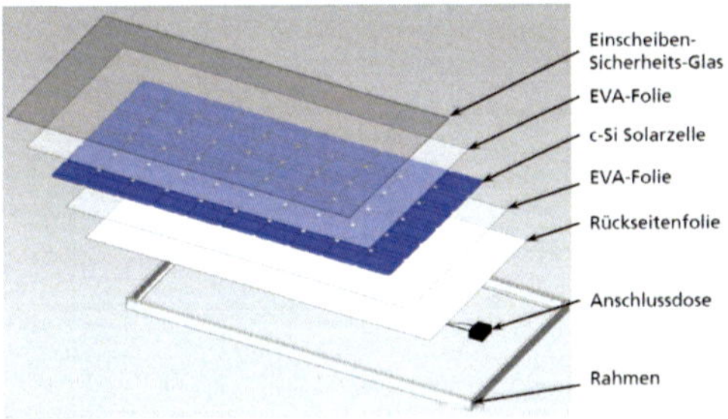

Abbildung 2.2.: Exemplarischer Aufbau c-Si PV-Modul aus [ITQ, 04.09.2014]

Die eigentliche Umwandlung von solarer Strahlung in elektrische Energie geschieht in den einzelnen Solarzellen. Kristalline Siliziummodule arbeiten mit einem p–n-Übergang innerhalb des Silizium-Wafers, indem eine p-dotierte Schicht an eine n-dotierte Schicht stößt. Trifft Solarstrahlung auf den Wafer, entsteht eine Spannung an der Oberfläche. „Verbindet man die beiden Oberflächen mittels geeigneter Kontaktierungen leitend, so stellt sich ein Stromfluss ein." [Wesselak und Voswinckel, 2012, S. 35f.]. Dieser Vorgang wird in Abbildung 2.3 schematisch dargestellt.

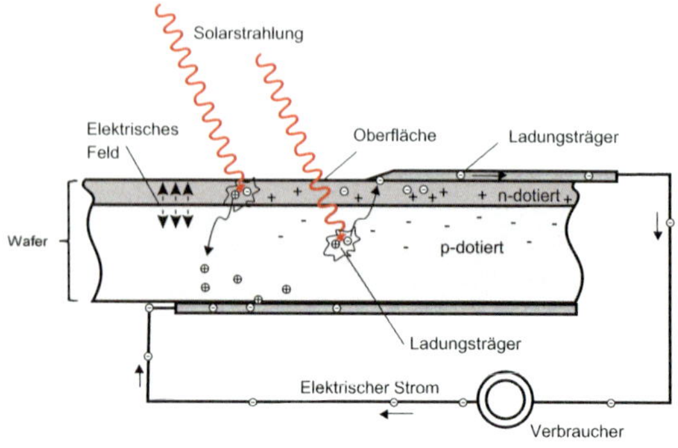

Abbildung 2.3.: Schematischer Aufbau einer Solarzelle mit $p-n$-Übergang und Kontaktierung aus [Wesselak und Voswinckel, 2012, S. 35]

Je nachdem, wie der konkrete Aufbau der einzelnen Solarzellen aussicht und welche Halbleiter verwendet werden, werden verschiedene PV-Modultypen unterschieden. Die derzeit am Markt verfügbaren PV-Modultypen untergliedern sich in zwei große Gruppen: kristalline und Dünnschichtmodule (siehe Abbildung 2.4). Weitere Technologien

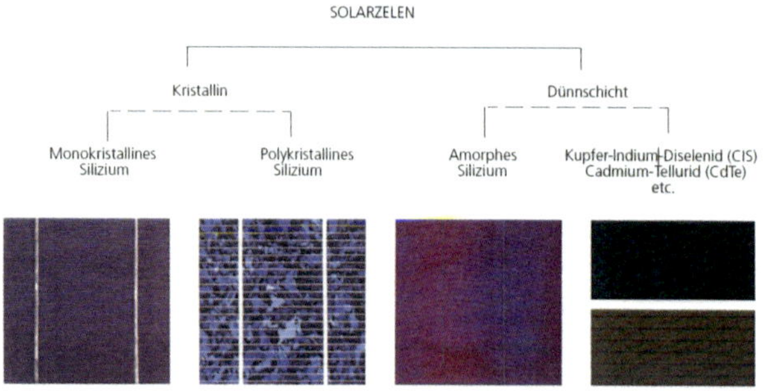

Abbildung 2.4.: Solarzellentypen im Überblick aus [Krawietz, 2003, S. 188]

befinden sich aktuell in der Entwicklung. Aufgrund der derzeit sehr geringen Marktanteile und der bisher fehlenden Erforschung der Verwertungsmöglichkeiten werden diese im

Folgenden nicht weiter betrachtet. Beide genannten Gruppen können weiter in einzelne Untergruppen unterteilt werden. Die kristallinen Module (c-Si) arbeiten mit einem Silizium-Wafer als Halbleiter. In Abhängigkeit davon, wie der Kristallisationsprozess bei der Herstellung des Wafers abläuft, wird in mono- und poly- bzw. multikristalline Siliziumwafer unterschieden [Wesselak und Voswinckel, 2012, S. 44]. Daneben gibt es eine Reihe von verschiedenen Dünnschichttechnologien, die mit anderen Materialien arbeiten und die aufgrund der dünnen Halbleiter-Schicht einen deutlich geringeren Materialeinsatz erfordern. Im Gegensatz zu den Wafer-basierten Solarzellen „bestehen diese aus einem Trägermaterial, auf das eine wenige Mikrometer dicke Halbleiterschicht aufgetragen wird“ [Wesselak und Voswinckel, 2012, S. 50]. Den größten Marktanteil unter den Dünnschichtmodulen nehmen derzeit Module mit einem Kadmiumtellurid (CdTe) Halbleiter ein. Daneben existieren amorphe Silizium Module (a-Si) sowie Kupfer-(Indium/Gallium)-(Selen/Schwefel)-Verbindungen (CIS/CIGS) [Wesselak und Voswinckel, 2012, S. 50]. Mit über 90 % der weltweit eingesetzten Solarzellen stellen kristalline Module den überwiegenden Anteil [Hudec et al., 2009, S. 463]. Allerdings werden auch die neueren Technologien weiter entwickelt und erzielen deutliche Verbesserungen ihrer Wirkungsgrade (siehe Abbildung 2.5). Dies spiegelt sich auch in wachsenden Marktanteilen wider (siehe Abbildung 2.6) [Sander et al., 2007, S. 46], [Dimmler, 2014], [Hameiri, 2015].

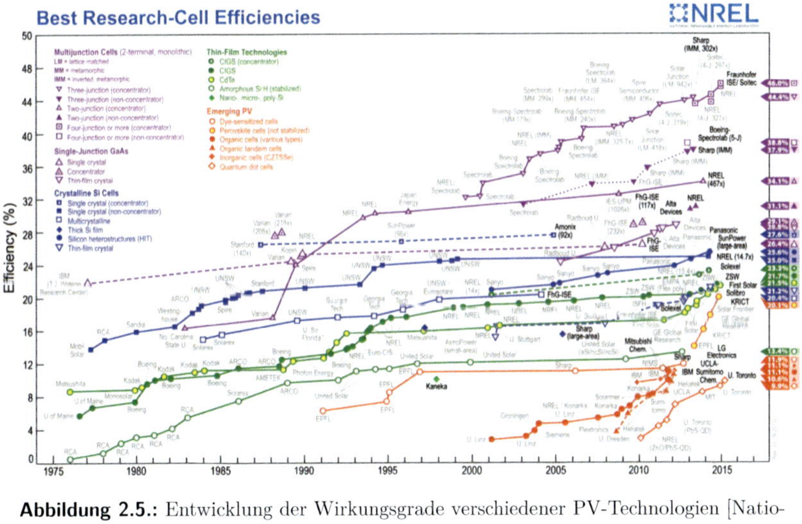

Abbildung 2.5.: Entwicklung der Wirkungsgrade verschiedener PV-Technologien [National Center for Photovoltaics, 2015]

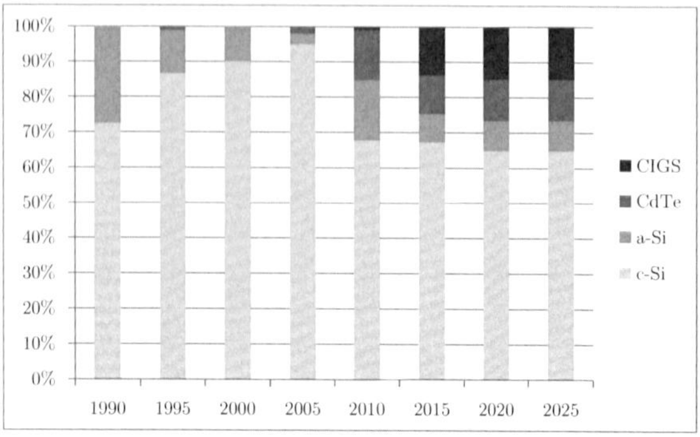

Abbildung 2.6.: Entwicklung der Marktanteile verschiedener PV-Modultypen (weltweit) [Teske und Masson, 2011, S. 26]

Gerade für das Recycling von PV-Modulen ist es wesentlich, die genaue Zusammensetzung der Module zu kennen. In Abhängigkeit von dem jeweils verwendeten Halbleiter unterscheidet sich diese zum Teil deutlich, wie in Tabelle 2.2 zu erkennen ist. Alle Module bestehen zu einem Großteil aus Glas (ca. 69–95 %). Darüber hinaus werden in deutlich geringeren Anteilen eine Vielzahl anderer Materialien verwendet. Nicht alle der in PV-Modulen enthaltenen Rohstoffe sind unbegrenzt und überall verfügbar, sodass sich die Frage stellt, welche Rohstoffe bzw. welche Module für das Recycling von besonderem Interesse sind. Diese Thematik wird in Abschnitt 2.4 näher erläutert.

2.1.3. Lebensdauer und Abfallaufkommen

Für die Ausgestaltung eines Sammlungs- und Verwertungssystems ist es wesentlich, das zukünftige Abfallaufkommen geeignet abzuschätzen. Hierzu muss der Zeitpunkt sowie der Ort der Abfallentstehung ermittelt werden. Da es im Falle von PV-Anlagen sehr viele dezentral verteilte Anlagen gibt (siehe Tabelle 2.1), stellt der zweite Aspekt eine besondere Herausforderung dar. Darüber hinaus sind weitere Informationen relevant, bspw. der konkrete PV-Modultyp, da in Abhängigkeit von dem jeweiligen Typ unterschiedliche Verwertungsoptionen bestehen (siehe Abschnitt 2.3.2).

Für die Abschätzung des Abfallaufkommens wird auf zwei Informationsquellen zurückgegriffen:

[1] Zu beachten ist, dass sich die angegebenen Anteile auf teilweise über 100 % addieren, was jedoch den Angaben in den Originalquellen entspricht und aufgrund einer fehlenden technischen Analyse der Modulzusammensetzung nicht korrigiert werden kann.

Tabelle 2.2.: Rohstoffzusammensetzung verschiedener PV-Modultypen[1] (eigene Berechnung nach [BINE Informationsdienst, 2010, S. 2], [Wade, 2012, F. 8], [Palitzsch und Loser, 2013], [Sander et al., 2007, S. 151])

Rohstoff	**c-Si** kristalline Si-Zellen [%]	**a-Si** amorphe Si-Zellen [%]	**CdTe** Kadmium-tellurid Zellen [%]	**CIS** Kupfer-Indium Diselenid Zellen [%]	**CIGS** Kupfer-Indium-Gallium-Diselenid Zellen [%]
Glas	68,5	88,67	95	80	86
Aluminium	14,5	7,33	0,01	12	9
Silizium	3,5	0,07	0	0	0
Polymere	8,75	4,03	3,5	6	3
Zink	0,12	0,1	0,01	0,12	0
Blei	0,1	0,07	0,01	0,1	0
Kupfer	0,6	0,005	1	0,85	1
Zinn	0,055	0,055	0,04	0,12	0
Indium	0	0	0	0,02	0,01
Selen	0	0	0	0,03	0,02
Tellur	0	0	0,07	0	0
Kadmium	0	0	0,07	0	0
Silber	0,008	0	0,01	0	0
Gallium	0	0	0	0,01	0,01
Molybdänium	k. A.	k. A.	k. A.	k. A.	k. A.

- Zum einen auf den Zubau an PV-Anlagen im zeitlichen Verlauf und dessen geographische Verteilung,
- zum anderen auf die erwartete Lebensdauer der PV-Module bzw. Daten zu vorzeitigen Ausfällen.

Dementsprechend wird in diesem Abschnitt zunächst der zeitliche und räumliche Verlauf des Zubaus an PV-Modulen analysiert. Hinzu kommt die Beschreibung von Faktoren, die diese Entwicklung beeinflusst haben, um hieraus Rückschlüsse auf die zukünftige Entwicklung ziehen zu können. Unter Zuhilfenahme der verfügbaren Daten zur Lebensdauer der Module werden im Anschluss Prognosen für das zu erwartende Abfallaufkommen ermittelt und mit existierenden Schätzungen verglichen.

2.1.3.1. Entwicklung und Prognose des Ausbaus von Photovoltaik-Anlagen

Ölkrisen sowie Störfälle in Atomkraftwerken Ende der 70er Jahre waren der Auslöser für das erste wachsende Interesse an Solarenergie. Seit dieser Zeit wurde verstärkt an der Entwicklung der Photovoltaik-Technologie geforscht. [Wesselak und Voswinckel, 2012, S. 5f.] Die erste Welle des Zubaus an PV-Anlagen in Deutschland begann 1990 im Rahmen des durch die Bundesregierung geförderten 1.000-Dächer Programms [Hudec et al., 2009, S. 461]. Ziel des Programms war es im Rahmen eines breiten Feldtestes den Entwicklungsstand der Technologie sowie den weiteren Forschungsbedarf bei kleinen netzgekoppelten Anlagen zu analysieren [Hoffmann, 2008, S. 38]. Im Rahmen dieser Maßnahme konnten Interessierte bei Bund und Ländern einen Zuschuss von 70 % zu den Investitionen für die Errichtung der Anlage beantragen [Märtel, o. J.]. Im Gegenzug verpflichteten sich die Teilnehmer monatliche Messdaten zu melden. Im Zuge dieses Programms wurden insgesamt sechs Megawatt an Leistung in Deutschland installiert [Hoffmann, 2008, S. 38]. Aufgrund des Erfolges trat 1999 eine Erweiterung diese Programmes mit dem 100.000-Dächer Programm in Kraft [Sander et al., 2004, S. 6]. Dieses Programm beinhaltete zinsvergünstigte Darlehen der Kreditanstalt für Wiederaufbau. [Bundesministerium für Umwelt, Naturschutz und Reaktorsicherheit, 2003]

Neben diesen Subventionen für die Installation der Anlagen wurden mit dem EEG auch der erzeugte Strom für netzgekoppelte Anlagen planbar vergütet [EEG, 2014]. Ziel dieses Gesetzes, das im Jahre 2000 zur Ablösung des Stromeinspeisegesetzes von 1990 in Kraft trat, ist die Förderung einer nachhaltigen Energieversorgung. Zu diesem Zweck wird Photovoltaik-Anlagenbetreibern sowie sonstigen Betreibern von Anlagen zur Erzeugung von Strom aus erneuerbaren Energiequellen eine feste Vergütung für die Vermarktung ihres erzeugten Storms gezahlt (für PV: [EEG, 2014, § 19]). Nach mehrmaliger Überarbeitung ist seit dem 01.08.2014 die aktuelle Novelle dieses Gesetzes in Kraft. Der Vergütungssatz für den eingespeisten Strom beträgt zwischen 8 und 13 Cent pro Kilowattstunde in Abhängigkeit von der Leistung der Anlage. Diese Vergütung wird jedoch für neu installierte Anlagen quartalsweise angepasst, um so den Ausbau der Photovoltaik zu steuern. Infolge des Auslaufens der Förderprogramme und der bisherigen Senkung der EEG Zulage ist der weitere Zubau an PV-Anlagen seit 2013 stark eingebrochen. Die aktuelle politische Zielvorgabe besteht darin den jährlichen Zubau in einem vorgegebenen Ausbaukorridor von 2.400 bis 2.600 Megawatt pro Jahr [EEG, 2014, § 31, (1)] bis zur Erreichung des geförderten Endausbaus in Höhe von 52 GWp installierter Leistung [Bundesregierung, 08.07.2013] zu halten. Ende 2014 waren in Deutschland Anlagen mit einer Leistung von 38,5 GWp installiert [Wirth,

2015].

Generell muss zwischen der installierten Leistung und der tatsächlich erzeugten Energie unterschieden werden. Erstere gibt lediglich das Leistungspotential der Anlagen an, jedoch ist die tatsächlich erzeugte Energiemenge bei PV-Anlagen insbesondere von der Sonneneinstrahlung abhängig und damit mit Unsicherheiten behaftet. Für die hier betrachtete Fragestellung der Sammlung und Verwertung von PV-Modulen ist jedoch die Größe der Anlage und damit die installierte Leistung entscheidend, sodass Unsicherheiten bezüglich der erzeugten Energie nicht planungsrelevant sind.

Um eine Vergütung für den erzeugten Strom nach dem EEG zu erhalten, ist es notwendig die Anlagen bei Inbetriebnahme dem zuständigen Netzbetreiber anzuzeigen [EEG, 2014, § 6]. Zudem müssen PV-Anlagen seit 2009 zentral bei der Bundesnetzagentur unter Angabe der Leistung der Anlage sowie des Zeitpunktes der Inbetriebnahme gemeldet werden [Bundesnetzagentur, 2014]. Diese Daten ermöglichen eine relativ genaue Bestimmung des Standortes und des Zeitpunkts der Installation, wonach das Alter der einzelnen Anlagen ermittelt werden kann. Die Entwicklung der installierten Leistung in Deutschland in Megawatt pro Jahr wird in Abbildung 2.7 dargestellt.

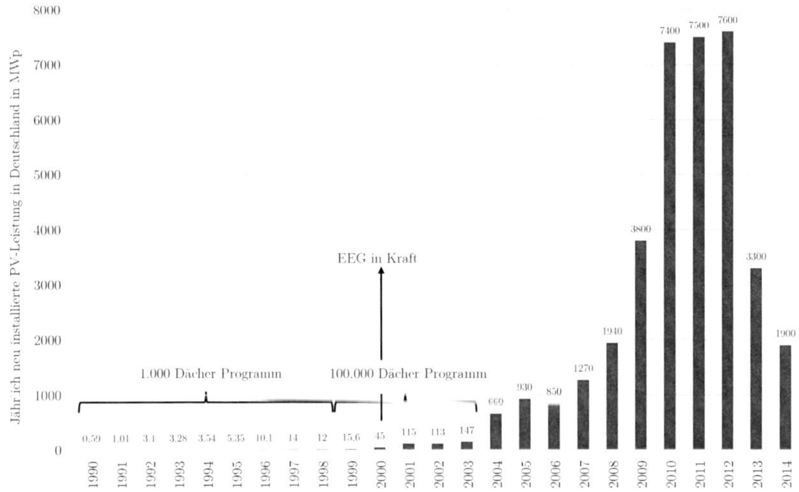

Abbildung 2.7.: Entwicklung des Zubaus an PV-Leistung im Zeitraum von 1990–2014 [Sander et al., 2004, S. 5], [Bundesverband Solarwirtschaft e. V., 2015, S. 2]

Darüber hinaus existieren weitere Initiativen, wie die auf ehrenamtlicher Arbeit basierende „Energie-Map", die mittels der veröffentlichten Daten aller Netzbetreiber und Elektrizitätsversorgungsunternehmen fortlaufend einen bereinigten und aggregierten Datensatz aller Anlagen zur Erzeugung erneuerbarer Energien in ganz Deutschland erstellt. Ziel der Initiative ist die Schaffung eines höheren Maßes an Transparenz bezüglich des Ausbaus von Anlagen zur Erzeugung erneuerbarer Energien, insbesondere auch auf regionaler Ebene. Dieser Datensatz stellt bereits Anlagendaten ab dem Jahre 1990 zur Verfügung und zudem werden meist die GPS-Koordinaten für jede Anlage mit einer Genauigkeit von drei Kilometern bereit gestellt, wodurch eine sehr genaue und gut nutzbare Datengrundlage entsteht. [Deutsche Gesellschaft für Sonnenenergie e. V., 2015]

Abbildung 2.8 zeigt die Verteilung der installierten Leistung im Jahre 2014 auf die einzelnen Bundesländer anhand verschiedener Indikatoren sowie die dortige Sonneneinstrahlung. Die installierte Leistung ist in Bayern und Baden-Württemberg am größten, was mit der deutschlandweit höchsten Sonneneinstrahlung in diesen beiden Bundesländern korrespondiert. Nordrhein-Westfalen stellt mit 4.078 MWp installierte Leistung bei 217.000 Anlagen den drittgrößten Anteil, was mit der Fläche diese Bundeslandes einhergeht.

Für die weitere Entwicklung des Zubaus ist es notwendig, sich auf Prognosen zu stützen. Die exakte langfristige Entwicklung ist schwer prognostizierbar, da sie von vielen Faktoren und Akteuren abhängig ist. Relevante Faktoren sind hierbei die Entwicklung der politischen Rahmenbedingungen, aber auch die weitere technische und preisliche Entwicklung der Modultechnologien. EPIA und Greenpeace stellen eine Prognose für die Entwicklung der gesamten installierten Kapazität im Zeitraum von 2010–2050 zur Verfügung. Hierbei werden ein Szenario mit einem beschleunigten Zubau sowie ein Paradigmen-Wechsel Szenario mit einem Basisszenario verglichen [Teske und Masson, 2011, S. 72]. Gemäß dieser Szenarien ist es möglich, dass die installierte Leistung in Europa einen Wert zwischen 500 und 1.000 GWp in 2050 erreicht. Eine sehr optimistische Prognose wird in der Studie des Bio Intelligence Service vorgestellt, die den weiteren PV-Ausbau in Europa von 2021 bis 2050 prognostiziert [Monier und Hestin, 2011, S. 49, Tab. 10]. Unter der Annahme eines 30 % Anteils des Ausbaus in Deutschland am gesamteuropäischen Ausbau (vgl. [Masson et al., 2014, S. 25]) ergibt sich für den Zeitraum von 2000 bis 2035 der in Abbildung 2.9 dargestellte Verlauf. Zur genaueren Analyse der Wirkungszusammenhänge und zur Prognose der zukünftigen Entwicklung in Deutschland erstellten Dirr et al. einen Erklärungsansatz für die zeitliche und räumlichen Entwicklung der Installation von PV-Anlagen [Dirr et al., 2014]. Hierbei werden zur Erklärung des zeitlichen Verlaufs des Ausbaus die historischen Daten der

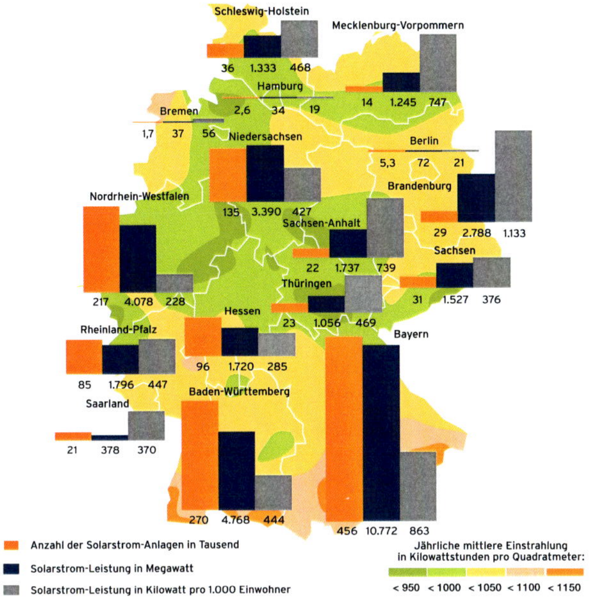

Abbildung 2.8.: Verteilung der installierten Leistung nach Bundesländern, Stand: 2014 [Bundesverband Solarwirtschaft e. V., 2014a]

Einspeisevergütung des EEG, des Strompreises sowie der Gesamtsystemkosten für PV-Anlagen herangezogen. Bei der Analyse der räumlichen Entwicklung des Ausbaus werden die folgenden sechs unabhängigen Variablen für jedes Bundesland erhoben: die gesamte installierte Leistung, das verfügbare Einkommen, die Arbeitslosenquote, die Bevölkerungszahl, die verfügbare Fläche und die Globalstrahlung. Unter Zuhilfenahme eines Regressionsansatzes sowie der aktuellen Vergütung gemäß EEG bis 2013 wird die weitere Entwicklung des Zubaus bis 2035 prognostiziert. Die Autoren erwarten ein leichtes Absinken der Zubaurate ab 2015 und eine stärkere längerfristige Abnahme des jährlichen Zubaus ab 2020, der sich bei einem Wert von etwa 1.500 Megawatt pro Jahr einpendelt [Dirr et al., 2014, S. 185]. Bezüglich der geographischen Verteilung zeigt sich der Erklärungsansatz als geeignet, wobei insbesondere die Globalstrahlung einen sehr großen Einflussfaktor darstellt [Dirr et al., 2014, S. 181, 186f.]. Die betrachteten Prognosen bis 2035 werden zusammen mit dem bisherigen Zubau in Deutschland in Abbildung 2.9 gemeinsam abgetragen. Weitere, teils detaillierte Untersuchungen zur Prognose des Zubaus enthalten die nachfolgenden Quellen verwiesen [Schwarz et al.,

2011, S. 12–16], [r2b consulting GmbH, 2013, S. 114–121]. Neben den unterstützenden politischen Maßnahmen hängt die zukünftig installierte Leistung von der verfügbaren Flächenkapazität an Dach- und Freiflächen ab. Eine Potentialstudie für diese Flächenkapazität für Nordrhein-Westfalen ergab jedoch, dass derzeit lediglich 5 % der zur Verfügung stehenden Fläche genutzt werden [Ludes et al., 2013, S. 17], sodass die verfügbare Fläche derzeit keinen Engpass darstellt.

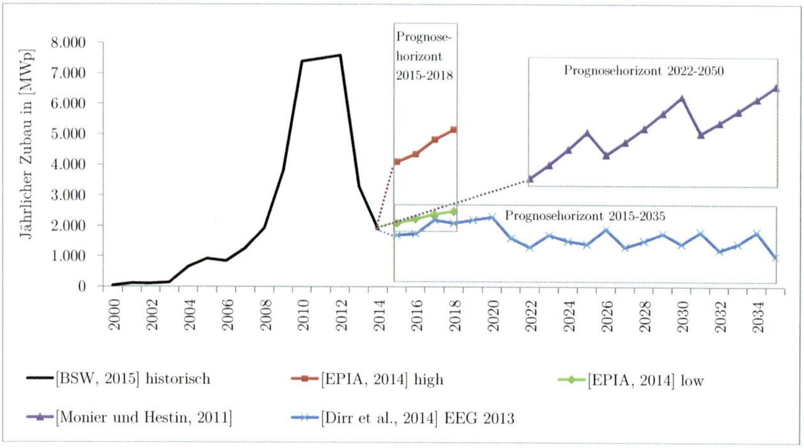

Abbildung 2.9.: Vergleich verschiedener Zubau-Prognosen für Deutschland

Diese Untersuchungen zeigen, dass es problematisch ist, die zukünftige Entwicklung des Ausbaus an PV-Anlagen exakt zu prognostizieren, weil vielfältige Faktoren diesen beeinflussen. Aufgrund der derzeitigen politischen Rahmenbedingungen wird jedoch ein deutlich geringerer Zubau als in den Jahren 2010–2012 für die nächsten Jahre als wahrscheinlich erachtet.

2.1.3.2. Lebensdauer

Aufgrund der Kenntnisse über die Standorte der Anlagen liegen recht exakte Informationen über die Abfallentstehungsorte vor. Um den konkreten Zeitpunkt der Abfallentstehung zu ermitteln muss zusätzlich die erwartete Lebensdauer der Anlagen herangezogen werden. Grundsätzlich gelten die Module u. a. wegen der fehlenden beweglichen Teile als sehr robust, was eine lange Lebensdauer erwarten lässt. Da die Mehrzahl der Module erst in den letzten 10 bis 15 Jahren installiert wurde, gibt es derzeit erst wenige Langzeitstudien zur Lebensdauer der Anlagen [Sander et al., 2004, S. 30]. Die ursprüngliche Annahme, dass die Module über 40 Jahre im Einsatz bleiben können und absolut wartungsfrei sind, hat sich jedoch in der Praxis als nicht korrekt erwiesen. Kurzschlüsse oder Mikrorisse können dazu führen, dass die Anlagen nicht korrekt funktionieren oder vorzeitig ausfallen, sodass eine regelmäßige Wartung sinnvoll ist [Strassmann, 2013]. Dementsprechend wird in den meisten Quellen von einer durchschnittlichen Lebensdauer von 17 [Bilimoria und Defrenne, 2013, S. 5], 20 [Kranert et al., 2012, S. 4] bzw. 20 bis 25 Jahren [Wesselak und Voswinckel, 2012, S. 61], [Monier und Hestin, 2011, S. 15], [Wade, 2013, F. 13] ausgegangen. PV-Hersteller geben auf ihre Module oftmals eine 25-jährige Garantie auf 80 % der Nennleistung. Jedoch zeigt sich, dass diese Garantien an eine Vielzahl von Bedingungen geknüpft sind, sodass sie für den Verbraucher praktisch keinen Nutzen bringen und eher als Marketing-Maßnahme einzustufen sind [Podewils, 2010]. Darüber hinaus wird im ersten Betriebsjahr von einer Ausfallrate von 3 % bedingt durch Transportschäden, Montagefehler oder spontanen Glasbruch ausgegangen [Sander et al., 2004, S. 31].

Entsprechend dieser Daten wird für die Abschätzung der Lebensdauer von einer durchschnittlichen Lebensdauer von 20 Jahren ausgegangen, wobei ein Teil der Anlagen bereits nach 15 oder erst nach 25 Jahren bzw. in wenigen Fällen erst nach 30 Jahren das Ende der Lebensdauer erreicht. Im ersten Betriebsjahr wird von einer Ausfallrate von 3 % ausgegangen. Tabelle 2.3 fasst die für die Lebensdauer getroffenen Annahmen zusammen.

Tabelle 2.3.: Wahrscheinlichkeiten des Endes der Lebensdauer (eigene Berechnung)

Betriebsjahr	Wahrscheinlichkeit des Endes der Lebensdauer
1	3 %
15	17 %
20	60 %
25	18 %
30	2 %

2.1.3.3. Weitere Abfallquellen

Durch die langfristig fixierten Rahmenbedingungen des EEG entstand in Deutschland einer der größten Märkte für Photovoltaik-Anlagen [Hudec et al., 2009]. Entsprechend haben sich hier auch viele Hersteller und Zulieferer dieser Branche angesiedelt. Im Zuge des zunehmenden PV-Ausbaus wurden die Produktionskapazitäten stark ausgebaut. Diese Umstellung auf eine Massenproduktion, aber auch insbesondere die massive Konkurrenz durch chinesische Hersteller führte zu einem extremen Absinken der Preise für PV-Anlagen (vgl. [Bundesverband Solarwirtschaft e. V., 2014b, S. 4]). In Kombination mit dem Auslaufen der Förderprogramme sowie der Absenkung der EEG-Einspeisevergütung und den infolge gesunkenen Zubauraten geraten die Hersteller zunehmend unter Druck. Einige mussten bereits Insolvenz anmelden. Dies zeigt sich auch am stark gesunkenen Geschäftsklimaindex der Branche [Bundesverband Solarwirtschaft e. V., 2012, S. 9], [EuPD Research, 2013], [Raspe, 2012]. Um die heimischen Hersteller gegen die chinesische Konkurrenz zu schützen, die von sehr günstigen staatlichen Krediten profitiert, vereinbarten China und die Europäische Union 2013 Mindestpreise für Importe chinesischer Solarprodukte. [Europäische Kommission, 2013] Neben den erwarteten Abfällen aus PV-Anlagen, die das Ende ihrer Nutzungsdauer erreichen, fallen auch bei den PV-Herstellern kontinuierlich Produktionsabfälle an. Diese Abfälle sollten ebenfalls bei der Planung eines Verwertungsnetzwerkes berücksichtigt werden.

Einen Überblick über die aktuell in Deutschland angesiedelten PV-Modulhersteller kategorisiert nach hergestellter Modulart und Produktionskapazität zeigt Abbildung 2.10 (siehe auch Tabelle A.1 im Anhang). Der Produktionsausschuss bei den PV-Herstellern wird auf 1 % der produzierten Menge geschätzt [Sander et al., 2004, S. 31].

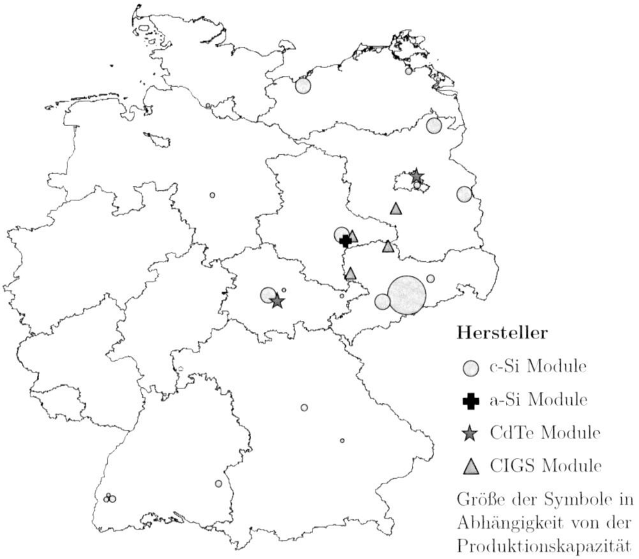

Abbildung 2.10.: PV-Hersteller in Deutschland (Stand: 2013) [Kreutzmann und Siemer, 2014, S. 22–23]

2.1.3.4. Abschätzung des Abfallaufkommens an PV-Modulen

Zur spezifischen Bestimmung des Abfallaufkommens der unterschiedlichen Modultypen werden verschiedene Informationen verknüpft. Wie bereits beschrieben, ergibt sich aus der Verschiebung des Zubaus um die erwartete Lebensdauer der Zeitpunkt des Abfallaufkommens. Hierbei sind die Marktanteile der unterschiedlichen Technologien in den einzelnen Jahren zu berücksichtigen, um eine Aufspaltung des Abfallaufkommens nach PV-Modultyp zu erhalten. Derzeit gibt es keine Informationen darüber, wie die Entwicklung der Marktanteile in Deutschland aussah bzw. in Zukunft aussehen wird. Jedoch gibt es verschiedene Studien, die die Entwicklung der Marktanteile nach Technologien in Europa untersuchen [Monier und Hestin, 2011], [Teske und Masson, 2011, S. 26]. Diese Verteilung lässt sich approximativ auf Deutschland übertragen, da sich ein sehr großer Anteil der insgesamt in Europa installierten PV-Leistung in Deutschland befindet (44 % in 2012 [Masson et al., 2013, S. 20], 30 % in 2013 [Masson et al., 2014, S. 25]). Tabelle 2.4 fasst die Entwicklung der Marktanteile der unterschiedlichen PV-Modultypen in Europa im Zeitraum von 2000 bis 2010 zusammen und enthält darüber hinaus eine Prognose für die Jahre 2015 bis 2025.

Tabelle 2.4.: Marktanteile nach PV-Modultyp und Jahr in Europa nach [Teske und Masson, 2011, S. 26] (1990–1995) und [Monier und Hestin, 2011, S. 49] (2000–2025)

Jahr	Marktanteile			
	c-Si	a-Si	CdTe	CIGS
1990	0,725	0,275		
1995	0,875	0,125	0,01	
2000	0,9	0,1		
2005	0,95	0,03	0,02	
2010	0,8	0,2	0,17	0,01
2015	0,68	0,04	0,18	0,08
2020	0,61	0,08	0,11	0,14
2025	0,61	0,08	0,11	0,14

Für die Planung der Kapazitäten eines Sammlungs- und Verwertungssystems ist darüber hinaus nicht die installierte Leistung in MWp entscheidend, sondern die damit korrespondierende Masse in Tonnen. Die Umrechnung erfolgt unter Verwendung des spezifischen Gewichtes des jeweiligen PV-Modultyps. In dieser Arbeit werden die durchschnittlichen Gewichte gemäß der Studie des Bio Intelligence Service verwendet (siehe Tabelle 2.5), in der Realität ist jedoch davon auszugehen, dass sich die Modulgewichte im Laufe der Zeit verändert haben, worüber jedoch keine exakten Daten vorliegen.

Tabelle 2.5.: Modulgewichte unterschiedlicher PV-Modultypen nach [Monier und Hestin, 2011, S. 50]

PV-Modultyp	Durchschnittliches Gewicht in [kg/W]
c-Si	0,102
a-Si	0,29
CdTe	0,2
CIGS	0,2

Aus der Verknüpfung der Informationen über den bisherigen Zubau nach [Bundesverband Solarwirtschaft e. V., 2015] sowie der Prognosen für den weiteren Zubau, der erwarteten Lebensdauer nach Tabelle 2.3, der Marktanteile nach Tabelle 2.4 sowie der Modulgewichte nach Tabelle 2.5 ergibt sich die in Abbildung 2.11 dargestellte Entwicklung des Abfallaufkommens. Hierbei wurde eine sehr gemäßigte Prognose nach [Dirr et al., 2014] und eine sehr optimistische nach [Teske und Masson, 2011] und [Monier und Hestin, 2011, S. 49] für den zukünftigen PV-Ausbau in Deutschland zugrunde gelegt.

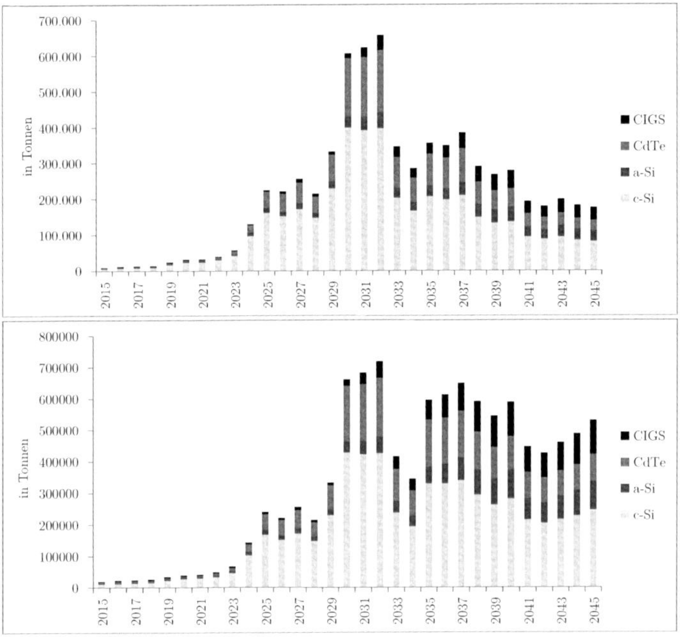

Abbildung 2.11.: Abschätzung des Abfallaufkommes für Deutschland (eigene Berechnung), oben: Prognose Zubau ab 2015 nach [Dirr et al., 2014] mit EEG 2013, unten: Prognose Zubau ab 2015 nach [Masson et al., 2014, S. 31] (high) und [Monier und Hestin, 2011, S. 49]

Wie der Vergleich der verschiedenen Abfallprognosen zeigt (siehe Abbildung 2.12), differieren diese sehr stark. Unterschiede ergeben sich vor allem aus verschiedenen Annahmen über die Lebensdauer der Module sowie den Prognosen über den weiteren Zubau. Beispielsweise ist der deutlich frühere Anstieg des Abfallaufkommens in der Studie nach Bilimoria und Defrenne durch die Annahme einer 17-jährigen Lebensdauer zu erklären [Bilimoria und Defrenne, 2013]. Daneben hat auch das Vorgehen bei der Umrechnung der Angaben von Leistungseinheiten (in MWp) in Gewichtseinheiten (in Tonnen) einen großen Einfluss. Zum Vergleich wird das Abfallaufkommen in der Studie des Bio Intelligence Service einmal mit Modultyp-spezifischen Faktoren umgerechnet und einmal mit einem festen Umrechnungsfaktor (1 MWp entspricht 1 t). Es zeigt sich, dass bei letzter Methode ein deutlich geringeres Abfallaufkommen geschätzt wird. Hier scheint eine modulspezifische Umrechnung jedoch die exaktere Vorgehensweise zu sein. Eine weitere Problematik ergibt sich bei dieser Vorgehensweise jedoch daraus, dass zu jedem Zeitpunkt nicht nur die gesamte Abfallmenge geschätzt werden muss, sondern auch die Abfallmenge je PV-Modultyp. Durch diese detailliertere Vorgehensweise werden weitere Fehlerquellen bei der Abfallprognose geschaffen. Allerdings ist es für die Planung eines Sammlungs- und Verwertungsnetzwerkes unumgänglich, diese detaillierte Schätzung durchzuführen, da die möglichen Verwertungspfade je nach PV-Modultyp differieren (siehe Abschnitt 2.3.2).

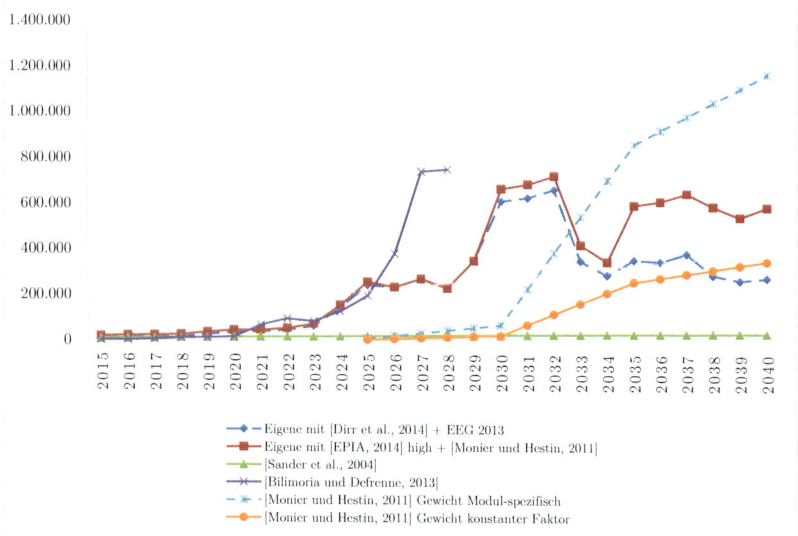

Abbildung 2.12.: Vergleich des erwarteten Abfallaufkommens für Deutschland anhand verschiedener Quellen

Wie die vorherigen Analysen zeigen, ist ab dem Jahre 2025 mit einem verstärkten Anstieg des Abfallaufkommens zu rechnen. Entsprechend wurde eine Anpassung der gesetzlichen Rahmenbedingungen vorgenommen. Diese werden im nächsten Abschnitt erläutert.

2.2. Rechtliche Rahmenbedingungen

In Hinblick auf den zukünftig erwarteten Anstieg des Abfallaufkommens wurden PV-Module 2012 im Zuge der Neufassung der europäischen Richtlinie 2012/19/EU über Elektro- und Elektronik-Altgeräte (WEEE) in den Geltungsbereich dieser Richtlinie integriert [WEEE, 2012]. Folglich sind die Vorschriften des europäischen Abfallrechts auch für PV-Module einzuhalten. Um die daraus resultierenden Anforderungen für das betrachtete Planungsproblem abzuleiten, werden die Gesetze nachfolgend im Einzelnen analysiert und die relevanten Vorschriften dargelegt.

Die zentrale Richtlinie im Bereich des europäischen Abfallrechtes ist die Richtlinie 2008/98/EG über Abfälle (Abfallrahmenrichtlinie – AbfRRL) [AbfRRL, 2008]. Die nationale Umsetzung dieser Richtlinie erfolgt in Deutschland durch das Gesetz zur Förderung der Kreislaufwirtschaft und Sicherung der umweltverträglichen Bewirtschaftung von Abfällen (Kreislaufwirtschaftsgesetz – KrWG), welches im Jahre 2012 das Kreislaufwirtschafts- und Abfallgesetz ablöste [KrWG, 2012]. Die AbfRRL und das KrWG beinhalten die wesentlichen abfallbezogenen Begrifflichkeiten. Diese werden in Abbildung 2.13 dargestellt.

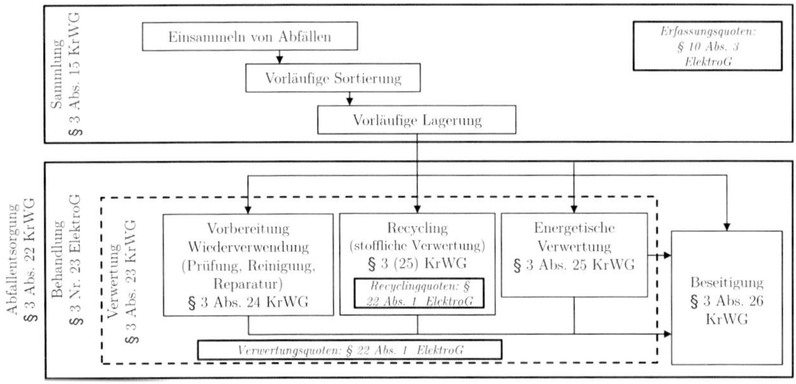

Abbildung 2.13.: Begrifflichkeiten des Abfallrechts sowie einzuhaltende Quoten gemäß ElektroG[2][ElektroG, 2015]

Für spezifische Produktabfälle gibt es sowohl auf europäischer als auch auf nationaler Ebene spezielle Regelungen. Für Elektro- und Elektronik-Altgeräte ist dies die oben

[2]Alle Angaben zum ElektroG beziehen sich auf den vom Bundestag am 02.07.2015 beschlossenen Gesetzestext, der nach der derzeit noch ausstehenden Verkündung im Bundesgesetzblatt in Kraft treten wird.

genannte Richtlinie 2012/19/EU über Elektro- und Elektronik-Altgeräte (WEEE) [WEEE, 2012] auf europäischer Ebene sowie das Gesetz über das Inverkehrbringen, die Rücknahme und die umweltverträgliche Entsorgung von Elektro- und Elektronikgeräten [ElektroG, 2005] auf nationaler Ebene.

Durch die Neufassung der WEEE ist auch eine Novelle des ElektroG erforderlich. Am 11.03.2015 beschloss das Bundeskabinett den entsprechenden Regierungsentwurf zur Neuordnung des Rechts über das Inverkehrbringen, die Rücknahme und die umweltverträgliche Entsorgung von Elektro- und Elektronikgeräten (Elektro- und Elektronikgerätegesetz – ElektroG) [ElektroG, 2015]. Diesem Regierungsentwurf hat der Deutsche Bundestag am 02.07.2015 mit Änderungen zugestimmt [Bundestag, 2015, S. 11146]. Am 10.07.2015 hat der Bundesrat bei dem zuvor vom Bundestag verabschiedeten Gesetz keinen Einspruch eingelegt [Bundesrat, 2015]. Die folgenden Ausführungen beziehen sich auf den vom Bundestag am 02.07.2015 beschlossenen Gesetzestext, der nach der derzeit noch ausstehenden Verkündung im Bundesgesetzblatt in Kraft treten wird.

Gemäß der Vorgaben der WEEE wurden PV-Module im Rahmen dieser Überarbeitung in den Geltungsbereich des ElektroG aufgenommen. Gemäß § 2 Abs. 1 Nr. 4 fallen sie unter die Kategorie „Geräte der Unterhaltungselektronik und Photovoltaikmodule". D. h. neben PV-Modulen fallen auch Geräte wie beispielsweise Fernseh- bzw. Radiogeräte oder Videokameras in diese Kategorie. Die für die Errichtung eines Sammlungs- und Verwertungssystems wesentlichen gesetzlichen Vorgaben sind zum einen die einzuhaltenden Quoten (siehe Abbildung 2.13) sowie die Frage, wer für die Erfüllung dieser Quoten zuständig ist. Die entsprechenden Regelungen unterscheiden sich je nachdem, wer der Nutzer der Geräte ist und nach dem Zeitpunkt, wann die entsprechenden Geräte in Verkehr gebracht wurden. Eine differenzierte Betrachtung der jeweiligen Regelung findet sich in Tabelle 2.6 und wird nachfolgend erläutert.

Für die Erfassung[3] der Geräte gilt eine schrittweise ansteigende Quote, die bis zum 31.12.2015 pro Jahr und je Einwohner vier kg umfasst und bis 2019 auf 65 % der in den letzten drei Jahren durchschnittlich in Verkehr gebrachten Menge ansteigt (siehe § 10 Abs. 3). Die Erfüllung der Erfassungsquote wird über alle Gerätekategorien hinweg gemessen, sodass hier die Erfüllung unabhängig von den gesammelten Gerätearten bestimmt wird.

Um der Verpflichtung der Hersteller zur Bereitstellung eines Sammelsystems zur Erfassung der Altgeräte nachzukommen, erfolgt die Sammlung von Elektro- und Elektronikaltgeräten in der Regel über die öffentlich-rechtlichen Entsorgungsträger (örE),

[3]Die „Erfassung" gemäß ElektroG (§ 3 Nr. 22) umfasst „die Sammlung sowie die Rücknahme von Altgeräten" und entspricht der „Sammlung" im Sinne des KrWG § 3 (15).

die sogenannte Wertstoff- bzw. Recyclinghöfe betreiben. Hierzu werden verschiedene Sammelgruppen definiert. Für PV-Module ist hierbei eine eigene Sammelgruppe (Gruppe 6) vorgesehen (§ 14 Abs. 1). Sobald in dem Sammelbehältnis für PV-Module eine Sammelmenge von mindestens 2,5 m^3 erreicht ist, meldet der öffentlich-rechtliche Entsorgungsträger den Behälter zur Abholung an (§ 14 Abs. 3). Die Hersteller holen die Behälter ab bzw. lassen sie abholen und transportieren diese weiter zu einem Erstbehandler (§ 16 Abs. 1 und § 20 Abs. 1). Die Koordination dieser Abholung erfolgt durch das Elektro-Altgeräte Register, welches eine Abholanordnung an einen der am Markt vertretenen Hersteller der jeweiligen Sammelgruppe erlässt (§ 31 Abs. 7). Neben der Nutzung dieses Systems besteht für die Hersteller auch die Möglichkeit, ein individuelles Sammelsystem zu errichten und selbst zu koordinieren (§ 16 Abs. 5). Durch die Mitteilung der Eigenrücknahme an das Elektro-Altgeräte Register wird der Anteil der Abholmenge entsprechend reduziert, sodass der Hersteller seltener oder gegebenenfalls keine Abholanordnung mehr erhält [Spalteholz, 2013].

Von den Erstbehandlungsanlagen, die die Vorbereitungen zur Wiederverwendung bzw. zur weiteren Verwertung durchführen (§ 3 Nr. 24), werden die Abfälle gegebenenfalls zu Verwertungsanlagen weitertransportiert. Die Erfüllung der gesetzlich festgelegten Verwertungs- und Recyclingquoten ist auf Basis der folgenden inputbasierten Berechnung durchzuführen: „[Der] geforderte Anteil wird dadurch berechnet, dass für jede Gerätekategorie das Gewicht der Altgeräte, die nach ordnungsgemäßer Erstbehandlung der Verwertungsanlage zugeführt werden, durch das Gewicht aller getrennt erfassten Altgeräte dieser Gerätekategorie geteilt wird.“ (§ 22 Abs. 2). Dies bedeutet, dass hier nur die der Verwertungsanlage zugeführte Menge zur Erfüllung der Quote maßgeblich ist (Input), nicht jedoch die Menge an wiedergewonnenen Sekundärrohstoffen (Output).

Hinsichtlich der Bewahrung und Schonung der in den Geräten enthaltenen Rohstoffe bildet die in § 22 Abs. 2 beschlossene gesetzliche Regelung noch keine ausreichende Basis, um eine lenkende Wirkung in Bezug auf die Sicherung der potentiell für die Zukunft kritischen Rohstoffe auszuüben. Dies liegt insbesondere an der inputbasierten Berechnung der Verwertungs- und Recyclingquoten, da hierdurch weder eine generelle Anforderung hinsichtlich des verwerteten Anteils des Input-Stroms noch eine konkrete Forderung nach der gezielten Rückgewinnung einzelner kritischer Rohstoffe gestellt wird. Rohstoffe gelten hierbei als „kritisch“, wenn ihnen im zivilen oder militärischen Bereich

[4] Alle Angaben zum ElektroG beziehen sich auf den vom Bundestag am 02.07.2015 beschlossenen Gesetzestext, der nach der derzeit noch ausstehenden Verkündung im Bundesgesetzblatt in Kraft treten wird.

Tabelle 2.6.: Erfassungs-, Verwertungs- sowie Recyclingquoten für PV-Module gemäß ElektroG[4] [ElektroG, 2015]

Nutzer	Zeitliche Einordnung	Verant-wortung	Erfassung für Abfälle aus privaten Haushalten		Verwertung und Recycling	
			Zeitraum	Quoten	Zeitraum	Quoten
			§ 10 Abs. 3:		§ 22 Abs. 1 Nr. 2, § 46 Abs. 9:	
Private Haushalte	Historisch (vor Inkrafttreten des Gesetzes in Verkehr) § 3 Nr. 4	örE, Vertreiber, Hersteller § 12	Bis 31.12.15	Durchschntl. 4 kg/EW, Jahr	Drei Monate nach Inkrafttreten des Gesetzes	Verwertung: mind. 75 %*, Recycling: mind. 65 %*
	Nicht historisch § 3 Nr. 4		01.01.16–31.12.18	Mind. 45 %*		
Sonstige Nutzer	Historisch (vor Inkrafttreten des Gesetzes in Verkehr) § 3 Nr. 4	Besitzer § 19 Abs. 1	Ab 01.01.19	Mind. 65 %*		
	Nicht historisch § 3 Nr. 4	Hersteller schafft zumutbare Möglichkeit § 19 Abs. 1	*Im Verhältnis zum Durchschnittsgewicht der in letzten drei Jahren in Verkehr gebrachten Geräte		*Zugeführte Menge im Verhältnis zu allen getrennt erfassten Altgeräten dieser Kategorie § 22 Abs. 2	

eine besondere Bedeutung zukommt und ihre Versorgungslage potentiell schwierig ist[5] [National Research Council, 2008, S. 20], [Achzet, 2012, S. 10]. Ähnliches gilt für die Sammelziele, die über alle Altgeräte-Arten hinweg und nicht Geräte-spezifisch festgelegt werden. Diese Problematik ist auf EU-Ebene und in den Mitgliedsstaaten bekannt und Alternativen werden diskutiert [Hörig, 2015]. Insbesondere in Bezug auf eine Änderung der Berechnung der Verwertungs- und Recyclingquoten plant die EU im August 2016 einen entsprechenden Bericht vorzulegen [WEEE, 2012, Artikel 11 (6)], [Wade, 2014b].

Die Frage nach der Sicherung der Rohstoffversorgung ist jedoch – gerade für den Technologiestandort Deutschland – von besonderer Bedeutung [Bundesanstalt für Geowissenschaften und Rohstoffe, 2013], [Bardt, 2008, S. 10]. Nach den Zielsetzungen der Bundesregierung gilt das Recycling als einer der Ansatzpunkte zur Sicherung der Rohstoffversorgung [Bundesministerium für Wirtschaft und Technologie, 2010, S. 13]. Auf europäischer Ebene wird die Sicherung der Rohstoffversorgung auf politischem Wege angestrebt [Europäische Kommission, 2010b]. Die Stärkung von Recyclingaktivitäten stellt hier einen Pfeiler der europäischen Politik dar [Bardt, 2008, S. 38]. Vor diesem Hintergrund bieten die derzeitigen Regelungen – insbesondere die Input-basierten Verwertungs- und Recyclingquoten – keine angemessene gesetzliche Grundlage, um auf die Erreichung dieser Zielsetzungen hinzuwirken. Auf Basis der derzeitigen gesetzlichen

[5]Für eine detaillierte Darstellung der Methoden siehe hierzu Abschnitt 3.3.

Regelungen werden entsprechende Maßnahmen für ein gezieltes Recycling kritischer Rohstoffe auf betrieblicher Ebene kaum angestoßen. Folglich geht ein Großteil der enthaltenen kritischen Rohstoffe verloren [Bringezu, 2014]. Die in der Wiedergewinnung der Rohstoffe liegenden ökologischen, aber auch ökonomischen Chancen erkennen derzeit nur ein Bruchteil der Unternehmen [Bardt, 2008, S. 10].

2.3. Existierende Sammlungs- und Verwertungsmaßnahmen

Aufgrund einer generell stark ausgeprägten ökologischen Orientierung der PV-Branche war die Sammlung und Verwertung von Altgeräten trotz der sehr langen Lebensdauer der PV-Module schon früh ein Thema. Dies zeigt sich zum einen an verschiedenen Initiativen zur Errichtung eines individuellen Sammelsystems und zum anderen an vielfältigen Forschungs- und Entwicklungsansätzen für geeignete Recyclingtechnologien. Viele Hersteller erhofften sich durch dieses Engagement die Vermeidung der Aufnahme von PV-Modulen in den Geltungsbereich der WEEE, was jedoch letztendlich nicht gelang [Europäische Kommission, 2010c; Taetow, 2012]. Dennoch können viele der bereits bestehenden Maßnahmen die gesetzlichen Anforderungen insbesondere hinsichtlich der geltenden Quoten erfüllen. Bisher angestoßene Maßnahmen in den Bereichen Sammlung und Verwertung werden im folgenden Abschnitt 2.3.1 und 2.3.2 vorgestellt.

2.3.1. Sammlung

Grundsätzlich sind Verbraucherinnen und Verbraucher verpflichtet, ihre ausrangierten Elektro- und Elektronikgeräte bei den kommunalen Sammelstellen oder bei den Rücknahmesystemen der Hersteller und Vertreiber abzugeben [Umweltbundesamt, 2015a]. Mit der Novelle der WEEE und der anstehenden Novelle des ElektroG gilt diese Regelung nun auch für PV-Module. Bereits vor der Integration der Module in den Geltungsbereich der WEEE Richtlinie gab es zwei Initiativen zur Errichtung eines Sammelsystems: Ceres und PV-Cycle.

Die französische Organisation Ceres wurde 2011 gegründet und hatte ihren Sitz in Paris. Ziel dieser Initiative, die einen Zusammenschluss verschiedener Akteure aus der PV-Supply Chain darstellte, war die Errichtung eines für den Endnutzer kostenfreien Sammelsystems. 2013 gab die Initiative, die zuletzt 30 Sammelstellen betrieb, jedoch die Einstellung ihres operativen Geschäftsbetriebes bekannt. In einer Übergangsphase können die Module bei der zweiten großen Initiative PV-Cycle abgegeben werden [photovoltaik.eu, 2013].

Die europäische Initiative PV-Cycle mit Sitz in Brüssel ist deutlich größer aufgestellt. Diese 2007 gegründete Initiative verfügt europaweit über ca. 350 Sammelstellen in 20 verschiedenen Ländern (davon ca. 100 in Deutschland). Als Zusammenschluss verschiedener PV-Hersteller nimmt PV-Cycle nur die Module von Mitgliedern des Netzwerkes zurück und leitet diese an kooperierende Entsorgungsunternehmen weiter. Die Finanzierung wird von den Herstellern übernommen, für die Endkunden der Mitglieder ist der Service kostenlos. Nach der WEEE-Novelle strebt PV-Cycle die Erstellung eines gesetzeskonformen Rücknahmesystems in allen Mitgliedsstaaten an. Bisher konnte die Initiative im Zeitraum von 2010 bis 2015 in Deutschland 6.278 Tonnen PV-Abfälle sammeln. Für kleine Mengen unter 40 Modulen stellt PV-Cycle geeignete Transportcontainer bereit, die die Module unbeschädigt transportieren können. Für größere Mengen wird ein Abholservice angeboten. Für das Recycling von kristallinen Siliziummodulen werden freie Kapazitäten in der Flachglasrecycling-Industrie genutzt, für CI(G)S und CdTe Module bedarf es spezieller Recyclingtechnologien. Es bestehen jedoch keine finanziellen Beteiligungen zwischen PV-Cycle und den Recyclingpartnern. [PV Cycle, 2015]

Neben diesen Hersteller-initiierten Sammelsystemen existiert das bereits für andere Elektro- und Elektronikaltgeräte etablierte System der örE mit ca. 1600 Sammelstellen in Deutschland [Harelas, 2014]. Diese werden üblicherweise uber die kommunalen Restmüllgebühren finanziert [Lindert, 2014a]. Der Ablauf der Sammlung und der weiteren Verwertung erfolgt wie in Abschnitt 2.2 beschrieben.

2.3.2. Verwertung

Für die Verwertung von PV-Abfällen stehen verschiedene Möglichkeiten zur Verfügung. Hierzu wurde in der AbfRRL eine fünfstufige Abfallhierarchie definiert, laut der die Wiederverwendung dem Recycling vorzuziehen ist (siehe Abschnitt 2.2). Auch wenn es vereinzelte Ansätze zur Wiederverwendung gibt (vgl. [Secondsol, 2015]), konzentriert sich die überwiegende Zahl der angestrebten Maßnahmen auf das Recycling von PV-Modulen. Daher wird die Betrachtung im Folgenden auf die Darstellung der Recycling-Optionen eingeschränkt. Zur Erfüllung der rechtlich vorgegebenen Verwertungs- und Recyclingquoten, die lediglich die Zuführung zu Verwertungsanlagen regulieren (siehe Abschnitt 2.2), ist es im Falle von PV-Modulen ausreichend, unspezifische Recyclingverfahren einzusetzen. Demnach genügen Verfahren, die nicht explizit für das Recycling von PV-Modulen entwickelt wurden und dementsprechend nicht spezifisch auf deren Aufbau und Zusammensetzung abgestimmt sind. Zudem wurde in den letzten Jahren an einer Reihe fortschrittlicher Technologien geforscht, die auf die jeweiligen Spezifika der behandelbaren PV-Module abgestimmt sind und auch eine Wiedergewinnung der in geringen Mengen enthaltenen kritischen Rohstoffe anstreben. Der Stand der Forschung und Entwicklung sowie die technischen Details der einzelnen Technologien werden im Folgenden beschrieben.

Grundsätzlich lassen sich die Verfahren zum Recycling von PV-Modulen gemäß ihrer Verfahrensschritte in drei Kategorien klassifizieren: mechanische, thermische und chemische Verfahren [Sander et al., 2007, S. 100–101]. In der praktischen Anwendung bzw. in Laborversuchen wird häufig eine Kombination dieser Kategorien genutzt. Aktuell existiert eine Vielzahl von verschiedenen Recyclingtechnologien, die sich dahingehend unterscheiden, welche PV-Modultypen sie verwerten können, welche Outputfraktionen sich zurückgewinnen lassen und in welchem Entwicklungsstadium sich die Technologien befinden. Von den vielen existierenden Ansätzen werden ausgewählte Vertreter im Folgenden vorgestellt, um einen Überblick über den Entwicklungsstand zu geben. Eine Einordnung dieser Verfahren gemäß ihrer Verfahrensspezifikation zeigt Tabelle 2.7.

Tabelle 2.7.: Überblick Verwertungstechnologien für PV-Module[1]

	Recyclingtechnologie	Glas-recycling	SolarWorld/ SolarCycle	First Solar	Lobbe	Saperatec	Loser	PhotoRec	Projekt Ostfalia
Entwick-lungsstand	Industriell in Betrieb	×							
	Industriell getestet		×	×					
	Pilot		×		×	×			
	Labor/Technikum						×	×	×
Verwertbarer Modultyp	c-Si	×	×		×		×		k. A.
	a-Si	×	×		×				k. A.
	CdTe			×	×	×	×	×	k. A.
	CIS				×	×	×	×	k. A.
	CIGS				×	×	×		k. A.
Wiedergewonnene Outputfraktionen	Glas hohe Qu.		×	×	×	×	×	×	
	Glas niedrige Qu.	×							
	Aluminium	×	×		×	×	×		
	Silizium		×		×				
	Polymere		Energ.Verw.	Energ. Verw.		×			×
	Zink								
	Blei								
	Kupfer	×	×		×				
	Indium				×	×	×	×	
	Tellur			×	×	×	×	×	
	Kadmium			×		×			
	Silber				×				
	Zinn								
	Gallium					×	×	×	
	Molybdän					×	×		

[1] Quellen siehe Beschreibungen in den Abschnitten 2.3.2.1 bis 2.3.2.5.

2.3.2.1. Glasrecycling

Da PV-Module zu 69 % bis 95 % aus Glas bestehen (siehe Tabelle 2.2), konzentriert sich das einzige derzeit bereits in industriellem Maßstab eingesetzte Recyclingverfahren auf die Rückgewinnung dieses Wertstoffs. Bei diesem Verfahren, das für alle Silizium-Module (c-Si, a-Si) geeignet ist [Beckmann, 2012, S. 31], [TDC Trade, Development & Construction Ltd., 2014], erfolgt nach einem vorbereitenden Bearbeitungsschritt, der die Kabel und die Anschlussboxen abtrennt, das Schreddern und Brechen der Module. Im Anschluss werden freie Leichtstofffraktionen aus dem Materialstrom abgesaugt und bspw. mittels Wirbelstromabscheidern metallische Verunreinigungen entfernt. [Seitz et al., 2013, S. 14], [Sander et al., 2004, S. 67], [Friege und Kummer, 2013, S. 49]

Dieses Verfahren verwertet auch beschädigte Module [Seitz et al., 2013, S. 14], [Sander et al., 2007, S. 67], [TDC Trade, Development & Construction Ltd., 2014] und eine getrennte Sammlung nach Modultyp ist nicht erforderlich [TDC Trade, Development & Construction Ltd., 2014], [Beckmann, 2012, S. 31]. Den Recyclingprozess zeigt Abbildung 2.14.

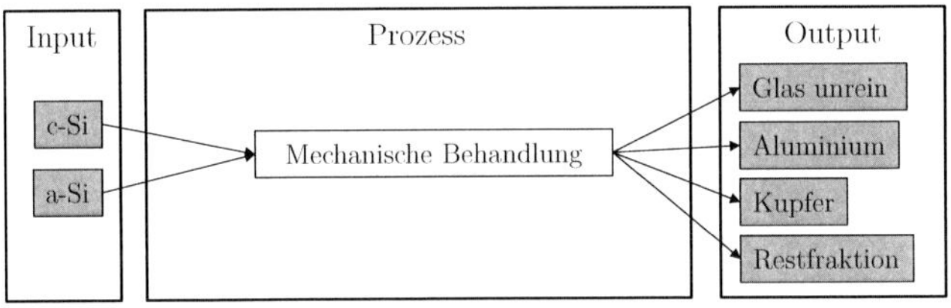

Abbildung 2.14.: Glasrecycling-Prozess

Mittels dieses Verfahrens können das Glas, das Aluminium aus den Rahmen und das Kupfer aus den Kabeln wiedergewonnen werden. Da dieses Verfahren nicht auf die spezielle Produktstruktur von PV-Modulen abgestimmt ist, lässt sich das Glas hierbei nur unzureichend vom übrigen Verbundmaterial trennen, sodass das entstehende Glasgranulat nur von niedriger Qualität ist und u. a. zur Herstellung von Glasfasern und Glaswolle für die Dämmstoffindustrie eingesetzt werden kann. [Seitz et al., 2013, S. 14] Die gewonnenen Kupfer- und Aluminiumfraktionen werden dem Metallrecycling zugeführt [Seitz et al., 2013, S. 14].

Mit dieser Technologie lassen sich bereits große Massenanteile der angegebenen Output-Fraktionen wiedergewinnen [Seitz et al., 2013, S. 14]. Unter der Annahme einer

90 %-igen Wiedergewinnung[6] der eingesetzten Inputstoffe ergeben sich die in Tabelle 2.8 angegebenen Massenanteile:

Tabelle 2.8.: Wiedergewonnene Outputfraktionen Glasrecycling [Seitz et al., 2013, S. 14], [Sander et al., 2004, S. 67], [Friege und Kummer, 2013, S. 49]

Outputfraktion	c-Si	a-Si
Glasbruch niedrige Qualität	61,65 %	79,8 %
Glasbruch hohe Qualität		
Aluminium	13,05 %	6,6 %
Silizium		
Kupfer	0,54 %	0,0045 %
Silber		
Tellur		
Kadmium		
Indium		
Restfraktion	24,76 %	13,6 %

Das Glasrecycling ist ein am Markt etablierter Prozess, der von vielen Unternehmen (u. a. Reiling, Exner Trenntechnik) betrieben wird, sodass hier für das derzeit geringe Abfallaufkommen an PV-Modulen ausreichend Kapazitäten zur Verfügung stehen [Seitz et al., 2013, S. 14], [Beckmann, 2012, S. 31], [green jobs Austria, 2013, S. 10].

Zur Abbildung von Größendegressionseffekten werden verschiedene Kapazitätsklassen betrachtet, welche je nach der betrachteten Technologie variieren [Schatka, 2011, S. 160]. Derzeit befinden sich Anlagen in unterschiedlichen Kapazitätsklassen im Einsatz, die sich an anderen Standorten ebenfalls errichten lassen. Beispielsweise betreibt die Firma Reiling an ihrem Standort in Torgau eine Flachglasaufbereitungsanlage mit einer Kapazität von 120.000 Tonnen pro Jahr [Friege und Kummer, 2012, S. 458]. Daneben gibt es auch kleine Anlagen, wie beispielsweise von der Firma Schirmbeck in Immendingen mit einer Kapazität von 14.000 Tonnen pro Jahr [Schirmbeck GmbH, 2014]. Abbildung 2.15 stellt die Standorte der bestehenden Recyclinganlagen der Exner Trenntechnik [Exner Trenntechnik GmbH, 2014] und der Reiling Unternehmensgruppe dar [Reiling Unternehmensgruppe, 2015]. Aufgrund der Kapazität der dortigen Anlagen wird davon ausgegangen, dass an jedem dieser Standorte durchschnittlich freie Kapazitäten in Höhe von 20.000 Tonnen pro Jahr zur Verfügung stehen.

[6] Beispielrechnung: Glas-Anteil c-Si Module 68,5 %, Rückgewinnung: 90 %, Rückgewinnung in Bezug auf 100 % verwerteten Materials: $68{,}5\,\% \cdot 0{,}9 = 61{,}65\,\%$

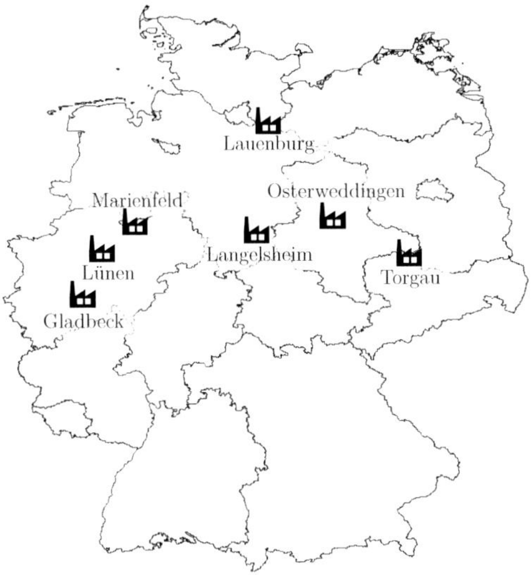

Abbildung 2.15.: Bestehende Standorte der Glasrecyclinganlagen der Exner Trenntechnik und der Reiling Unternehmensgruppe [Exner Trenntechnik GmbH, 2014], [Reiling Unternehmensgruppe, 2015]

2.3.2.2. SolarWorld/SolarCycle

Bereits im Jahre 2004 errichtete das Unternehmen SolarWorld in Freiberg eine Pilotanlage für das Recycling von kristallinen Silizium-Modulen, deren ursprüngliches Ziel es war, neben den Hauptkomponenten auch die unbeschädigten Silizium-Zellen wiederzugewinnen, um diese unmittelbar wieder in die Produktion einzuschleusen (Reuse) [Schlenker et al., 2009, S. 17], [green jobs Austria, 2013, S. 8]. Aufgrund wirtschaftlicher Überlegungen wurde diese Idee jedoch verworfen und der Prozess so verändert, dass gereinigter Solarzellenbruch wiedergewonnen werden kann. Hieraus kann erneut hochreines Silizium hergestellt werden [green jobs Austria, 2013, S. 8]. Daneben verwertet die Anlage auch amorphe Silizium-Module [green jobs Austria, 2013, S. 8], [Choi und Fthenakis, 2014, S. 7], welche nicht getrennt von den übrigen Modulen gesammelt werden müssen [Schlenker et al., 2009, S. 10]. Der Entwicklungsprozess fand im Rahmen verschiedener Forschungsprojekte statt [Forschungszentrum Jülich GmbH, 2005; Schlenker et al., 2009; Sunicon GmbH, 2012]. Die errichtete Pilotanlage umfasste eine Kapazität von 185 Tonnen pro Jahr [Choi und Fthenakis, 2014, S. 8], [green jobs Austria, 2013, S. 8]. Nach der Demontage dieser Pilotanlage 2011 gründete das Bonner Unternehmen unter anderem zusammen mit dem Preiss-Daimler-Chemiepark das Joint Venture SolarCycle mit dem Ziel eine automatisierte Recyclinganlage in großindustriellem Maßstab mit einer jährlichen Kapazität von bis zu 30.000 Tonnen im Chemiepark Bitterfeld/Wolfen in Sachsen-Anhalt zu errichten [SolarServer, 2011]. Wegen der schwierigen wirtschaftlichen Lage in der PV-Branche (siehe Abschnitt 2.1.3) löste sich die SolarCycle GmbH jedoch 2012 auf [kompany.de, 2015]. Aufgrund der Umsetzung im Pilotstadium und der existierenden Planung für eine automatisierte Anlage im industriellen Maßstab wird diese Technologie zwischen diesen beiden Entwicklungsstadien eingeordnet.

Im Verfahren werden zunächst mittels einer thermischen Behandlung bei 600°C die Kunststoffanteile verbrannt. Im Anschluss folgt die Demontage der Glas- und Aluminium-Bestandteile, welche danach zum sortenreinen Recycling zur Verfügung stehen [green jobs Austria, 2013, S. 8], [Schlenker et al., 2009, S. 11]. Hierbei besteht das Ziel in der Wiedergewinnung von Glas in solch hoher Reinheit, dass ein Wiedereinsatz in der Flach- oder Behälterglasherstellung möglich wird [Schlenker et al., 2009, S. 11]. In einem nachgelagerten Ätzverfahren wird von den unversehrten Silizium-Zellen sowie dem Zellenbruch der Solarzellenaufbau entfernt, sodass die Si-Wafer zurück bleiben. Aus dem Siliziumbruch wird ein neuer Siliziumblock hergestellt, der wiederum für die erneute Solarzellenproduktion genutzt wird. [green jobs Austria, 2013, S. 8f.], [Wambach et al., 2009, S. 29–32], [Schlenker et al., 2009, S. 15]. Eine schematische Darstellung des Verfahrens findet sich in Abbildung 2.16.

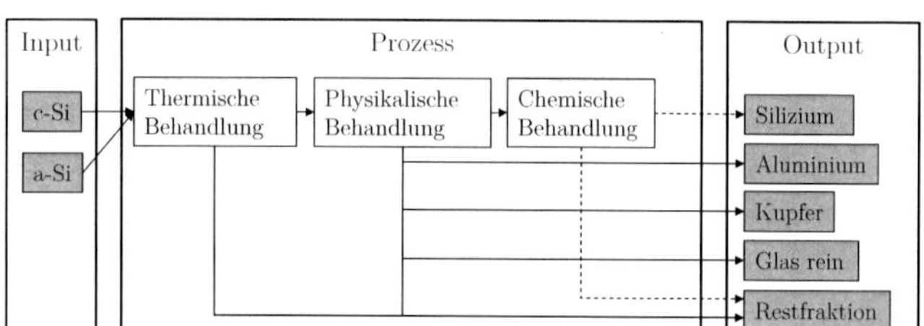

Abbildung 2.16.: Recyclingprozess SolarWorld

Die Massenanteile der wiedergewonnenen Outputfraktionen, die sich beim Recycling von einer Tonne an c-Si bzw. a-Si PV-Modulen ergeben, werden in Tabelle 2.9 zusammengefasst.

Tabelle 2.9.: Wiedergewonnene Outputfraktionen Solarworld [Wambach et al., 2009, S. 24], [Choi und Fthenakis, 2014, S. 8, Tab. 3]

Outputfraktion	c-Si	a-Si
Glasbruch niedrige Qualität		
Glasbruch hohe Qualität	66,42 %	85,97 %
Aluminium	14,5 %	7,33 %
Silizium	2,96 %	
Kupfer	0,47 %	0,004 %
Silber		
Tellur		
Kadmium		
Indium		
Restfraktion	15,65 %	6,69 %

2.3.2.3. First Solar

Aufgrund ihrer besonderen Umweltverantwortung wegen der Verwendung des Schwermetalls Kadmium in ihren CdTe-Modulen setzte sich das Unternehmen First Solar mit Sitz in Tempe, Arizona sehr früh mit dem Umgang mit End-of-Life Modulen auseinander. Das Unternehmen entwickelte ein speziell auf diesen Modultyp abgestimmtes Recyclingverfahren, das neben hochwertigem Glas auch einen CdTe-haltigen Filterkuchen zurückgewinnt [Wade, 2014a], [SolarServer, 2012], [Wade, 2011, F. 24]. Zur Finanzierung wird bereits beim Verkauf der Module eine Garantie für die spätere Rücknahme der Module auf ein Treuhandkonto eingezahlt [Wade, 2011, F. 22]. Das Verfahren ist beliebig skalierbar [Choi und Fthenakis, 2010, S. 953] und wird derzeit weltweit an jedem Produktionsstandort betrieben. Allerdings existiert aktuell kein Produktionsstandort mehr in Deutschland, nachdem 2012 die beiden Werke in Frankfurt an der Oder geschlossen wurden [Handelsblatt, 2012]. Eine Anlage aus dem Jahr 2006 kann etwa 10 Tonnen pro Tag verarbeiten, was einer Kapazität von ca. 2.500 Tonnen pro Jahr entspricht. Die Investition zur Errichtung dieser Anlage beträgt fünf Millionen US-Dollar [Wade, 2014a, S. 8], [Monier und Hestin, 2011, S. 67]. Die nächste Generation der Recycling-Anlage ist in der Lage 30 Tonnen pro Tag zu verarbeiten, was einer Kapazität von 7.500 Tonnen pro Jahr entspricht [Wade, 2014a, S. 8]. Hierfür ist eine Investition in Höhe von sieben Millionen US-Dollar notwendig [Wade, 2014a, S. 8].

Bei diesem Verfahren werden die Module zunächst mit einem Schredder und anschließend mit einer Hammermühle auf eine Korngröße von vier bis fünf Millimeter gebrochen. Bei diesem Vorgang bricht die Versiegelung der Laminierung auf. Die Halbleiterschichten werden unter Zugabe von Säure und Wasserstoffperoxyd in einer langsam rotierenden Edelstahltrommel gelöst. Über eine Fest-Flüssig-Trennung separiert sich das feste Glas-Laminat-Gemisch von der Flüssigphase aus gelösten Halbleitern. Diese beiden Komponenten lassen sich getrennt weiter verarbeiten. In einer Abscheidungsanlage werden aus der mit Halbleitern angereicherten Flüssigkeit in einem dreistufigen Ausfällungsprozess bei steigendem ph-Wert die metallischen Verbindungen als Metallhydroxide abgeschieden. Diese werden im Verdickungstank zu einem stark metallhaltigen Filterkuchen konzentriert. Die Weiterverarbeitung und CdTe-Rückgewinnung für neue Module übernimmt dann ein externer Recyclingpartner. Nach der Trennung des Glas-Laminat-Gemisches durch ein Schüttelsieb wird das Glas im Anschluss gespült, sodass es in hoher Reinheit zur Wiederverwendung zur Verfügung steht. [Wade, 2011, F. 30–41] Das Laminatmaterial wird zurückgewonnen und gemäß der lokalen Richtlinien entsorgt (in Deutschland wird es zur Energiegewinnung verbrannt) [Wade, 2011, F. 25]. Den schematischen Ablauf des Verfahrens zeigt Abbildung 2.17.

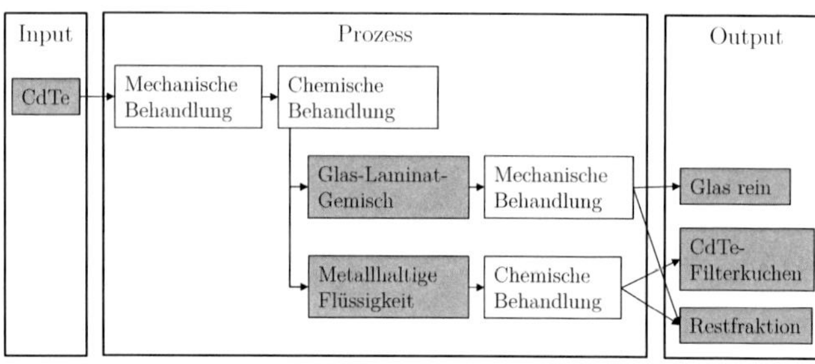

Abbildung 2.17.: Recyclingprozess First Solar

Das Recycling einer Tonne an CdTe PV-Modulen ergibt die in Tabelle 2.10 angegebenen Massenanteile.

2.3.2.4. Lobbe

Ein universelles Verfahren hauptsächlich für das Recycling von Dünnschichtmodulen (CdTe, CIS, CIGS, a-Si), aber auch kristallinen Modulen (c-Si) sowie LCD-Bildschirmen entwickelte das Unternehmen Lobbe Industrieservice GmbH & Co KG und meldete hierfür ein Patent an [Lobbe, 2012, S. 109]. Ein Pilot der chemisch-physikalischen Behandlungsanlage mit einer Kapazität von ca. 5.000 bis 10.000 Tonnen pro Jahr war am Standort Espenhain schon vorhanden, wurde aber wegen des derzeit geringen

Tabelle 2.10.: Wiedergewonnene Outputfraktionen FirstSolar [Wade, 2011, F. 40], [Choi und Fthenakis, 2010, S. 955]

Outputfraktion	CdTe
Glasbruch niedrige Qualität	
Glasbruch hohe Qualität	85,5 %
Aluminium	
Silizium	
Kupfer	
Silber	
Tellur	0,067 %
Kadmium	0,067 %
Indium	
Restfraktion	14,37 %

Abfallaufkommens still gelegt [Lobbe GmbH, 2014], [Kroll und Szombathy, 2012, S. 13]. Der Fokus des entwickelten Verfahrens liegt auf der Rückgewinnung spezieller Metalle, wie Silber, Indium und Tellur. Daneben ist die Wiedergewinnung von Silizium, Aluminium, Kupfer und Glas in hoher Sortenreinheit möglich. [Kroll und Szombathy, 2012, S. 14] Die einzelnen Rohstoffe sollen nach Angaben des Unternehmens weitgehend wiedergewonnen werden, jedoch sind die genauen Wiedergewinnungsquoten nicht veröffentlicht. Daher wird mit einer angenommenen Quote von 90 % gearbeitet. Derzeit werden die Modulabfälle gelagert, um sie bei steigenden Rohstoffpreisen zu verwerten [Lobbe GmbH, 2014].

Zu Beginn des Verfahrens wird eine Kälteversprödung mittels Stickstoff bei einer Temperatur von -196°C durchgeführt. Bei dieser Temperatur brechen die Verbundmaterialien auseinander. Bereits nach diesem Behandlungsschritt lassen sich Kupfer und Aluminium abtrennen. Glasbruch und Folienrückstände werden in die Säurewäsche gegeben. In diesem Prozessschritt führen Fällung und Elektrolyse je nach behandeltem Modultyp zur Wiedergewinnung unterschiedlicher Fraktionen – u. a. Silber, Tellur, Indium und Silizium. [Lobbe, 2012, S. 109] Den Ablauf des Verfahrens zeigt Abbildung 2.18.

Aufgrund des Fehlens genauer Angaben über die Wiedergewinnung wird von der Annahme einer 90 %-igen Wiedergewinnung der eingesetzten Inputstoffe ausgegangen[7]. Das Recycling je einer Tonne der angegebenen Modultypen ergibt demnach die in

[7] „Glas hat einen Materialanteil von 95 Prozent, die übrigen 5 Prozent sind hauptsächlich Silber, Tellur und Indium. Die Rückgewinnung pro Tonne recycelter PV-Module liegt bei den Metallen im zweistelligen Grammbereich.“ [Kroll und Szombathy, 2012]

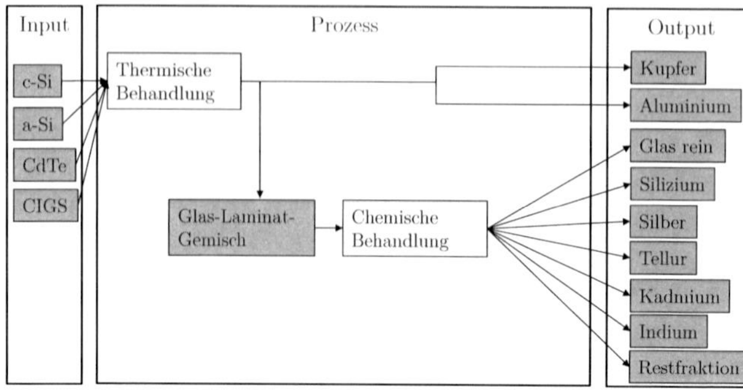

Abbildung 2.18.: Recyclingprozess Lobbe

Tabelle 2.11 angegebenen Massenanteile.

Tabelle 2.11.: Wiedergewonnene Outputfraktionen Lobbe [Kroll und Szombathy, 2012]

Outputfraktion	c-Si	a-Si	CdTe	CIGS
Glasbruch niedrige Qualität				
Glasbruch hohe Qualität	61,65 %	79,8 %	85,5 %	77,4 %
Aluminium	13,05 %	6,6%	0,009 %	8,1 %
Silizium	3,15 %	0,06 %		
Kupfer	0,54 %	0,005 %	0,9 %	0,9 %
Silber	0,007 %		0,009 %	
Tellur			0,063 %	
Kadmium			0,063 %	
Indium				0,009 %
Restfraktion	21,60 %	13,54 %	13,46 %	13,59 %

2.3.2.5. Weitere Recyclingansätze

Neben den oben beschriebenen Verfahren gibt es eine Vielzahl von weiteren Ansätzen in Forschung und Praxis [Billard et al., 2012], [Marwede et al., 2013]. Einige ausgewählte vielversprechende Ansätze werden nachfolgend kurz vorgestellt. Es fehlt allerdings aktuell die vollständige Datengrundlage, um diese Verfahren umfassend zu bewerten.

Ein preisgekröntes und patentiertes Verfahren wurde von der **Saperatec GmbH** entwickelt [Kernbaum et al., 2012; Kernbaum, 2012]. Das Verfahren, das sich auf die Wiedergewinnung der Halbleiter aus Dünnschichtmodulen fokussiert, arbeitet mit einer speziell entwickelten Mikroemulsion auf Tensid-Basis. Durch diese völlig neue Methode lassen sich die Verbundmaterialien trennen, sodass saubere Sekundärmaterialien zur Verfügung stehen. Eine Pilotanlage wurde am Standort des Unternehmens in Bitterfeld installiert. [Recyclingportal.eu, 2014]

Gleich mehrere Patente für neuartige Verfahren für das Recycling von PV-Modulen meldete das Unternehmen **Loser Chemie GmbH** an [Palitzsch, 2009, 2010]. Das entwickelte Verfahren für Dünnschichtmodule befreit die Module in einem chemischen Bad von Beschichtungen befreit. Aus den Rückständen können Tellur, Kadmium und Molybdän sowie reines Glas zurückgewonnen werden [green jobs Austria, 2013, S. 10]. Aufgrund des zu geringen Rücklaufs wurde die Pilotanlage in Bitterfeld eingestellt [Loser Chemie GmbH, 2014]. Daneben entwickelte das Unternehmen ein Verfahren, um aus kristallinen Siliziummodulen basisches Polyaluminiumchlorid zu gewinnen, für die sich Verkaufserlöse erzielen lassen [Palitzsch, 2009]. Im Gegensatz zu anderen Verfahren stellt dieser Ansatz eine Verbesserung der Arbeitssicherheit dar, da nicht mit Säuren- oder Laugenbädern gearbeitet wird [Loser Chemie GmbH, 2014]. Um dieses Verfahren einzusetzen, fehlt jedoch derzeit noch die geeignete Technologie, um die Module aufzuschließen [Loser Chemie GmbH, 2014].

Das Unternehmen **Accurec Recycling GmbH** entwickelt im Rahmen eines BMBF-geförderten Projektes ein Recyclingverfahren für Dünnschichtmodule. Ziel dieses Ansatzes ist es insbesondere, die enthaltenen Indium-, Tellur- und Gallium-Anteile in hoher Reinheit wiederzugewinnen. [Weyhe, 2014; Friedrich, 2013]

Die **Hochschule Braunschweig/Wolfenbüttel** untersucht im Rahmen eines Projektes die Wiedergewinnung der in PV-Modulen enthaltenen hochwertigen Kunststoffe, die bisher nicht aufbereitet werden [Schmiemann, 2014].

Auch im wissenschaftlichen Bereich wird kontinuierlich an der Entwicklung von fortschrittlichen Recyclingtechnologien geforscht, die sich jedoch zum großen Teil noch in einem sehr frühen Entwicklungsstadium befinden [Shrestha, 2014; Hameiri, 2015; Tammaro et al., 2015]. Wegbereiter waren hier unter anderem die Projekte **SENSE** (Sustainable Evaluation of Solar Energy Systems) unter der Leitung der Universität Stuttgart [Europäische Kommission, 2005] und **RESOLVED** (REcovery of SOLar Valuable materials, Enrichment and Decontamination) unter Federführung der Bundesanstalt für Materialforschung und -prüfung [Berger et al., 2010].

Derzeit befinden sich in Deutschland nur Glasrecycling-Anlagen im großindustriellen Maßstab in Betrieb. Diese können lediglich ein unspezifisches Recycling von PV-Modulen ermöglichen. Die installierten Kapazitäten reichen für die Verwertung des anfänglich geringen Abfallaufkommens an PV-Modulen aus [Beckmann, 2012, S. 31] [green jobs Austria, 2013, S. 10]. Mit ansteigendem Abfallaufkommen muss jedoch ein entsprechender Ausbau der Verwertungskapazitäten erfolgen. Wie die Analyse zeigt, können die gesetzlichen Anforderungen durch den Einsatz des einfachen, bereits im Einsatz befindlichen Glasrecyclingverfahren erfüllt werden. Dieses beschränkt sich jedoch auf die Rückgewinnung der geringwertigen Rohstoffe. Um zudem die in geringen Mengen enthaltenen kritischen Rohstoffe wiedergewinnen zu können, ist der Einsatz fortschrittlicherer Technologien notwendig. Die hierzu notwendige weitere Forschung und Errichtung der Anlagen erfordert hohe Investitionen, die aus betriebswirtschaftlicher Perspektive nur durch entsprechende Erlöse für den Verkauf der wiedergewonnenen Rohstoffe zu rechtfertigen sind. Bei dem heutigen Abfallaufkommen und den aktuellen Rohstoffpreisen ist die Wirtschaftlichkeit der Anlagen nicht sicher gegeben. Allerdings haben verschiedene der enthaltenen Rohstoffe gerade für Zukunftstechnologien große Relevanz, sodass eine Preissteigerung durchaus zu erwarten ist. Um eine quantitative Bewertung der Relevanz der einzelnen Rohstoffe zu ermöglichen, werden die einzelnen Rohstoffe im nachfolgenden Abschnitt näher analysiert. Ziel ist es, Einflussfaktoren auf die zukünftige Rohstoffpreisentwicklung abzuleiten, um letztlich auf dieser Basis eine ökonomisch attraktive Ausgestaltung eines Sammlungs- und Verwertungsnetzwerkes bestimmen zu können.

2.4. Strategisches Rohstoffpotential von PV-Modulen

Wie bereits oben dargelegt, gibt es verschiedene PV-Modultypen, die sich durch ihre Zusammensetzung aus verschiedenen Komponenten und Materialien unterscheiden. Betrachtet man die Summe aller seit 1995 in Deutschland installierten Module, besteht der größte Teil der Gesamtmasse aus etwa vier Millionen Tonnen Glas, darüber hinaus sind aber auch 13.000 Tonnen Kupfer, 28 Tonnen Indium, 120 Tonnen Silber sowie zahlreiche andere Rohstoffe in den Modulen enthalten (eigene Berechnung auf Basis [Deutsche Gesellschaft für Sonnenenergie e. V., 2015]).

Aus der Sicht potentieller Investoren für Recyclinganlagen werden die einzelnen Verwertungs-Alternativen hinsichtlich ihrer Wirtschaftlichkeit bewertet und umgesetzt. Die für den Verkauf der wiedergewonnenen Rohstoffe erzielbaren Erlöse beeinflussen entscheidend die Wirtschaftlichkeit des jeweiligen Verwertungssystems. Demnach stellt sich konkret die Frage, welche Rohstoffe das wirtschaftliche Potential bieten, um die Installation eines gewinnbringenden Verwertungssystems zu ermöglichen. Aufgrund der Langfristigkeit des Planungshorizontes lässt sich die Entwicklung der erzielbaren

Erlöse nicht einfach prognostizieren, sondern diese sind von vielen Faktoren innerhalb des Zusammenspiels aus Angebot und Nachfrage abhängig. Um das wirtschaftliche Potential der einzelnen in PV-Modulen enthaltenen Rohstoffe abschätzen zu können, wird die aktuelle und zukünftige Angebots- und Nachfragesituation der Rohstoffe in den nachfolgenden Abschnitten näher analysiert.

2.4.1. Rohstoff-Angebot

Das Angebot an Rohstoffen ist aufgrund beschränkter geologischer Vorkommen begrenzt. Hierbei wird das Vorkommen in Reserven und Ressourcen unterschieden. Bei Reserven handelt es sich um die nachgewiesenen, zu heutigen Preisen und mit heutiger Technik wirtschaftlich gewinnbaren Rohstoffe [Andruleit et al., 2013, S. 103]. Demgegenüber spricht man von Ressourcen, wenn es sich um nachgewiesene Vorkommen handelt, die mit den derzeitigen technischen Möglichkeiten nicht wirtschaftlich gewonnen werden können, oder aber um nicht nachgewiesene Vorkommen, die aber geologisch möglich sind [Andruleit et al., 2013, S. 103]. Tabelle 2.12 fasst die bekannten Informationen bezüglich der Reserven und Ressourcen für die in PV-Modulen enthaltenen Rohstoffe zusammen.

Tabelle 2.12.: Reserven und Ressourcen von PV-Rohstoffen

Rohstoff (Stand)	Reserven	Ressourcen
Aluminium (2015)[1]	28 Mio. t	55–75 Mio. t
Kupfer (2015)[1]	700 Mio. t	$>$ 3,5 Mrd. t
Silber (2006)[2]	270.000 t	570.000 t
Silizium (2015)[1]	unbegrenzt	unbegrenzt
Zink (2015)[1]	230 Mio. t	1,9 Mrd. t
Zinn (2015)[1]	4,8 Mio. t	$\gg$ 11 Mio. t[2]
Indium (2006)[2]	2.800 t	k. A.
Gallium (2006)[2]	k. A.	$>$ 1 Mio. t
Tellur (2015)[1]	24.000 t	47.000 t (2002)[3]
Kadmium (2007)[4]	540.000 t	6 Mio. t
Blei (2015)[1]	87 Mio. t	$>$ 2 Mrd. t
Selen (2007)[4]	82.000 t	550 Mio. t

[1] [U.S. Geological Survey, 2015b]
[2] [Angerer et al., 2009]
[3] [U.S. Geological Survey, 2007]
[4] [U.S. Geological Survey, 2002]

Durch die Verknüpfung der Informationen zu den verfügbaren Reserven mit der jährlichen Produktionsmenge eines Rohstoffs kann die sogenannte statische Reichweite ermittelt werden. Diese gibt an, für wie viele Jahre die sicheren bzw. wahrscheinlichen Vorkommen bei konstanter Produktionsmenge ausreichen werden. Bardt ermittelt die statische Reichweite auf Basis der Reserven und der Produktionsmenge aus dem Jahr 2005 für ausgewählte Rohstoffe (siehe Tabelle 2.13) [Bardt, 2008, S. 33]. Diese Betrachtung bildet jedoch die Realität nur vereinfacht ab, da die tatsächliche Reichweite durch vielfältige Faktoren beeinflusst wird und sich somit ständig verändert. Zum einen kann die Angebotsseite durch die Entdeckung neuer Ressourcen vergrößert werden. Zum anderen ist es möglich, dass die Nachfrage abnimmt, beispielsweise durch die Substitution von Rohstoffen, oder aber zunimmt, beispielsweise durch den Einsatz des Rohstoffs in neuen Technologien.

Tabelle 2.13.: Statische Reichweite ausgewählter Rohstoffe nach [Bardt, 2008] (Stand: 2005)

Rohstoff	Blei	Kadmium	Kupfer	Molybdän	Zink	Zinn	Silber
Statische Reichweite in Jahren	20	34	31	46	22	20	14

Um die Angebotssituation aus deutscher Perspektive zu bewerten, muss neben der Betrachtung der globalen Angebotssituation auch die Abhängigkeit Deutschlands von Importen berücksichtigt werden. Hier zeigt sich, dass die Abhängigkeit von Importen gerade bei metallischen Rohstoffen sehr ausgeprägt ist [Bardt, 2008, S. 30], [Pilarsky, 2014, S. 60]. Abbildung 2.19 stellt die Mengen an importierten und exportierten Rohstoffen im Jahre 2013 gegenüber. Lediglich bei Silber, Gallium und Kadmium überwiegen die Exporte gegenüber den Importen. Die Analyse zeigt, dass die Reichweite vieler Rohstoffe begrenzt ist und gerade Deutschland zudem bei einer Vielzahl von Rohstoffen auf Importe angewiesen ist. Um letztendlich jedoch die genaue Versorgungssituation beurteilen zu können, ist neben der Angebotssituation auch die Nachfrageentwicklung zu betrachten. Diese wird im nächsten Abschnitt beleuchtet.

2.4.2. Rohstoff-Nachfrage

Viele der in PV-Modulen verwendeten Rohstoffe kommen bereits heute in einem breiten industriellen Spektrum zum Einsatz. Zudem werden von aktuell in der Entwicklung befindliche Technologien weitere Nachfrageimpulse erwartet. Tabelle 2.14 gibt einen Überblick über die aktuellen und potentiellen zukünftigen Einsatzgebiete der in PV-

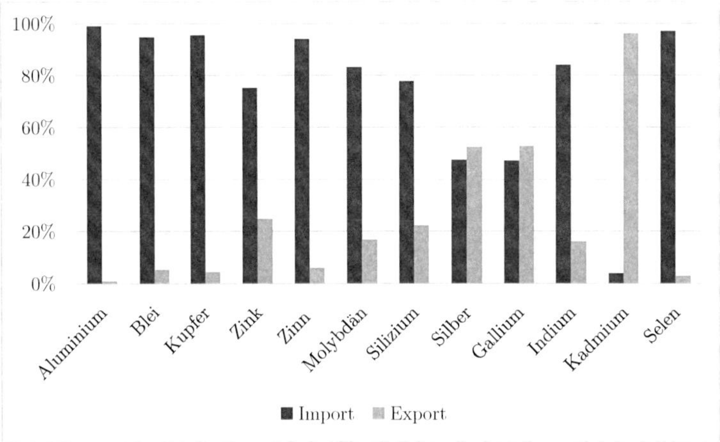

Abbildung 2.19.: Anteil der importierten und exportierten Mengen am gesamten Handelsvolumen verschiedener Rohstoffe in 2013 in [%] [Huy et al., 2014]

Modulen verwendeten Rohstoffe.

Tabelle 2.14.: Ausgewählte Einsatzgebiete und Anwendungen verschiedener Rohstoffe

Rohstoff	Derzeitiger Einsatz	Potentieller zukünftiger Einsatz
Aluminium	Konstruktionswerkstoff (geringes Gewicht), Elektrotechnik, Verpackungen[1]	Leichtbau insbesondere in Automobil- und Luftfahrt-Branche[2]
Kupfer	Architektur und Bauwesen[1], elektrische und elektronische Produkte[3]	Alle elektrischen und elektronischen Zukunftstechnologien[1], Elektromotoren und Brennstoffzellen[1], Mobiltelefone[3]
Silber	Schmuckherstellung, Elektrik, Elektronik, Optik, Medizinprodukte[1]	Bleifreie Weichlote, RFID-Tags[1], antibakterielle Anwendungen, Akkumulatoren in mobilen Informations- und Kommunikationstechologien, Silber-Katalysatoren in alkalihaltigen Brennstoffzellen[3]
Silizium	Informationstechnik, Halbleiterindustrie	k. A.
Zink	Automobilzubehör, Maschinen- und Apparatebau, Sanitärindustrie[1]	Erneuerbare Energien, Elektro-Fahrzeuge[4]
Zinn	Elektronikindustrie[1]	Steigerung des Bedarfs durch Verbot von Blei[1], Niob-Zinn-Supraleiter und Brennstoffzellen, Display- und Leuchtdiodentechnik, Liquid-Tin-Anode Solid Oxide Fuel Cell (LTA-SOFC)[3]
Indium	LCD-Bildschirme, PV-Module[1]	LCD-Bildschirme, CIS PV-Module, InGaN in weißer LED[3]
Gallium	PV-Module, Leuchtdioden, elektronische Hochfrequenzbauteile[1], integrierte Schaltungen[3]	GaAs und GaN für ICs, GaAs, GaN, GaP in LEDs, GaAs in hocheffizienten Solarzellen (extraterrestrisch)[3]
Selen	Glasherstellung, Chemikalien und Pigmente, Elektronik- und Kopiererkomponenten[3]	CIS PV-Module[3]

[1] [Pilarsky, 2014]
[2] [U.S. Geological Survey, 2013, S. 5.3]
[3] [Angerer et al., 2009]
[4] [Initiative-Zink, 2015]

Wie Tabelle 2.14 zeigt, werden die in PV-Modulen enthaltenen Rohstoffe auch für viele der fundamentalen Zukunftstechnologien insbesondere im Bereich der Elektrik und Elektronik sowie der Elektromobilität benötigt. Diese Technologien konkurrieren somit um die begrenzten Rohstoffe [Behrendt et al., 2010, S. 62]. Entsprechend erwarten Angerer et al. im Jahre 2030 einen deutlichen Bedarfsanstieg im Vergleich zum Jahre 2006 bei verschiedenen Rohstoffen (siehe Abbildung 2.20) [Angerer et al., 2009].

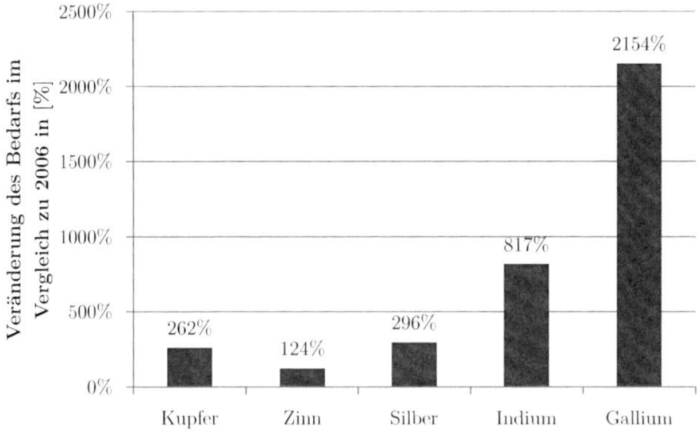

Abbildung 2.20.: Erwartete Entwicklung des globalen Bedarfs ausgewählter Rohstoffe in 2030 im Vergleich zu 2006 in [%] [Angerer et al., 2009]

Aus rein geologischer Sicht ist die Versorgung mit mineralischen Rohstoffen auch zukünftig weitgehend gesichert [Bundesanstalt für Geowissenschaften und Rohstoffe, o. J]. Dennoch führt die wachsende Weltbevölkerung und die voranschreitende Industrialisierung in den Schwellenländern zu einem deutlichen Anstieg des Rohstoffverbrauchs sowie der Rohstoffpreise. Diese Situation ist demnach nicht nur auf eine physikalische Verknappung zurückzuführen, sondern auf den Umstand, dass die Rohstoffvorkommen auf einzelne, teils politisch und gesellschaftlich instabile Regionen begrenzt sind bzw. nur von wenigen Unternehmen exploriert werden. [ATZ Entwicklungszentrum, TU München, Lehrstuhl für Rohstoff- und Energietechnologie, 2011, S. 10], [Bardt, 2008] Aufgrund der Abhängigkeit von Importen können hierdurch für Deutschland kurz- und mittelfristig neben Lieferrisiken insbesondere Preisrisiken entstehen [Erdmann et al., 2011, S. 11]. Dementsprechend erwarten de Groot et al. einen Anstieg der durchschnittlichen Metallpreise um 13 % zwischen 2010 und 2020 und sehen die Bereitstellung von Sekundärrohstoffen durch gezieltes Recycling als einen Ansatz zur Entschärfung dieser Situation [Groot et al., 2012, S. 1].

Für die Investitionsentscheidung in Recyclingtechnologien ist letztlich der am Markt erzielbare Rohstoffpreis entscheidend, der sich aus diesem komplexen Zusammenspiel aus Angebot und Nachfrage ergibt. Der Verlauf der historischen Rohstoffpreisentwicklung wird im nächsten Abschnitt näher beleuchtet.

2.4.3. Historische Rohstoffpreisentwicklung

Die aktuellen Rohstoffpreise lassen sich in Deutschland durch den mehrmals jährlich herausgegebenen Preismonitor der Deutschen Rohstoffagentur (DERA) beobachten. Gemäß dieser Quelle werden in Tabelle 2.15 die durchschnittlichen Preise der in PV-Modulen enthaltenen Rohstoffe sowie deren Volatilität für den Zeitraum von 2010 bis 2014 angegeben.

Tabelle 2.15.: Durchschnittliche Preise 2010 bis 2014 und Volatilitäten nach [Deutsche Rohstoff Agentur, 2015b]

Rohstoff	Durchschnittspreis (2010–2014)	Volatilität (2010–2014)
Aluminium	2.060 US$/t	16,1 %
Blei	2.171 US$/t	21,2 %
Gallium	430 US$/kg	23,1 %
Indium	656 US$/kg	21,9 %
Kadmium	3 US$/kg	21,4 %
Kupfer	7.699 US$/t	16,7 %
Molybdän	33 US$/kg	24,9 %
Selen	92 US$/kg	25,3 %
Silber	833 US$/kg	26,2 %
Silizium	2.145 Euro/t	8,7 %
Tellur	206 US$/kg	30,3 %
Zink	2.075 US$/t	19,5 %
Zinn	22.281 US$/t	23,4 %

Neben dieser statischen Betrachtung ist es zudem notwendig, den Verlauf der Rohstoffpreisentwicklung zu betrachten, um Trends aus der Vergangenheit zu erkennen. Um speziell die Rohstoffpreisentwicklung der für Deutschland relevanten Industriemetalle abzubilden, wurde von der Bundesanstalt für Geowissenschaften und Rohstoffe (BGR) 2007 ein speziell angepasster Rohstoffpreisindex entwickelt. Die in diesem Index betrachteten Rohstoffe weisen eine große Schnittmenge mit den in PV-Modulen enthaltenen Rohstoffen auf. Abbildung 2.21 zeigt den Verlauf dieses Preisindexes seit dem Jahre

2000 [Vasters, 2007]. Ein ähnlicher Index wurde auch vom Institut der deutschen Wirtschaft Köln aufgesetzt. Der seit 1999 geführte Industriemetallpreis-Index (IMP-Index) enthält die wichtigsten Rohstoffe und gewichtet diese gemäß des Anteils an Importen. Hierbei machen Kupfer, Aluminium, Eisenerz und Gold ca. 80 % des Wertes aus, aber auch Silber, Zink, Blei und Zinn werden in den Index berücksichtigt. [Bardt, 2011]

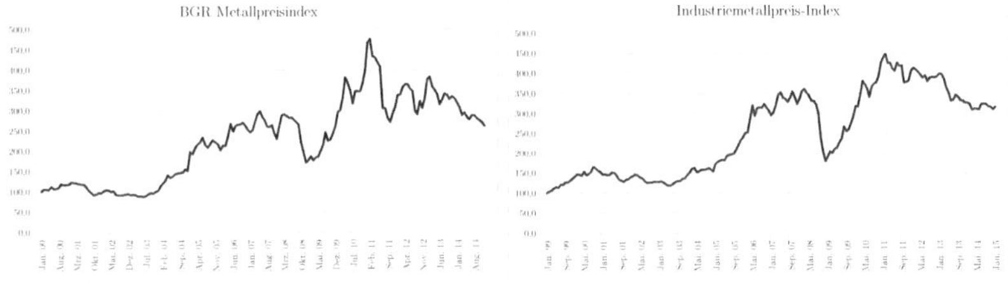

Abbildung 2.21.: Entwicklung Preisindizes für metallische Rohstoffe, links: BGR Index metallische Rohstoffe 2000–2014 [Vasters, 2007], rechts: Industriemetallpreis-Index 1999–2015 Institut der deutschen Wirtschaft Köln [Institut der deutschen Wirtschaft Köln, 2015]

Beide Indizes zeigen deutlich einen ansteigenden Trend, der sich 2011 etwas abschwächte, aber dennoch wesentlich über dem Ausgangswert liegt. Auch Bardt verzeichnet einen Anstieg der Weltmarktpreise für in den Euroraum importierte Industrierohstoffe im Zeitraum von 2000–2008 um 170 % [Bardt, 2008, S. 7].

Obwohl der Rohstoffpreisindex bereits erste Erkenntnisse im Bezug auf die Preisentwicklung der PV-Rohstoffe ermöglicht, ist eine fundierte Entscheidung, welche Rohstoffe zurückgewonnen werden sollen, nur auf Basis einer detaillierteren Betrachtung möglich. Hierbei zeigen insbesondere Indium, Tellur und Silber deutliche Preissteigerungen in den letzten 20 bis 25 Jahren (siehe Abbildung 2.22, links) und sind daher für ein Recycling von besonderem Interesse. Es zeigt sich jedoch, dass die Preisentwicklung der Rohstoffe auch hohen Volatilitäten unterliegt, was die Recyclingplanung wiederum erschwert (siehe Abbildung 2.22, rechts).

Letztlich ist jedoch eine solche ex-post Analyse der Rohstoffpreisentwicklung nicht ausreichend, um die zukünftigen Entwicklungen zu prognostizieren. Dies liegt zum einen an der Komplexität der globalen Märkte, zum anderen gibt es weitere Faktoren, die die Preisentwicklung in Zukunft beeinflussen können, aber in der Vergangenheit noch nicht relevant waren. Hierzu zählen u. a. geologische Faktoren, wie die Exploration neuer Reserven, oder auch politische Aspekte, wie Konflikte innerhalb oder zwischen einzelnen Staaten. Entsprechend ist es notwendig, zusätzliche Informationen

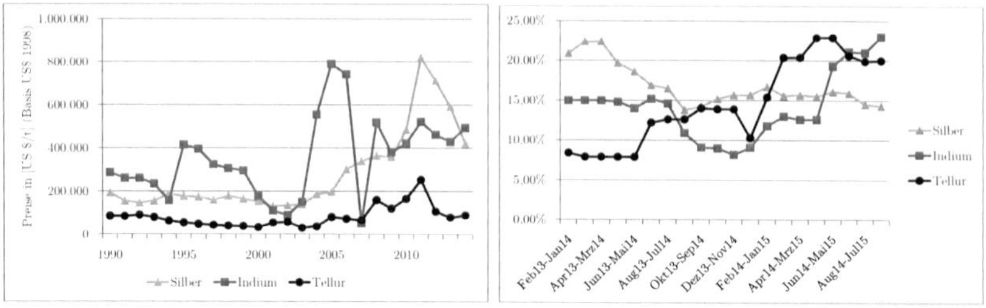

Abbildung 2.22.: Links: Preisentwicklung Silber, Indium und Tellur von 1990 bis 2014 [U.S. Geological Survey, 2015a], [Deutsche Rohstoff Agentur, 2015a] Rechts: Volatilitäten der Silber-, Indium- und Tellurpreise im Zeitraum von Februar 2013 bis August 2015 [Deutsche Rohstoff Agentur, 2015b]

für die Prognose der Rohstoffpreisentwicklung zu betrachten. Hierzu wurden sogenannte Rohstoff-Kritikalitätsindikatoren[8] entwickelt, die diese Informationen in aggregierter Form bereitstellen. Nach dieser Methodik werden verschiedene der in PV-Modulen enthaltenen Rohstoffe für Deutschland als eher kritisch bis kritisch (Stufe IV bis V) eingestuft, wie die Bewertung nach Erdmann et al. in Tabelle 2.16 zeigt. Eine detaillierte Darstellung der verschiedenen Methoden erfolgt in Abschnitt 3.3.

Tabelle 2.16.: Kritikalitätsbewertung nach [Erdmann et al., 2011] (I – unkritisch bis VI – sehr kritisch)

Rohstoff	Kritikalität
Aluminium	II
Blei	I
Gallium	V
Indium	V
Kadmium	k. A.
Kupfer	IV
Molybdän	IV
Selen	V
Silber	V
Silizium	II
Tellur	IV
Zink	IV
Zinn	V

Zusammenfassend verdeutlicht die Analyse, dass PV-Module einige Rohstoffe mit stra-

[8] Für eine detaillierte Erläuterung der verschiedenen Methoden siehe Abschnitt 3.3.

tegischem Potential enthalten. Dies zeigt sich anhand der historischen Preisentwicklung dieser Rohstoffe, aber auch an der weiten Spannbreite des Einsatzes in Zukunftstechnologien. Allerdings sind Rohstoffe nach ihrem Einsatz als Primärrohstoffe nicht von einer Wiederverwendung ausgeschlossen. Die Erschließung von urbanen Lagerstädten (anthropogenic stock) durch gezieltes Recycling steht mehr und mehr im Fokus der Forschung [Graedel und Erdmann, 2012, S. 326]. Gerade für das von Rohstoffimporten abhängige Deutschland sollte daher dieses potentielle Rohstoff-Reservoir genauer untersucht und verschiedene Verwertungsoptionen in Betracht gezogen werden (vgl. auch [Choi und Fthenakis, 2010, S. 952]). Problematisch ist die Unsicherheit, die bezüglich der zukünftigen Rohstoffpreisentwicklung besteht, da diese die Wirtschaftlichkeit von Recyclingprozessen wesentlich beeinflusst. Diese Unsicherheit geeignet abzubilden und in die Entscheidung zu integrieren stellt daher eine der wesentlichen Herausforderungen für das zu entwickelnde Entscheidungsunterstützungsmodell dar.

2.5. Fazit und Ableitung von Anforderungen an ein Entscheidungsunterstützungssystem

Das Ziel der vorliegenden Arbeit besteht in der Entwicklung eines strategischen Planungsansatzes für die Sammlung und Verwertung von PV-Modulen. Diese Planung umfasst die Entscheidungen über die Ausgestaltung des Sammelsystems sowie die Standort-, Technologie- und Kapazitätsplanung für die zu errichtenden Verwertungsanlagen. Wie die Analyse der bestehenden Rahmenbedingungen zeigt, resultiert der Bedarf für ein solches System aus dem erwarteten Anstieg des Abfallaufkommens sowie den entsprechend angepassten rechtlichen Rahmenbedingungen. Neben der reinen Erfüllung der gesetzlich vorgegebenen Quote besteht weiterer Handlungsspielraum für die Umsetzung des zu errichtenden Systems. Durch die Vielfalt an PV-Modultypen und Recyclingtechnologien muss eine individuelle Verwertungsstrategie für jeden PV-Modultyp entwickelt werden. Vor dem Hintergrund der Rohstoffversorgung deutscher Unternehmen ist der Aspekt, welche Rohstoffe letztlich zurück gewonnen werden, von besonderer Bedeutung. Aufgrund fehlender heimischer Vorkommen und der resultierenden Abhängigkeit von Importen, stellt sich die Frage, inwiefern das Recycling von PV-Modulen als Sekundärrohstoffquelle betrachtet werden kann und eine ökonomisch vorteilhafte Alternative darstellt.

Aus dieser Situation ergeben sich die folgenden Forschungsfragen:

- Wie kann die Entscheidungssituation abgebildet werden, um zukünftige Investitionsentscheidungen bezüglich der einzusetzenden Technologien zu unterstützen?

- Wie können die bestehende Unsicherheit bezüglich der Rohstoffpreisentwicklung adäquat in den Ansatz integriert werden?

Aus den beschriebenen Rahmenbedingungen können folgende Anforderungen an den zu entwickelnden Planungsansatz abgeleitet werden:

- **Techno-ökonomische Bewertung aus Gesamtsystemperspektive:** Zur Entscheidungsunterstützung für zukünftige Investitionsentscheidungen ist es notwendig, die technischen sowie die ökonomischen Aspekte der Handlungsalternativen abzubilden. Dies umfasst sowohl die einzelnen PV-Modultypen und ihre Zusammensetzung als auch die unterschiedlichen Recyclingtechnologien. Letztere unterscheiden sich bezüglich der verwertbaren Modultypen sowie hinsichtlich der wiedergewinnbaren Outputfraktionen und befinden sich in unterschiedlichen Entwicklungsstadien. Auch die Optionen für die Ausgestaltung des Sammelsystems, das wiederum Auswirkungen auf die nachgeschalteten Verwertungsmöglichkeiten hat, sind im Modell geeignet abzubilden. Die Entscheidungsperspektive beinhaltet das gesamte System, sodass alle innerhalb dieses Untersuchungsrahmens anfallenden Zahlungen zu berücksichtigen sind. Ziel ist es, konkrete Handlungsempfehlungen aus Gesamtsystemperspektive für das vorliegende Entscheidungsproblem abzuleiten.

- **Integration der zeitlichen Veränderung der Planungsparameter:** Die betrachteten Entscheidungen werden auf strategischer Ebene getroffen. Es handelt sich demnach um eine strategische Planungsaufgabe. Entsprechend ist es notwendig die zeitlichen Veränderungen der planungsrelevanten Inputdaten bei der Planung zu berücksichtigen und mittels eines mehrperiodigen Planungsansatzes umzusetzen. Insbesondere durch die zeitliche Dynamik bei der Installation von PV-Anlagen wird das resultierende Abfallaufkommen über die Zeit deutlich ansteigen, sodass ein zeitlich gestaffelter Kapazitätsausbau betrachtet werden sollte. Darüber hinaus ist eine zeitliche Betrachtung auch notwendig, um die Weiterentwicklung der Recyclingtechnologien zu berücksichtigen.

- **Integration der Unsicherheit bezüglich der Rohstoffpreisentwicklung:** Gerade durch die Langfristigkeit der Betrachtung ist es notwendig, auch die zeitlichen Veränderungen der Rohstoffpreise zu berücksichtigen. Hierbei stellt sich die Problematik, dass diese Preise nicht deterministisch sind, sondern großer Unsicherheit unterliegt. Eine besondere Herausforderung an den zu erstellenden Planungsansatz besteht daher darin, diese Unsicherheit geeignet zu integrieren.

> Dabei besteht das Ziel darin, neben der Bestimmung einer konkreten Handlungsempfehlung für den Entscheidungsträger auch die Chancen und Risiken dieser Empfehlung quantitativ zu analysieren.

Aus den beschriebenen Anforderungen können drei für die Thematik relevante Forschungsfelder abgeleitet werden: der Bereich des Reverse Logistics und Closed Loop Supply Chain Managements, der Optimierung unter Unsicherheit sowie der Prognose zukünftiger Rohstoffpreisentwicklungen. Im Bereich des Reverse Logistics und des Closed-Loop Supply Chain Managements gibt es bereits eine Vielzahl an Planungsansätzen für ähnliche Fragestellungen. Diese werden gezielt auf ihre Übertragbarkeit auf das vorliegende Planungsproblem untersucht. Teilweise werden in diesen Ansätzen bereits Unsicherheiten berücksichtigt. Daher wird zunächst ein allgemeiner Überblick über Methoden der Optimierung unter Unsicherheit gegeben, bevor das konkrete Vorgehen der bestehenden Ansätze analysiert wird. Die Untersuchung des dritten Feldes zielt darauf ab, geeignete Informationen für die zukünftige Rohstoffpreisentwicklung abzuleiten.

In Kapitel 3 werden diese drei Forschungsfelder analysiert und die Übertragbarkeit der Ergebnisse auf das vorliegende Planungsproblem untersucht.

3 Ansätze zur strategischen Planung von Sammlungs- und Verwertungsnetzwerken

Das Ziel der vorliegenden Arbeit besteht in der Konzeption eines Planungsansatzes für die Errichtung eines Sammlungs- und Verwertungsnetzwerks für PV-Module. Wie in Kapitel 2 dargestellt, befinden sich derzeit nur unspezifische Verwertungsanlagen in Betrieb, deren Kapazität für die Verwertung des anfänglich geringen Abfallaufkommens ausreichend ist und die nur geringwertigere Rohstoffe – wie Aluminium und Kupfer – bzw. Rohstoffe in niedriger Qualität – wie verunreinigter Glasbruch – wiedergewinnen können. Mit dem Anstieg des Abfallaufkommens muss daher ein entsprechender Ausbau der Verwertungskapazitäten erfolgen. Hierbei sind neben der Standortentscheidung insbesondere Kapazitätsentscheidungen bei der Planung zu treffen, die dem anfänglich geringen und später stark ansteigenden Abfallaufkommen entsprechen. Aufgrund der strategischen Relevanz der heutigen und zukünftigen Rohstoffversorgung für Deutschland ist mit dem Kapazitätsausbau insbesondere die Frage verknüpft, wie die genaue Verwertungsstrategie für jeden Modultyp aussehen sollte. Daher ist zusätzlich eine entsprechende Technologieentscheidung zu treffen. Um eine betriebswirtschaftlich sinnvolle Entscheidung für den Ausbau der Verwertungsinfrastruktur zu ermitteln, kommt hierbei der Preisentwicklung der einzelnen wiedergewinnbaren Rohstoffe eine entscheidende Bedeutung zu. Dieser Entwicklung haften allerdings große Unsicherheiten an, sodass daraus Planungsunsicherheiten resultieren.

In der wissenschaftlichen Literatur gibt es bereits eine Vielzahl von Beiträgen aus dem Bereich des Reverse Logistics, die die Fragestellungen der strategischen Netzwerkplanung von Sammlungs- und Verwertungsnetzwerken behandeln. Diese werden in Abschnitt 3.1 im Überblick dargestellt, um die Übertragbarkeit auf das vorliegende Planungsproblem anhand der in Kapitel 2 gestellten Anforderungen zu überprüfen sowie bestehende Forschungslücken zu identifizieren. Die Frage, inwieweit die bestehenden Ansätze die Unsicherheiten bezüglich der zukünftigen Rohstoffpreisentwicklung bei der Planung berücksichtigen bzw. inwieweit die verwendete Methodik die Integration dieser Problematik in einen strategischen Planungsansatz erlaubt, stellt den Schwerpunkt der Analyse in Abschnitt 3.2 dar. Dazu wird zunächst ein Überblick über die Methoden der Optimierung unter Unsicherheit gegeben, bevor die konkrete Analyse der dargestellten Ansätze erfolgt. Um die bestehende Unsicherheit in Bezug auf die Rohstoffpreisentwicklung für die in PV-Modulen enthaltenen Rohstoffe geeignet zu quantifizieren, stehen in Abschnitt 3.3 Konzepte zur Prognose der Preisentwicklung verschiedener Rohstoffe im Fokus. Ziel ist es geeignete Instrumente für die Ableitung von Rohstoffpreisszenarien zu identifizieren. Abschließend werden in Abschnitt 3.4 anhand der bestehenden Anforderungen aus Kapitel 2 und der durchgeführten Analysen Schlussfolgerungen für die Eignung der vorgestellten Methoden im Rahmen des zu entwickelnden Planungsansatzes gezogen.

3.1. Planungsansätze des Reverse Logistics

Motiviert durch ein wachsendes Umweltbewusstsein der Konsumenten wurden seit Anfang der 90er Jahre verstärkt Fragestellungen der Sammlung und Verwertung von gebrauchten Produkten in der wissenschaftlichen Literatur betrachtet. Neben den Ansprüchen der Kunden gibt es zwei weitere wesentliche Treiber für diese Entwicklung. Dies sind zum einen ökonomische Aspekte durch die Rückgewinnung von werthaltigen Bestandteilen aus den Produkten [Fleischmann et al., 1997, S. 1034f.], [Schultmann et al., 2006] und zum anderen veränderte rechtliche Rahmenbedingungen u. a. durch die Einführung des Kreislaufwirtschaftsgesetzes im Jahre 1996 [KrWG, 2012], [Srivastave, 2008, S. 535], [Melo et al., 2009, S. 403]. Um die daraus resultierenden Planungsprobleme zu analysieren, wurde die klassische Perspektive des vorwärts gerichteten Supply Chain Managements um rückwärts gerichtete Produktflüsse erweitert. Brito et al. definieren hierfür den Begriff „**Reverse Logistics**" wie folgt: „the process of planning, implementing and controlling backward flows of raw materials, in process inventory, packaging and finished goods, from a manufacturing, distribution or use point, to a point of recovery or point of proper disposal" [de Brito und Dekker, 2004, S. 5]. Bereits Ende der 90er Jahre gab es erste Ansätze zur Lösung der Planungsprobleme des Reverse Logistics (vgl. [Spengler et al., 1997; Barros et al., 1998]). Die betrachteten Fragestellungen und Modellansätze wurden aus dem Supply Chain Management abgeleitet und auf die hier vorliegende Entscheidungssituation übertragen.

Mit dem Forschungsfeld des Reverse Logistics eng verwandt ist das Feld des Closed-Loop Supply Chain Managements. In diesem Bereich liegt der Fokus auf der integrierten Betrachtung der vorwärts und rückwärts gerichteten Flüsse innerhalb einer Supply Chain, um durch die Nutzung gleicher Prozesse Synergien ausschöpfen zu können. [Fleischmann et al., 1997, S. 4], [Guide und van Wassenhove, 2009, S. 10], [Pishvaee et al., 2011, S. 638]. Eine reine Betrachtung der Reverse Supply Chain geschieht in der Regel, wenn die Prozesse der Produktrückflüsse deutlich von denen der vorwärts gerichteten Supply Chain abweichen und somit die Netzwerkstruktur vollständig unabhängig voneinander geplant wird [Schultmann et al., 2006, S. 1039].

[Fleischmann et al., 1997] und [Dekker et al., 2004] stellen die relevanten Planungsprobleme des Reverse Logistics dar (siehe Tabelle 3.1). In Anlehnung an das Supply Chain Management werden die Planungsansätze des Reverse Logistics in die Bereiche der Distribution, Lagerhaltung und Produktionsplanung sowie die Supply Chain Perspektive unterschieden. Diese glieder sich jeweils in strategische und taktische bzw. operative Fragestellungen. Einen Überblick über Forschungsbeiträge in diesem Bereich auf den unterschiedlichen Planungsebenen geben [Dekker et al., 2004, S. 33], [Rubio et al., 2008], [Govindan et al., 2014] und [Nuss et al., 2014, S. 8].

Wie eingangs erwähnt, sind im Rahmen der Planung eines Netzwerkes für die Sammlung und Verwertung von PV-Modulen Standort-, Technologie- und Kapazitätsentscheidungen zu treffen, die aufgrund ihrer Fristigkeit der strategischen Planung zuzuordnen sind. Von besonderem Interesse sind Ansätze, die eine modellbasierte Unterstützung der Standort-, Kapazitäts- und Technologieentscheidungen liefern. Ein besonderer Fokus liegt zudem auf den Beiträgen, die Unsicherheiten in der Planung berücksichtigen. Bedingt durch die lange Lebensdauer der PV-Module und die starke Fluktuation in der Branche ist es nicht sinnvoll einen Closed-Loop Ansatz zu wählen. Zudem handelt es sich bei den wiedergewonnenen Rohstoffen nicht um unternehmensspezifische Wertstoffe, sodass diese am Markt gehandelt werden können und nicht in einem geschlossenen Kreislauf geführt werden müssen. Entsprechend liegt der Schwerpunkt der Analyse im Folgenden auf strategische Planungsansatze aus dem Bereich des Reverse Logistics. Hierbei wird eine Auswahl der existierenden Forschungsbeiträge vorgestellt, die eine oder mehrere der in Abschnitt 2.5 herausgearbeiteten Anforderungen erfüllen. Des Weiteren liegt ein besonderes Augenmerk der Arbeit auf der Analyse der Beiträge hinsichtlich der berücksichtigten Unsicherheit in der Planung. Daher wird in einem zweiten Schritt die betrachtete Quelle der Unsicherheit sowie der methodische Umgang mit Unsicherheit näher analysiert. Für einen umfassenden Literaturüberblick bieten die folgenden Quellen. [Fleischmann et al., 1997; Rubio et al., 2008; Pokharel und Mutha,

Tabelle 3.1.: Planungsprobleme des Reverse Logistics nach [Dekker et al., 2004, S. 33]

Strategisch	Taktisch/Operativ
	Distribution
Netzwerkdesign	Prognose des Abfallaufkommens Routenplanung für Sammlung und Distribution Handling von Retouren
	Lagerhaltung und Produktion
Bewertung werthaltiger Bestände Produktdesign	Losgrößenplanung in Rückgewinnungsprozessen Dynamische Kontrolle von Rückgewinnungsprozessen Produktionsplanung für Rückgewinnungsprozesse Wiederaufbereitungsprozesse Produktionsplanung für Massenrecycling
	Supply Chain Perspektive
SC Koordination und Verträge Langfristige Performance Umwelt-Performance Kollaborative Recyclingnetzwerke	Bewertung von Informationen Produktakquise

2009; Melo et al., 2009; Nuss et al., 2014; Ghiani et al., 2014; Govindan et al., 2014]. Eine Übersicht der recherchierten Ansätze enthält Tabelle 3.2.

3.1.1. Allgemeine Ansätze für die strategischen Planung von Sammlungs- und Verwertungsnetzwerken

Für jeden PV-Modultyp existieren aufgrund der unterschiedlichen Zusammensetzung spezifische Verwertungsmöglichkeiten. Dies erfordert die Abgrenzung der einzelnen PV-Typen bei der Planung. Da in einem Großteil der analysierten Forschungsartikel **mehrere Produkte** betrachtet werden, ist eine Übertragbarkeit auf die Situation beim Recycling von PV-Modulen möglich. Aufgrund der langfristigen Betrachtung im Rahmen der strategischen Netzwerkplanung sind die Entscheidungen durch sich im Laufe der Zeit verändernde Inputparameter, wie beispielsweise die Höhe des Abfallaufkommens, gekennzeichnet. Bei vielen der Forschungsbeiträge handelt es sich allerdings um einperiodige bzw. mehrperiodige Ansätze, die jedoch Standort- und sofern betrachtet – Kapazitätsentscheidungen statisch treffen oder lediglich eine Durchschnittsperiode betrachten [Schatka, 2011, S. 97]. Dadurch ist eine Anpassung der Infrastruktur gemäß der Veränderungen der Inputparameter nicht möglich. Einen der wegbereitenden Beiträge veröffentlichte Barros et al. im Jahre 1998 [Barros et al., 1998]. Darin wird ein zweistufiges kapazitiertes Standortplanungsproblem für das Recycling von Sand vorgestellt. Zielsetzung dieses gemischt-ganzzahligen linearen Optimierungsproblems (MILP) zur Standortplanung für regionale Depots und Sammelstellen ist die Minimierung der Gesamtkosten. Die Autoren unterscheiden verschiedene Produkte in Form von unterschiedlichen Qualitätsklassen des Sandes. Der Ansatz berücksichtigt jedoch keine Änderungen der Planungsdaten im zeitlichen Verlauf und die betrachtete Standort- und Kapazitätsentscheidung erfolgt statisch. Einen ähnlichen Ansatz wählt Shih zur Bestimmung einer kostenminimalen Netzwerkinfrastruktur für das Recycling von Computern und Haushaltsgeräten [Shih, 2001]. Auch in den Ansätzen von [Listeş und Dekker, 2005; Salema et al., 2007; Pati et al., 2008; Walther et al., 2008a; Ramezani et al., 2013] und [Soleimani und Govindan, 2014] wird lediglich eine statische Planung für mehrere Produkte durchgeführt. Eine statische Standortscheidung trifft ebenfalls [Jayaraman et al., 2003]. Zudem erfolgt die Planung in diesem Ansatz lediglich für den Einproduktfall. Die Charakteristika der dargestellten Ansätze werden in Tabelle 3.2 zusammenfassend dargestellt.

Einen der ersten **mehrperiodigen** Ansätze veröffentlichte [Realff et al., 2004]. Durch diese Erweiterung lassen sich die Allokationsentscheidungen der Abfälle zeitabhängig treffen. Die Standortentscheidungen werden in diesem Modell allerdings weiterhin statisch zu Beginn des Planungszeitraumes getroffen. Ein ähnliches Vorgehen wird in den Ansätzen von [Gomes et al., 2011; Salema et al., 2009, 2010] sowie [Soleimani et al., 2013] gewählt, wobei bei den beiden letztgenannten eine simultane Planung des Netzwerkes der vorwärts und rückwärts gerichteten Supply Chain erfolgt.

Aufgrund des anfänglich geringen, jedoch im zeitlichen Verlauf stark ansteigenden Abfallaufkommens an PV-Modulen müssen die notwendigen Recyclingkapazitäten im Laufe des Planungshorizontes ausgebaut werden. Dementsprechend ist es notwendig, **Standort- und insbesondere Kapazitätsentscheidungen zeitabhängig** zu treffen. [Min und Ko, 2008] sowie [Lee und Dong, 2009] erstellen jeweils ein mehrperiodiges Reverse Logistics Netzwerkmodell, das es ermöglicht Standorte und Kapazitäten zeitabhängig zu planen. In keinem der beiden Modelle ist jedoch eine Technologieentscheidung integriert. Auch der Ansatz von [Srivastave, 2008] sieht eine zeitabhängige Standort- sowie Kapazitätsentscheidung vor, jedoch wird in diesem Beitrag ein zweistufiges Vorgehen gewählt. So werden zunächst die Standorte der Sammelstellen bestimmt und die Ergebnisse dieses Modells an ein zweites Modell zur Optimierung des Verwertungsnetzwerkes übergeben. Durch dieses iterative Vorgehen können Optimierungspotentiale unausgeschöpft bleiben. [Ghiani et al., 2014] entwickelten ein allgemeines gemischt-ganzzahliges Modell für die strategischen Fragestellungen des Abfallmanagements basierend auf dem Modell von Berger et al. [Berger et al., 1998]. Hierbei werden Standorte periodenbezogen geplant, jedoch wird ähnlich wie in den bisher vorgestellten Modellen lediglich eine Kapazitätsklasse berücksichtigt. Zudem sind Anpassungen der Kapazität im Laufe des Planungshorizontes nicht vorgesehen. Diese Lücke schließen Alumur et al. mit einem „Multi-product reverse logistics network design problem MPRLND“ [Alumur et al., 2012, S. 71]. Ihre Untersuchungen zeigen, dass dieses Vorgehen deutliche Profitsteigerungen im Vergleich zu einer statischen Planung ermöglicht. Gerade für die Situation des Recyclings von PV-Modulen scheint dieses Vorgehen aufgrund der zeitlichen Verteilung des Abfallaufkommens besonders geeignet.

Gemäß den Anforderungen aus Abschnitt 2.5 ist es notwendig, im Rahmen der Planung eines Sammlungs- und Verwertungsnetzwerkes für PV-Module unterschiedliche Recyclingtechnologien hinsichtlich ihrer Spezifika zu differenzieren. Diese Unterscheidung muss sich auch in dem zu entwickelnden Entscheidungsunterstützungssystem widerspiegeln. Eine Analyse der Literatur ergibt, dass einige Ansätze eine ähnliche Fragestellung betrachten. Fleischmann et al. diskutieren die **Technologiewahl** als relevante Erweiterung eines generischen Grundmodells [Fleischmann et al., 2001]. Allerdings werden hierbei keine abfallspezifischen Technologien betrachtet, sondern im Vordergrund steht die Auswahl der ökonomisch vorteilhaftesten Technologie, mittels der das gesamte Abfallaufkommen verwertet werden kann. Mit diesem Vorgehen lässt sich die Situation beim Recycling von PV-Modulen nicht angemessen abbilden. Im Vergleich dazu unterscheiden [Walther et al., 2008b] und [Fonseca et al., 2010] verschiedene Abfallarten, jedoch gibt es ebenfalls keine Spezifikation dahingehend, welche Verwertungstechnologien welche Abfallarten verwerten können. Eine differenziertere Technologieentscheidung betrachten [Spengler et al., 1997] anhand des strategischen Recyclingmanagements für die Eisen- und Stahlindustrie. Dieses Modell berücksichtigt für jede zur Verfügung stehende Recyclingtechnologie die Menge der verwertbaren Abfalltypen. Zudem unterscheidet es verschiedene Kapazitätsklassen für die Prozesse, sodass die Kapazitätsentscheidung in Abhängigkeit von dem zu verwertenden Abfallaufkommen getroffen wird. Allerdings bildet das Modell lediglich eine statische Betrachtung ab, sodass Änderungen der Inputdaten im zeitlichen Verlauf nicht adäquat abgebildet werden können. Der Beitrag von [Hoyer et al., 2014] greift diese differenzierte Betrachtung auf. Zudem wird hier eine zeitliche Veränderung im Abfallaufkommen berücksichtigt, weshalb auch eine Standort-

und eine korrespondierende Kapazitätsentscheidung getroffen wird. Allerdings bildet der Ansatz wesentliche Aspekte der betrachteten Problemstellung nicht ab. Zum einen erfolgt keine explizite Standortentscheidung, sondern lediglich die Anzahl der benötigten Standorte ermittelt. Zum anderen fehlt die Berücksichtigung unterschiedlicher Entwicklungsstadien der einzelnen Technologien. Darüber hinaus werden auch Unsicherheiten hinsichtlich der zukünftigen Entwicklung verschiedener Parameter betrachtet, jedoch werden hierbei die Entscheidungen bei verschiedenen zukünftigen Entwicklungen lediglich miteinander verglichen, ohne eine integrierte Lösung zu bestimmen.

Insgesamt erfasst keiner der bisher existierenden Ansätze alle Charakteristika der vorliegenden Problemstellung (siehe Tabelle 3.2). Zusätzlich zu den oben bereits dargestellten gibt es bereits einige Beiträge, die sich speziell mit verschiedenen Aspekten der Sammlung und Verwertung von PV-Modulen beschäftigen. Diese werden im folgenden Abschnitt im Bezug auf die behandelten Schwerpunkte sowie die Abdeckung der in Abschnitt 2.5 erarbeiteten Anforderungen analysiert.

3.1.2. Spezielle Ansätze für die Sammlung und Verwertung von PV-Modulen

Einer der ersten Ansätze stammt von McDonald und Pearce. Dieser Beitrag stellt eine Wirtschaftlichkeitsbetrachtung für das Recycling von PV-Modulen an [McDonald und Pearce, 2010]. Hierbei werden die am häufigsten am Markt vertretenen Modultypen (CIGS, CdTe, a-Si, poly-Si, c-Si) und die existierenden Recyclingtechnologien betrachtet. Ausgehend von konstanten fixen und variablen Kosten für die Verwertung der Module und den fixen Erlösen für den Verkauf bzw. die Beseitigung der Outputfraktionen wird der Gewinn je Modul ermittelt und mit den Kosten für eine Deponierung verglichen. Die Autoren kommen zum Ergebnis, dass das Recycling von PV-Modulen ökonomisch nicht vorteilhaft ist, und daher nur bei der Einführung entsprechender gesetzlicher Regelungen umgesetzt wird. Diese Schlussfolgerung ist jedoch nur bedingt zulässig, da in dieser statischen Betrachtung Änderungen aufgrund von volatilen Rohstoffpreisen, Weiterentwicklungen der Recyclingtechnologien sowie des Potentials eines optimierten Netzwerkdesigns vernachlässigt werden. Die Betrachtung dieser Einflussgrößen auf das Gesamtsystem ist jedoch wesentlich, um eine langfristig vorteilhafte Entscheidung zu treffen.

Choi und Fthenakis stellen in ihrem Beitrag [Choi und Fthenakis, 2010] ein Modell für die Maximierung des Gewinns einer PV-Verwertungsanlage vor. Im Beitrag wird ein einfaches Optimierungsmodell für die Bewertung der Wirtschaftlichkeit einer Recyclingtechnologie aufgestellt. Dabei werden über die Variation der Inputparameter Szenarien gebildet und deren Ergebnisse verglichen. Das Ergebnis ist stark von den gewählten Inputdaten abhängig, sodass sich sowohl positive als auch negative Gewinne ergeben. Das Modell ist aktuell noch auf eine Recyclingtechnologie beschränkt. Zudem werden die Parameter trotz der Betrachtung von mehreren Perioden nicht über die Zeit variiert.

[Choi und Fthenakis, 2014] entwickeln den oben beschriebenen Ansatz weiter, indem die Prozessbetrachtung auf Mikro-Ebene aus [Choi und Fthenakis, 2010] um eine Makro-Betrachtung erweitert wird. Auf der Makro-Ebene wird eine optimale Standortentscheidung für die Platzierung einer Recyclinganlage für PV-Produktionsabfälle getroffen. Hierbei wird ein einfaches diskretes Standortplanungsproblem unter Berücksichtigung von Kapazitäten eingesetzt. Der Ansatz von [Choi und Fthenakis, 2014] erfasst bereits einige relevante Entscheidungen bei der Ausgestaltung der Recycling-Infrastruktur für PV-Module. Allerdings werden die Entscheidungen sequentiell getroffen und nicht in einem integrierten Ansatz. Darüber hinaus werden die Parameter über die Zeit nicht variiert und es wird nur eine Recyclingtechnologie betrachtet.

Wie die Literaturanalyse gezeigt hat, existiert bereits ein umfassendes Spektrum an Literatur zu Fragestellungen der strategischen Netzwerkplanung im Bereich des Reverse Logistics und des Closed-Loop Supply Chain Managements sowie speziell zur Sammlung und Verwertung von PV-Modulen (siehe Tabelle 3.2). Neben einperiodigen Ansätzen, die ein Produkt betrachten, bestehen auch Erweiterungen, die mehrere Produkte und mehrere Perioden bei der Planung berücksichtigen. Die Analyse ergab jedoch, dass bisher keiner der Ansätze alle in Abschnitt 2.5 abgeleiteten inhaltlichen Anforderungen erfüllt. Insbesondere in Bezug auf die zeitbezogene Standort- und Kapazitätsplanung sowie eine integrierte Technologieentscheidung gibt es derzeit noch wenige Beiträge, sodass hier weiterer Forschungsbedarf besteht. Zusätzlich zu den oben genannten Aspekten ist es wesentlich die planungsrelevanten Unsicherheiten geeignet zu erfassen und abzubilden. Auf die Methoden der Optimierung unter Unsicherheit sowie die Berücksichtigung von Unsicherheiten in den bestehenden Planungsansätzen wird im nachfolgenden Abschnitt 3.2 näher eingegangen.

Tabelle 3.2.: Literaturüberblick: Strategische Netzwerkplanung im Reverse Logistics

Quelle	Multi Produkt	Multi Periode	Standort zeitbezogen	Kapazität zeitbezogen	Multi Technologie	Unsicherheit	Produkt
[Spengler et al., 1997]	×				×	×	Eisen und Stahl
[Barros et al., 1998]	×					×	Sand
[Shih, 2001]	×					×	WEEE
[Fleischmann et al., 2001]					×		Kopierer, Papier
[Jayaraman et al., 2003]							generisch
[Realff et al., 2004]	×	×				×	Teppiche
[Listeş und Dekker, 2005]	×					×	Sand
[Salema et al., 2007]	×					×	generisch
[Pati et al., 2008]	×						Papier
[Walther et al., 2008a]	×					×	WEEE
[Walther et al., 2008b]	×				×	×	WEEE
[Min und Ko, 2008]	×	×	×	×			generisch
[Srivastave, 2008]	×	×	×	×		×	WEEE
[Salema et al., 2009]	×	×					generisch
[Lee und Dong, 2009]	×	×	×			×	generisch
[Salema et al., 2010]	×	×					Glas
[Fonseca et al., 2010]	×				×	×	Hausmüll
[McDonald und Pearce, 2010]	×						PV-Module
[Kara und Onut, 2010]						×	Papier
[Choi und Fthenakis, 2010]						×	PV-Module
[Gomes et al., 2011]	×	×					WEEE
[Pishvaee et al., 2011]						×	generisch
[Alumur et al., 2012]	×	×	×	×		×	Weißwaren
[Ramezani et al., 2013]	×					×	generisch
[Soleimani et al., 2013]	×	×				×	Verpackung
[Ghiani et al., 2014]	×	×	×	×			Hausmüll
[Soleimani und Govindan, 2014]	×					×	generisch
[Hoyer et al., 2014]	×	×	(×)	×	×	×	Lithium-Ionen-Batterien
[Choi und Fthenakis, 2014]	(×)						PV-Module

3.2. Ansätze zur Optimierung unter Unsicherheit

Eine wesentliche Herausforderung der in dieser Arbeit betrachteten Fragestellung besteht in der Berücksichtigung der Unsicherheit bezüglich der zukünftigen Rohstoffpreisentwicklung bei der Ausgestaltung des Sammlungs- und Verwertungsnetzwerkes. Es ist daher notwendig einen Ansatz zu wählen, der in der Lage ist, diese unsicheren Entwicklungen adäquat bei der Entscheidung zu berücksichtigen.

Hierzu wird zunächst in Abschnitt 3.2.1 ein Überblick über die verschiedenen Ansätze zum Umgang mit Unsicherheit in Entscheidungssystemen und Optimierungsmodellen gegeben. Im nachfolgenden Abschnitt 3.2.2 werden die bestehenden Ansätze zur strategischen Netzwerkplanung aus dem Bereich des Reverse Logistics im Hinblick auf die Integration von Unsicherheit untersucht. Dazu werden zum einen die betrachteten Unsicherheitsquellen sowie deren Einfluss auf das vorliegende Entscheidungsproblem analysiert. Zum anderen wird der methodische Umgang mit diesen vorliegenden Quellen der Unsicherheit untersucht. Ziel ist es, eine geeignete Methodik zur Berücksichtigung der unsicheren Rohstoffpreisentwicklungen für das vorliegende Planungsproblem abzuleiten.

3.2.1. Methoden zur Unterstützung von Entscheidungen unter Unsicherheit

Zur Auswahl einer geeigneten Methode für die Berücksichtigung von Unsicherheit bedarf es einer detaillierten Analyse der Entscheidungssituation. Bei Entscheidungen unter Sicherheit herrscht vollständige Information über die zukünftige Entwicklung, sodass die Konsequenzen einer Handlung exakt vorhergesagt werden können. Im Gegensatz dazu lassen sich beim Vorliegen unsicherer zukünftiger Entwicklungen je nach dem Grad der verfügbaren Informationen unterschiedliche Entscheidungssituationen charakterisieren (siehe Abbildung 3.1).

Entscheidungen unter Unsicherheit werden meist in Entscheidungen unter Risiko sowie unter Ungewissheit unterschieden [Laux, 2007, S. 23], [Bamberg und Coenenberg, 2006, S. 42] [Scholl, 2001, S. 51]. Bei **Entscheidungen unter Risiko** wird davon ausgegangen, dass die potentiell möglichen zukünftigen Umweltzustände und die Verteilungsfunktionen über deren Eintrittswahrscheinlichkeiten bekannt sind oder plausibel hergeleitet werden können [Scholl, 2001, S. 43]. Für den Fall, dass zwar potentielle zukünftige Umweltzustände bekannt sind, jedoch keine Kenntnis über deren Eintrittswahrscheinlichkeiten besteht, spricht man von einer **Entscheidungssituation unter**

Entscheidung unter	Sicherheit	Risiko	Ungewissheit	Fuzzy (unscharfe, qualitative) Informationen	Deep Uncertainty (Absolute Unsicherheit)
Verfügbare Information	Vollständige Information	Umweltzustände und Wahrscheinlichkeiten bekannt	Umweltzustände bekannt, Wahrscheinlichkeiten unbekannt	Ausprägungen unscharf bzw. unscharfe Bewertungen der Entscheidungskriterien	Umweltzustände unbekannt

Abbildung 3.1.: Klassifizierung von Entscheidungssituationen anhand der verfügbaren Information

Ungewissheit [Dinkelbach und Kleine, 1996, S. 62], [Scholl, 2001, S. 54]. Darüber hinaus wurden auch Entscheidungssituationen identifiziert, in denen noch weniger bzw. weniger klar definierte Informationen zur Verfügung stehen. In der Praxis liegen oftmals lediglich **unscharfe bzw. qualitative** Bewertungen der Entscheidungskriterien vor, beispielsweise in Form von verbalen Beschreibungen (auch bezeichnet als lexikalisch-semantische Vagheit [Rieger, 1990]). Solche Informationen lassen sich mit Hilfe der Fuzzy-Set-Theorie bei der Alternativen-Bewertung berücksichtigen [Zadeh, 1965; Werners, 1987; Zimmermann, 2001]. Ein weiterer Forschungsbereich, der unter dem Begriff „**Deep Uncertainty**“ bekannt geworden ist, beschäftigt sich mit Entscheidungssituationen, bei denen keine Kenntnis über potentielle zukünftige Umweltentwicklungen besteht, weil sich u. a. durch disprutive Umweltveränderungen (sogenannte Black Swans) der Zustand extrem verändern kann [Lempert et al., 2006].

In der betrachteten Situation der strategischen Netzwerkplanung für das Recycling von PV-Modulen kann aufgrund der Informationslage die Entscheidungssituation mittels quantitativer Bewertungskriterien, wie beispielsweise den aktuellen und zukünftigen Rohstoffpreisen bzw. sonstigen monetär gemessenen Bewertungsgrößen, abgebildet werden. Darüber hinaus wird davon ausgegangen, dass es möglich ist, potentielle Preisszenarien zu identifizieren (siehe Abschnitt 3.3), sodass eine Entscheidungssituation unter Risiko bzw. Ungewissheit vorliegt. Durch diese Beschränkung des gesamten Entwicklungsraums auf wenige repräsentative Szenarien kann die Modellkomplexität deutlich reduziert werden [Scholl, 2001, S. 215f.].

Eine Möglichkeit des Umgangs mit verschiedenen potentiellen Szenarien besteht in der Durchführung eines **Szenarienvergleichs**. Hierbei wird die optimale Lösung für jedes Szenario ermittelt und mit den Ergebnissen der anderen Szenarien verglichen. Dadurch wird jedoch keine explizite Empfehlungen gegeben, welche Lösung bei der bestehenden Unsicherheit über die zukünftige Entwicklung umgesetzt werden sollte, was nicht den für die vorliegende Situation identifizierten Anforderungen entspricht. Daneben existieren verschiedene Methoden, die die Bestimmung einer konkreten, möglichst guten Lösung in Bezug auf alle betrachteten Szenarien anstreben. Sowohl in der klassischen Entscheidungstheorie [Laux, 2007; Bamberg und Coenenberg, 2006; Dinkelbach und Kleine, 1996] als auch in der Anwendung der mathematischen Optimierung im Bereich des Operations Research [Scholl, 2001; Ben-Tal et al., 2009; Snyder, 2006; Hombach und Walther, 2015] gibt es bereits viele solcher Ansätze. Diese beiden Bereiche, die sich weitgehend unabhängig voneinander entwickelt haben, weisen teilweise Überschneidungen auf [Scholl, 2001, S. 41]. Nachfolgend wird ein Überblick über die Methoden aus beiden Bereichen zur Unterstützung von Entscheidungen unter Ungewissheit bzw. Risiko gegeben.

Zuvor ist anzumerken, dass sich die Methoden neben der verfügbaren Information auch dahingehend unterscheiden, welche Auswirkungen der Unsicherheit auf das Entscheidungsproblem betrachtet werden. Hierbei wird in Problemstellungen, bei denen die Unsicherheit auf das Ergebnis und demnach die Optimalität der Lösung bzw. auf deren Zulässigkeit einwirkt, unterschieden. In der robusten Optimierung wurden hierfür die Begriffe der „solution robustness“ bzw. der „model robustness“ geprägt. [Mulvey et al., 1995, S. 265f.], [Kara und Onut, 2010, S. 6133], [Gabrel et al., 2014, S. 472], [Scholl, 2001, S. 98ff.]. [Sahinidis, 2004]

Entscheidungen unter Risiko

Wie bereits beschrieben, sind Entscheidungen unter Risiko dadurch charakterisiert, dass Informationen über die Eintrittswahrscheinlichkeiten aller Szenarien bekannt sind. Hierzu ist es notwendig, die unsicheren Daten als Zufallsvariablen mit bekannter Verteilungsfunktion abzubilden [Birge und Louveaux, 2011]. Die klassische Entscheidungstheorie unterstützt die Auswahl zwischen verschiedenen diskreten Alternativen mit Hilfe verschiedener Entscheidungsregeln. In Tabelle 3.3 finden sich die für Entscheidungen unter Risiko geeigneten Entscheidungsregeln geeigneten Regeln. Darüber hinaus ist es auch möglich, weitere Streuungs- und Extremmaße zur Entscheidung heranzuziehen [Scholl, 2001, S. 126ff.]. Bei der Betrachtung von Optimierungsproblemen können diese Entscheidungsregeln beim Vorliegen von unsicheren Koeffizienten in der Zielfunktion ebenfalls zum Einsatz gebracht werden, indem sie als Ersatzzielfunktionen verwendet werden [Scholl, 2001, S. 73].

Darüber hinaus entwickelte sich in der mathematischen Optimierung beim Vorlie-

Tabelle 3.3.: Entscheidungsregeln für Entscheidungen unter Risiko nach [Laux, 2007, S. 146–163], [Bamberg und Coenenberg, 2006, S. 103–109] und [Scholl, 2001, S. 52f.]

Regel	Erläuterung
μ-Regel	Auswahl anhand Erwartungswert
$\mu - \sigma$-Prinzip	Auswahl anhand Erwartungswert und Varianz
Aspirationsmodell	Maximierung der Wahrscheinlichkeit, dass vorgegebenes Anspruchsniveau erreicht wird
Fraktilmodell	Maximierung eines Anspruchsniveaus, das mit einer vorgegebenen Wahrscheinlichkeit zu erreichen ist

gen solcher Entscheidungssituationen der Bereich der **stochastischen Optimierung** [Birge und Louveaux, 2011], [Kall und Wallace, 1994]. Im Rahmen der klassischen **zweistufigen stochastischen Optimierung** werden die Entscheidungsvariablen in Struktur- und Anpassungsvariablen unterschieden. Bei der Optimierung werden die Lösungen für die Strukturvariablen (first stage) unter Berücksichtigung des Erwartungswertes der Anpassungsvariablen (second stage) festgelegt. Die Bestimmung der über die Anpassungsvariablen abgebildeten Entscheidungen erfolgt erst nach Eintreten des unsicheren Umweltzustandes. [Sahinidis, 2004, S. 972] Durch diese Gliederung der Entscheidung können zusätzliche Informationen, die im Laufe der Zeit zur Verfügung stehen, in der Entscheidung berücksichtigt werden. [Kall und Wallace, 1994], [Birge und Louveaux, 2011] In diesem Ansatz können Unsicherheiten sowohl in der Zielfunktion, als auch in den Nebenbedingungen berücksichtigt werden. Je nach der konkreten Entscheidungssituation kann das klassische Modell variiert werden, um den Fokus auf verschiedene Aspekte zu verschieben. So richtet sich der Fokus bei Kompensations- und Chance-Constraint-Modellen stärker auf die Berücksichtigung von Unsicherheiten in den Nebenbedingungen. Sind die Koeffizienten der Nebenbedingungen unsicheren Einflüssen unterworfen, wirkt sich dies auf die Zulässigkeit der bestimmten Lösung aus. Hierbei werden sowohl in Kompensations- als auch in Chance-Constraint-Modellen verschiedene Ersatzwertmodelle definiert, um mit dieser Problematik umzugehen [Scholl, 2001, S. 73–76].

Bei **Kompensationsmodellen** wird davon ausgegangen, dass Unzulässigkeiten auf der zweiten Stufe durch Strafzahlungen behoben werden können. Die von Charnes und Cooper eingeführten **Chance-Constraint-Modelle** tragen der Tatsache Rechnung, dass es häufig ausreicht, wenn nur die wahrscheinlichsten Szenarien berücksichtigt werden. [Charnes und Cooper, 1959]. Dazu wird eine Schranke α festgelegt, die die kumulierte Wahrscheinlichkeit aller zu berücksichtigenden Szenarien angibt. Wird eine Zulässigkeit für alle möglichen Szenarien gefordert, wird von einer Fat-Solution gesprochen ($\alpha = 100\,\%$) [Scholl, 2001, S. 73].

Wesentlich für die Anwendung dieser Ansätze ist die Kenntnis der Eintrittswahrscheinlichkeiten der potentiellen Szenarien bzw. die Möglichkeit, diese adäquat abzuleiten (bspw. über subjektive Eintrittswahrscheinlichkeiten). Um die Anwendbarkeit dieser Ansätze auf die Netzwerkplanung für die Sammlung und Verwertung von PV-Modulen zu prüfen muss eine Analyse der verfügbaren Informationen über die zukünftige Rohstoffpreisentwicklung im Detail erfolgen (siehe Abschnitt 3.3).

Entscheidungen unter Ungewissheit

Entscheidungen unter Ungewissheit sind dadurch charakterisiert, dass keine Eintrittswahrscheinlichkeiten für die identifizierten Szenarien bekannt sind. Hierfür existieren in der klassischen Entscheidungstheorie verschiedene Entscheidungskriterien, die zum Einsatz im Rahmen solcher Entscheidungssituationen geeignet sind, da sie u. a. als Ersatzzielfunktionen eingesetzt werden können [Scholl, 2001, S. 134]. Diese werden im Überblick in Tabelle 3.4 dargestellt (vgl. [Scholl, 2001, S. 134–138], [Bamberg und Coenenberg, 2006, S. 130–137], [Laux, 2007, S. 105–116], [Dinkelbach und Kleine, 1996, S. 123–129]). Die genannten Entscheidungsregeln zielen auf die Bestimmung einer Alternative anhand der Ergebnisse in den verschiedenen betrachteten Szenarien ab. Diese lassen sich entsprechend auch auf ein Optimierungsproblem übertragen, bei dem die unsicheren Daten den Zielfunktionswert beeinflussen.

Tabelle 3.4.: Klassische Entscheidungskriterien unter Ungewissheit nach [Dinkelbach und Kleine, 1996, S. 123–127], [Scholl, 2001, S. 134–138]

Konzept	Erläuterung
Maximin-Kriterium	Maximierung des minimalen Ziefunktionswertes
Laplace-Kriterium	Auswahl der Alternative, für die die Summe der szenariobezogenen Ergebnisse maximal ist
Hurwicz-Kriterium	Maximierung der gewichteten Summe aus schlechtestem und bestem Ergebnis, Gewichtung über Optimismusparameter λ
Savange-Niehans-Kriterium	Minimierung des maximalen Bedauerns (Regret)

Viele der Optimierungsansätze aus dem Bereich der **robusten Optimierung** eignen sich für die Bestimmung einer zulässigen Lösung bei unsicheren Koeffizienten in den

Nebenbedingungen. Der Fokus liegt hierbei auf der Absicherung der Entscheidung gegen Unzulässigkeiten und entsprechend der Absicherung gegen Extremszenarien (Worst-Case) [Gabrel et al., 2014, S. 472]. Zur Lösung wird ein robustes Ersatzmodell (robust counterpart) aufgestellt. In Entscheidungssituationen, in denen eine Restriktionsverletzung unter keinen Umständen zugelassen werden kann, wird die **strikte Robustheit** (auch Worst-Case Robustheit) nach Soyster angewandt [Soyster, 1973]. Diese Methode führt zu sehr konservativen Lösungen, die in der Regel eine schlechte durchschnittliche Performance aufweisen. Diese Methode wurde von Ben-Tal et al. um die Berücksichtigung polyedrischer bzw. ellipsoider Unsicherheitsmengen erweitert [Ben-Tal et al., 2009], wodurch sich spezielle inhaltliche Zusammenhänge zwischen den unsicheren Parametern modellieren lassen. Alternativ ist es möglich die Verletzung einer bestimmten Anzahl (Γ-Stück) an Szenarien zuzulassen (**Γ-Robustness** [Bertsimas und Sim, 2003]) bzw. die Verletzung der Nebenbedingungen insgesamt zu minimieren (**Light Robustness** [Fischetti und Monaci, 2009]). Dies entspricht den Ideen der Kompensations- bzw. Chance-Constraint-Modelle aus der stochastischen Optimierung.

Der robuste Optimierungsansatz nach Kouvelis und Yu zielt auf die Bestimmung einer Lösung, deren Ergebnis für jedes Szenario möglichst wenig vom Szenario-optimalen Zielfunktionswert abweicht, ab [Kouvelis und Yu, 1997]. Diese Abweichung wird als Regret (Bedauern) bezeichnet, wobei sowohl der absolute als auch der relative Regret eingesetzt werden kann. Der Ansatz betrachtet nur zulässige Lösungen, sodass das Ergebnis in jedem Fall eine zulässige Lösung liefert. Tabelle 3.5 stellt die vorgestellten Ansätze der robusten Optimierung im Überblick dar.

Wie die Analyse zeigt, existieren auch eine Reihe verschiedener Methoden zur Entscheidungsunterstützung für den Fall, dass keine Informationen über die Eintrittswahrscheinlichkeiten der potentiell möglichen Szenarien vorliegen. Durch die Auswahl der jeweiligen Methode verschiebt sich der Fokus der Betrachtung. Bei vorliegender Unsicherheit in der Zielfunktion kann zwischen einer pessimistischen Betrachtung mittels des Worst-Case bzw. eher pessimistischen Betrachtung mittels des Regrets gegenüber einer Abwägung zwischen Chancen und Risiken (Hurwicz-Kriterium) variiert werden. Gleiches gilt für das Auftreten der Unsicherheit in den Restriktionen, indem die Forderungen der Zulässigkeit für alle Szenarien abgemildert wird, was die durchschnittliche Performance verbessern kann.

Sensitivitätsanalyse

Eine weitere Möglichkeit zur Analyse der Auswirkungen von unsicheren Inputdaten auf ein Optimierungsproblem ist die Sensitivitätsanalyse. Im Gegensatz zu den oben

Tabelle 3.5.: Ausgewählte Konzepte der robusten Optimierung

Ansatz	Erläuterung	Unsicherheitsmenge
[Soyster, 1973]	Bestimmung einer strikt robusten Lösung, d. h. zulässig für jede mögliche Realisation der unsicheren Daten (Strict Robustness)	konvex bzw. Intervall
[Kouvelis und Yu, 1997]	Optimierung anhand des Regrets	–
[Bertsimas und Sim, 2003]	Single-Band bzw. Γ-Robustness, Annahme: maximal Γ unsichere Parameter realisieren den Worst-Case, Zulässigkeit der Lösung abhängig von Γ	Intervall
[Ben-Tal et al., 2009]	Bestimmung einer strikt robusten Lösung	ellipsoidal, polyedrisch
[Fischetti und Monaci, 2009]	Zulassung geringfügiger Restriktionsverletzungen (Light Robustness)	Intervall

vorgestellten Methoden handelt es sich hierbei um eine ex-post-Analyse. Mit Hilfe dieser Methode wird untersucht, wie sich eine zuvor bestimmte optimale Lösungen bei Änderungen der Eingangsdaten verhält. Dabei werden bei der Sensitivitätsanalyse nur Änderungen betrachtet, bei denen sich die optimale Lösung qualitativ nicht ändert, das heißt auf der gleichen Basislösung beruht. [Neumann und Morlock, 1993, S. 118f.] Im Falle eines gemischt-ganzzahligen Optimierungsmodells, wie es u. a. bei Standortplanungsansätzen eingesetzt wird, sind die Möglichkeiten der Sensitivitätsanalyse eingeschränkt, da selbst kleinste Veränderungen der Parameterwerte zu erheblichen Veränderungen der Lösungsstruktur führen können [Scholl, 2001, S. 198].

Fazit

Die Analyse zeigt, dass sich die Methodenwahl an zwei Aspekten orientieren sollte. Dies sind zum einen die verfügbaren Informationen, insbesondere in Bezug auf die Eintrittswahrscheinlichkeiten der identifizierten Szenarien, und zum anderen die Auswirkung der Unsicherheit auf das Entscheidungsproblem. Die sich daraus ergebende mögliche Methodenwahl wird in Abbildung 3.2 veranschaulicht. Dabei ist zu berücksichtigen, dass diese Einteilung nicht absolut trennscharf ist und nur eine Auswahl der existierenden Ansätze darstellt. In einigen der oben dargestellten Ansätze sind bereits Unsicherheiten mit Hilfe der vorgestellten Methoden integriert. Die betrachtete Quelle der Unsicherheit sowie die eingesetzte Methode werden nachfolgend im Detail analysiert.

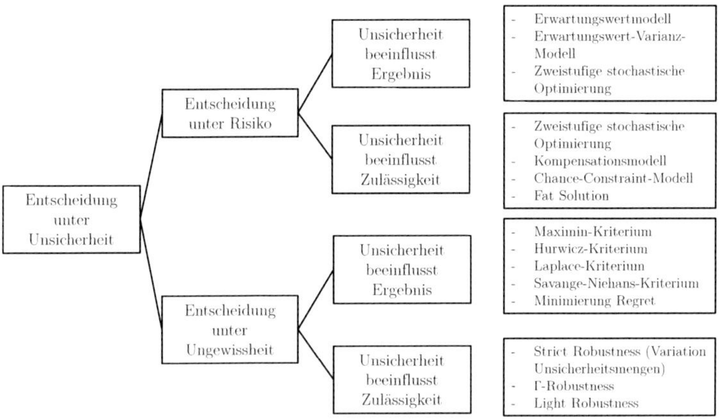

Abbildung 3.2.: Methodenüberblick: Entscheidungen unter Unsicherheit

3.2.2. Analyse der Integration von Unsicherheit in strategischen Planungsansätzen des Reverse Logistics und Closed-Loop Supply Chain Managements

Einige der in den Abschnitten 3.1.1 und 3.1.2 dargestellten Ansätze berücksichtigen bereits unsichere Eingangsdaten innerhalb der Planung. Zur Überprüfung der Übertragbarkeit auf das betrachtete Planungsproblem werden die Ansätze im Einzelnen hinsichtlich verschiedener Merkmale charakterisiert. Konkret erfolgt die Untersuchung der betrachteten Quelle der Unsicherheit, der Einfluss der Unsicherheit auf das Optimierungsproblem sowie der methodische Umgang damit. Je nachdem, an welcher Stelle des Optimierungsproblems die Unsicherheit auftritt, lassen sich zwei Fälle differenzieren. Zum einen wird der Fall betrachtet, dass die unsicheren Informationen das Ergebnis der Betrachtung beeinflussen und demnach in die Zielfunktion des formulierten Optimierungsmodells eingehen. Zum anderen können die Unsicherheiten die Restriktionen des betrachteten Problems betreffen, wonach die Realisierung der unsicheren Parameter die Zulässigkeit der Lösung beeinflusst. Ein Überblick über die recherchierten Ansätze und das Ergebnis der Analyse findet sich in Tabelle 3.6.

Tabelle 3.6.: Literaturüberblick: Berücksichtigung von Unsicherheiten in der strategischen Netzwerkplanung im Reverse Logistics

Quelle	Quelle der Unsicherheit[1]		Methode		
	Nebenbedingungen	Zielfunktion	Vergleich Szenarien	Stochastic Programming	Robust
[Spengler et al., 1997]		DZ	×		
[Barros et al., 1998]	NF		×		
[Shih, 2001]	AF, LF		×		
[Walther et al., 2008a]	AF	TZ	×		
[Choi und Fthenakis, 2010]		RP	×		
[Alumur et al., 2012]	AF	I	× mit SA[2]		
[Soleimani et al., 2013]	AF	(RP)	×		
[Hoyer et al., 2014]	AF	RP, I, FZ	×		
[Listeş und Dekker, 2005]	AF, NF			3-stufig	
[Salema et al., 2007]	AF, NF			2-stufig	
[Lee und Dong, 2009]	AF, NF			2-stufig	
[Fonseca et al., 2010]	AF	TZ		2-stufig	
[Kara und Onut, 2010]	AF, NF			2-stufig mit Kompensation	
[Soleimani und Govindan, 2014]	NF	RP		2-stufig + VaR[3]	
[Realff et al., 2004]	AF	RP	×		Min-Max Regret
[Walther et al., 2008b]	AF				versch. Ent.-krit.
[Pishvaee et al., 2011]	AF,NF	TZ			Intervallunsicherheit
[Ramezani et al., 2013]	AF, NF				Min-Max Regret

[1] Erläuterung Quellen der Unsicherheit: NF: Nachfrage, AF: Abfallaufkommen, LF: Lagerflächenanteil, DZ: Deponiezahlungen, RP: Rohstoffpreise, I: Investitionen, FZ: Fixe Zahlungen/Kosten, TZ: Transportzahlungen/-kosten

[2] SA: Sensitivitätsanalyse

[3] VaR: Value at Risk

Die Analyse zeigt, dass eine Vielzahl der Ansätze sich mit den Unsicherheiten bezüglich des Abfallaufkommens und der zu befriedigenden Nachfrage am Sekundärmarkt beschäftigt (vgl. hierzu auch [Zhang et al., 2008], [Peidro et al., 2009], [Li und Schulze, 2011]). Daneben werden Transportzahlungen, Investitionen und in einigen Ansätzen bereits die Rohstoffpreise als unsicher modelliert. Im nachfolgenden Abschnitt werden die Ansätze, die bereits Unsicherheiten bezüglich der Rohstoffpreisentwicklung betrachten, näher vorgestellt und auf ihre Übertragbarkeit hin analysiert.

Realff et al. erstellen ein Modell für die strategische Netzwerkplanung für das Recycling von Teppichen [Realff et al., 2004]. Das aufgestellte gemischt-ganzzahlige lineare Optimierungsproblem ist einer der ersten Ansätze, der Preisunsicherheiten der wiedergewonnenen Rohstoffe explizit berücksichtigt. Aufgrund des Fehlens von Informationen über die Verteilungsfunktionen der unsicheren Parameter werden Szenarien auf Basis von Expertenschätzungen bestimmt, wobei drei Preisentwicklungen (niedrig, mittel, hoch) für die Szenarienbildung herangezogen werden. Eine Begründung der konkreten Ableitung der betrachteten Preisszenarien fehlt jedoch. Die Einbindung in das Optimierungsproblem erfolgt über einen robusten Entscheidungsansatz nach Kouvelis und Yu [Kouvelis und Yu, 1997]. Dabei wird eine Lösung bestimmt, die die maximale Abweichung von der szenariooptimalen Lösung über alle Szenarien minimiert (Regret-Ansatz). Entsprechend müssen die optimalen Lösungen für jedes Szenario zuvor bestimmt werden, was zu einem erhöhten Rechenaufwand führen kann.

Soleimani et al. erstellen ein mehrperiodiges Closed-loop Supply Chain Modell für mehrere Produkte [Soleimani et al., 2013]. Hierbei werden mehrere Faktoren, unter anderem der Preis der aufgearbeiteten Produkte am Sekundärmarkt, als unsicher modelliert. Dies entspricht zwar nicht exakt der Situation bei PV-Modulen, lässt sich aber auf diese Situation übertragen. Der unsichere Preis der aufgearbeiteten Produkte am Sekundärmarkt wird mittels einer gleichverteilten Zufallsvariable über einen vorgegebenen Wertebereich beschrieben. Im Ansatz wird allerdings nicht deutlich, in wie weit der angenommene Wertebereich und die Annahme der Gleichverteilung realistisch sind. Zur Analyse des Einflusses der Unsicherheiten wird ein Szenarienvergleich für die elf generierten Szenarien durchgeführt. Durch dieses Vorgehen kann ein Einblick in die Entscheidungssituation und die Auswirkungen der unsicheren Parameter gegeben werden, jedoch wird auf diese Weise keine konkrete Handlungsempfehlung für die Netzwerkgestaltung unter Berücksichtigung der bestehenden Unsicherheiten gegeben.

Im Beitrag von Soleimani und Govindan wird ein strategischer Planungsansatz unter Berücksichtigung von Unsicherheiten bezüglich der Höhe des Abfallaufkommens und der Preisentwicklung für aufgearbeitete Produkte erstellt [Soleimani und Govindan,

2014]. Die Autoren verwenden den Conditional Value at Risk als Risikomaß in einer zweistufigen stochastischen Programmierung, um dadurch einen risikoaversen Entscheidungsträger abzubilden. Die unsicheren Preise werden analog zu [Soleimani et al., 2013] als gleichverteilte Zufallsvariablen abgebildet ohne Diskussion der Eignung dieses Vorgehens. Voraussetzung für die Anwendung der stochastischen Programmierung ist die Kenntnis der Eintrittswahrscheinlichkeiten der einzelnen Szenarien. In der Realität sind diese Wahrscheinlichkeiten in der Regel nicht bekannt, sodass deren Ableitung eine große Herausforderung darstellt. Dies thematisiert der Beitrag nicht, sodass die Übertragbarkeit auf eine praktische Problemstellung nicht unbedingt gegeben ist.

Um die Unsicherheit bezüglich der zukünftigen Rohstoffpreisentwicklung abzubilden, werden im Ansatz von Hoyer et al. ein Basisszenario sowie ein Szenario mit ansteigenden Preisen für die wichtigen Metalle im strategischen Planungsansatz für das Recycling von Lithium-Ionen Batterien berücksichtigt [Hoyer et al., 2014]. Die Auswertung der Ergebnisse erfolgt analog zu [Soleimani et al., 2013] über einen Szenarienvergleich. Entsprechend weist auch dieser Ansatz die Schwäche auf, dass lediglich die Entscheidungssituation analysiert werden kann, jedoch keine Lösung bestimmt wird, die unter Berücksichtigung aller möglichen Szenarien ein gutes Ergebnis liefert. Ein ähnliches Vorgehen mit den gleichen Schwächen findet sich ebenfalls in [Choi und Fthenakis, 2010].

Zusammenfassend kann festgehalten werden, dass die Unsicherheiten bezüglich der zukünftigen Rohstoffpreisentwicklung bereits in einigen Planungsansätzen explizit Berücksichtigung finden. Jedoch weisen diese Ansätze verschiedene Nachteile in Bezug auf die Übertragbarkeit auf das vorliegende Planungsproblem auf. Oftmals erfolgt keine strukturierte Ableitung der betrachteten Preisszenarien anhand der verfügbaren Informationen. Diese werden teilweise als gleichverteilte Zufallsvariablen angenommen oder es werden verschiedene mögliche Preisentwicklungen geschätzt, ohne dass ein kausaler Zusammenhang zwischen den verfügbaren Informationen und dieser Annahme hergestellt und diskutiert wird. Dies hat zur Folge, dass die zur Anwendung der beschriebenen Methoden notwendigen Informationen in einer praktischen Problemstellung nicht oder nur teilweise verfügbar sind.

Für den Untersuchungsgegenstand dieser Dissertation, der in der strategischen Netzwerkplanung für die Sammlung und Verwertung von PV-Modulen besteht, ist die adäquate Ableitung potentieller zukünftiger Rohstoffpreisszenarien von essentieller Bedeutung. Dies liegt darin begründet, dass die Auswahl der betrachteten Szenarien eine wesentliche Grundlage für die Entscheidung über die eingesetzte Recyclingtechnologie und damit die Wirtschaftlichkeit der Lösung bildet. Demzufolge ist es hierbei notwendig die verfügbaren Informationen bezüglich der Rohstoffpreisentwicklung zu berücksichtigen und die Methodenwahl auf diese anzupassen. Entsprechend erfolgt im nachfolgenden Abschnitt die Analyse der verfügbaren Informationen zur zukünftigen Rohstoffpreisentwicklung.

3.3. Ansätze und Indikatoren für die Rohstoffpreisprognose

Aufgrund vielfältiger Faktoren und Einflussgrößen, die auf die Rohstoffpreise einwirken, ist es nicht möglich deren Entwicklung exakt zu prognostizieren. Dennoch beschäftigt sich aufgrund der Bedeutung einer sicheren Rohstoffversorgung für die Industrie eine Reihe von Untersuchungen mit der Analyse der auf die Rohstoffpreise einwirkenden Faktoren (vgl. u. a. [Graedel et al., 2012; Erdmann et al., 2011; Frondel et al., 2006]). Die Untersuchungen lassen sich grob in zwei Gruppen gliedern. Die erste betrachtet Rohstoffpreise als stochastische Prozesse, die mit den entsprechenden statistischen Methoden analysiert und beschrieben werden können. Dagegen ist es das Ziel der Untersuchungen der zweiten Gruppe, Einflussgrößen zu identifizieren, die die Rohstoffverfügbarkeit und damit auch den Rohstoffpreis beeinflussen. Die dort entwickelten Bewertungsindikatoren werden als Rohstoffkritikalitätsindikatoren bezeichnet. Nachfolgend wird auf beide Gruppen eingegangen, um Ansätze für die Ableitung potentieller zukünftiger Rohstoffpreisszenarien zu identifizieren.

3.3.1. Ansätze für die Prognose von Rohstoffpreisen

Eine Möglichkeit zur Prognose der zukünftigen Rohstoffpreisentwicklung, die in der Vergangenheit häufig eingesetzt wurde, basiert auf der Verwendung der Daten der historischen Preisentwicklung (vgl. [Slade, 1982; Berck und Roberts, 1996]). Diesen Untersuchungen liegt die Annahme zugrunde, dass die Preise nach kurzfristigen Trends wieder zu ihrem deterministischen Trend, der sich im Wesentlichen aus Förder- und Nutzungskosten ergibt, zurückkehren [Frondel et al., 2006, S. 45]. Neuere Untersuchungen zeigen jedoch, dass diese Annahme nicht unbedingt gültig ist. Die Durchführung von Stationaritätstests nach Frondel et al. zeigt, dass viele mineralische Rohstoffe keinem langfristigen Trend folgen, sondern dass es sich um sogenannte Random Walks oder differenzstationäre Prozesse handelt. [Frondel et al., 2006, S 45–49] Diese spezielle Gruppe der stochastischen Prozesse besitzt ein perfektes Gedächtnis für vergangene

Schocks, wodurch sie sehr schwer prognostizierbar wird, weil die Prognoseungenauigkeit mit zunehmendem Prognosehorizont extrem ansteigt. [Frondel et al., 2006, S. 48] Entsprechend ist es kaum möglich mittels dieses Ansatzes adäquate Prognosen für die zukünftige Rohstoffpreisentwicklung auf Basis historischer Daten zu ermitteln. Aus diesem Grund liefert diese Gruppe von Untersuchungen keine nutzbaren Ergebnisse für die Ableitung von Rohstoffpreisszenarien.

3.3.2. Ansätze zur Messung der Rohstoffkritikalität

Demgegenüber beinhaltet der Bereich der Rohstoffkritikalitäts-Forschung eine ganzheitliche und äußerst komplexe Rohstoffbetrachtung durchgeführt [Achzet, 2012, S. 10]. Das Ziel dieses Forschungszweigs ist die „einfache und fortwährende Bereitstellung von aggregierten Informationen hinsichtlich der Knappheit von Rohstoffen“ [Fridgen et al., 2013, S. 179]. Auf Basis dieser Informationen lassen sich Rückschlüsse auf zukünftige Preis- und Verfügbarkeitsrisiken ziehen [Fridgen et al., 2013, S. 179]. Da sich dieser Forschungszweig noch in einem frühen Entwicklungsstadium befindet, wird das exakte Vorgehen zur Ermittlung der Rohstoffkritikalität noch diskutiert [Erdmann und Graedel, 2011; Achzet, 2012; Glöser und Faulstich, 2014]. Es konnte jedoch bereits gezeigt werden, dass einige der in den Indikatoren verwendeten Informationen einen signifikanten Erklärungsgehalt für die Rohstoffpreisentwicklung aufweisen [Achzet, 2012, S. 38]. Zur genaueren Analyse des Standes der Forschung werden nachfolgend ausgewählte Studien vorgestellt und charakterisiert.

3.3.2.1. Konzepte zur Messung der Rohstoffkritikalität

Ursprünglich wurde der Begriff der kritischen bzw. strategischen Rohstoffe hauptsächlich im militärischen Kontext verwendet. Hierbei wurde das Ziel verfolgt Rohstoffvorräte für militärische Notfälle aufzubauen, bspw. im Zweiten Weltkrieg. Von strategischen Rohstoffen wird nach wie vor in diesem Kontext gesprochen, jedoch wird der Begriff „kritische Rohstoffe“ inzwischen deutlich breiter verwendet und berücksichtigt auch zivile und industrielle Anwendungen. [National Research Council, 2008, S. 20], [Achzet, 2012, S. 10]

Eine der ersten Kritikalitätsstudien veröffentlichte 2008 das U. S. National Research Council [National Research Council, 2008]. Das Ziel der Studie bestand darin, ein Bewusstsein für die Bedeutung verschiedener Rohstoffe für verschiedene Branchen der U. S. Wirtschaft zu schaffen. Hierfür wurde das Konzept der kritischen (critical)

Rohstoffe bzw. der Rohstoffkritikalität (criticality) eingeführt [National Research Council, 2008, S. 2]. Zu diesem Zweck wurde ein zweidimensionaler Indikator, die sogenannte „Criticality Matrix", entwickelt, die Rohstoffe in Bezug auf den Bedarf anhand ihrer Bedeutung für die Wirtschaft (Importance of mineral use) sowie anhand der Verfügbarkeit und der Zuverlässigkeit der Bezugsquellen (Availability and reliability of mineral supply) bewertet. Die Bewertung der einzelnen Aspekte erfolgt durch ein semi-quantitatives Verfahren auf Basis von Expertenschätzungen des U. S. National Research Councils. Die Visualisierung des Ergebnisses erfolgt in einer zweidimensionalen Matrix, ohne dass eine weitere Aggregation der beiden Dimensionen durchgeführt wird (siehe Abbildung 3.3).

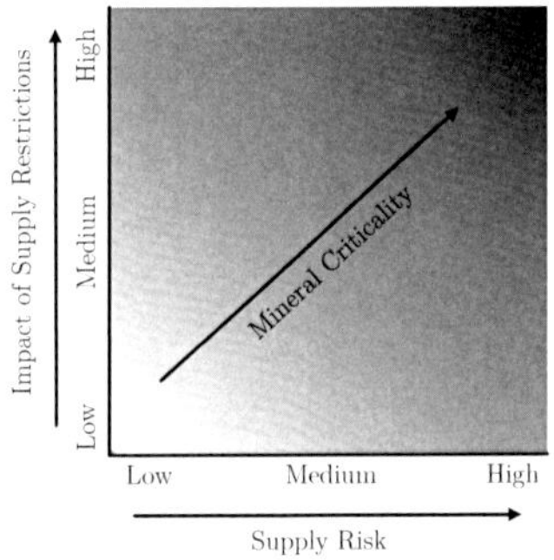

Abbildung 3.3.: Zweidimensionale Kritikalitätsmatrix nach [National Research Council, 2008]

Neben diesem Indikator gibt es eine Reihe weiterer Studien, die sich von der Criticality Matrix des U. S. National Research Councils mehr oder weniger stark unterscheiden (für einen Überblick hierzu siehe auch [Erdmann und Graedel, 2011; Graedel et al., 2012; Achzet, 2012; Speirs et al., 2013; Glöser und Faulstich, 2014]). Eine Auswahl der entwickelten Indikatoren wird in Tabelle 3.7 vorgestellt.

Tabelle 3.7.: Literaturüberblick: Studien zur Kritikalitätsbewertung

Quelle	Kritikalitätsmaß	Hauptdimensionen	Bewertungsmethodik
[National Research Council, 2008]	Matrix	Supply risk, Impact of supply restrictions	Gewichtete Summe aus semi-quantitativen Kriterien
[Morley und Eatherley, 2008]	Index	Supply risk, Material risk	Expertenschätzung, Summierung der Dimensionen, Addition bzw. Subtraktion zum Index
[Buchert et al., 2009]	Szenarien	Supply risk, Demand growth, Recycling Restrictions	Experteneinschätzungen der drei Hauptdimensionen
[Duclos et al., 2010]	Matrix	Impact of element restrictions on General Electric, Supply and price risk	Durchschnittsbildung aus verschiedenen Unterkriterien
[Europäische Kommission, 2014], [Europäische Kommission, 2010a]	Matrix	Economic importance, Supply risk	Berechnungsformel je Hauptdimension
[U.S. Department of Energy, 2010]	Matrix	Supply risk, Importance to clean energy	Gewichtete Summe aus qualitativer Bewertung
[Pfleger et al., 2011]	Index	Qualitative und quantitative Indikatoren	Gewichtete Summe aus qualitativer und quantitativer Bewertung
[Erdmann et al., 2011]	Matrix	Vulnerabilität, Versorgungsrisiko	Gewichtete Summe aus semi-quantitativen Kriterien

Gemäß des verwendeten **Kritikalitätsmaßes** lassen sich im Wesentlichen drei mögliche Verfahren unterscheiden. Diese sind Risiko-Indizes, die Kritikalitäts-Matrix sowie die Entwicklung von Nachfrage-Szenarien. [Glöser und Faulstich, 2014, S. 57] Darüber hinaus können die einzelnen Studien auch nach anderen Merkmalen unterschieden werden. Beispielsweise unterscheiden Achzet et al. diese anhand ihrer Zielstellung in die folgenden vier Kategorien: (1.) Studien zur Bewertung der ökonomischen Bedeutung der Rohstoffe auf nationaler Ebene, (2.) Studien zur Bewertung der Bedeutung der Rohstoffe für spezifische Branchen oder Zukunftstechnologien, (3.) Studien zur Bewertung kritischer Rohstoffe aus unternehmerischer Perspektive, (4.) Studien zur detaillierten Diskussion von Rohstoffen hinsichtlich ausgewählter Zielgrößen wie Nachfrageentwicklung oder Konfliktpotential. [Achzet, 2012, S. 11]

Je nach Zielstellung und eingesetztem Kritikalitätsmaß verwenden die Indikatoren verschiedene **Hauptdimensionen**, aus denen sich die Kritikalitätsbewertung zusammensetzt. Häufig genutzte Dimensionen sind hierbei das Versorgungsrisiko (supply risk) und die wirtschaftliche Bedeutung, genannt Vulnerabilität (economic impact), (vgl. [Glöser und Faulstich, 2014, S. 62], [Erdmann et al., 2011, S. 34]). Teilweise werden auch weitere Dimensionen wie ökologische oder soziale Risiken zusätzlich betrachtet [Glöser und Faulstich, 2014, S. 71f.], [Achzet, 2012, S. 13].

Die betrachteten Hauptdimensionen setzen sich aus mehreren **Subkriterien** zusammen. Dies sind z. B. beim Verfügbarkeitsrisiko u. a. das Länderrisiko, die geopolitische Produktionskonzentration, die Reichweite, etc.. Einen Überblick über die häufig verwendete Kriterienhierarchie gibt Abbildung 3.4. Zusätzlich zur Unterscheidung bzgl. der Darstellung auf der obersten Agreggationsstufe unterscheiden sich die einzelnen Ansätze auch danach, nach welchem **Berechnungsverfahren** die einzelnen Subkriterien zusammengeführt werden. Möglichkeiten hierfür bestehen in einer qualitativen Schätzung auf Basis von Expertenmeinungen (z. B. [National Research Council, 2008]) in dem Einsatz quantitativer Verfahren, beispielsweise als gewichtete Summe (z. B. [Erdmann et al., 2011]) oder auf Basis von Algorithmen (z. B. [Europäische Kommission, 2010a]). Zu beachten ist, dass innerhalb einer Studie die Kritikalitätsmessung für alle Rohstoffe nach dem gleichen Verfahren erfolgt.

Aufgrund verschiedener Vorgehensweisen unterscheiden sich die Kritikalitätseinschätzungen der verschiedene Studien. Erdmann und Graedel können die folgenden vier Faktoren ausmachen, die das Ergebnis wesentlich beeinflussen [Erdmann und Graedel, 2011, S. 7624–7628]:

- Zielstellung der Studie,

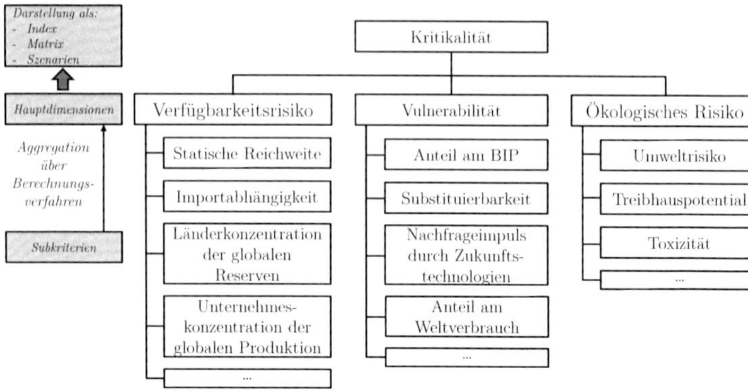

Abbildung 3.4.: Kritierenhierarchie zur Messung der Kritikalität eines Rohstoffs in Anlehnung an [Achzet, 2012, S. 13]

- betrachtete Aspekte in den Hauptdimensionen und deren Bewertung,
- verwendete Aggregationsmethode sowie
- Größe der Kritikalitätsklasse.

Darüber hinaus bemängelt [Achzet, 2012] an den aktuell verwendeten Kritikalitätsindikatoren, dass diese nach einem generischen Prinzip für alle Rohstoffe angewendet werden. Zudem können die Ergebnisse unterschiedlicher Studien aufgrund der verschiedenen verwendeten Skalen nicht direkt miteinander verglichen werden [Glöser und Faulstich, 2014].

Vor diesem Hintergrund wurde in den Arbeiten von Achzet et al. und Gleich et al. eine Auswertung des statistischen Erklärungsgehaltes der quantitativen Kriterien auf die Rohstoffpreisentwicklung durchgeführt [Achzet, 2012, S. 38]. Ziel der Untersuchung von Achzet et al. ist es, die relevanten Einflussfaktoren auf die Rohstoffpreisentwicklung zu ermitteln, um somit verbesserte Kritikalitätsindikatoren abzuleiten. Die methodische Umsetzung erfolgt mittels einer linearen Regressionsanalyse.

Die dort durchgeführte statistischen Untersuchungen des Erklärungsgehaltes ausgewählter Kriterien für die Rohstoffpreisentwicklung ergab, dass durchaus einige Kriterien einen signifikanten Erklärungsgehalt aufweisen. Für die untersuchten Rohstoffe konnten Kriterien identifiziert werden, deren hoher Erklärungsgehalt ($R^2 > 40\,\%$) einen Zusammenhang zwischen der Kritikalitätsbewertung und der Preisentwicklung nahelegt. Allerdings waren dies unterschiedliche Kriterien je Rohstoff, sodass eine Gewichtung der einzelnen Kriterien in der Kritikalitätsbewertung nicht pauschal, sondern rohstoffspezifisch durchgeführt werden sollte. Die Autoren halten folgendes Ergebnis ihrer Analyse fest: „All in all, our results show that prices of raw materials are in fact significantly influenced by a number of material specific and general economic indicators. Thus, these prices are not just random walks, but are at least partially driven by fundamental factors.“ [Gleich et al., 2013, S. 359]. Um die Vorhersagekraft der Kritikalitätsindikatoren zu erhöhen, sind daher weitere Forschungsarbeiten notwendig.

Dennoch bieten die entwickelten Kritikalitäts-Maße derzeit die beste Möglichkeit, um langfristige Rohstofftrends und damit verbundene Preisentwicklungen abzuleiten. Wie Analysen zeigen, reicht es nicht aus, Prognosen allein auf historische Entwicklungen zu stützen, sondern es ist notwendig, vielfältige weitere Informationen zu berücksichtigen. Dies können die Rohststoffkritikalitäten in aggregierter Form leisten. Gerade diese Informationen werden für die Unterstützung strategischer Investitionsentscheidungen benötigt. Entsprechend werden die Rohstoffkritikalitätsbewertungen in dieser Arbeit zur Ableitung von Rohstoffpreisszenarien herangezogen.

Im Folgenden wird die Kritikalität der in PV-Modulen enthaltenen Rohstoffe anhand verschiedener Studien verglichen, um daraus Tendenzen für einzelne Rohstoffe ableiten zu können.

3.3.2.2. Bewertung der in PV-Modulen enthaltenen Rohstoffe hinsichtlich der Rohstoffkritikalität

Um eine Einschätzung über die verschiedenen in PV-Modulen enthaltenen Rohstoffe zu erhalten, wird in diesem Abschnitt ein Überblick über die Ergebnisse verschiedener Kritikalitätsstudien gegeben. Dazu wurden die Ergebnisse verschiedener Kritikalitätsstudien für die in PV-Modulen enthaltenen Rohstoffe herangezogen und auf eine einheitliche Skala (gering, mittel, hoch) transformiert. Die Ergebnisse werden in Tabelle 3.8 dargestellt. Eine detaillierte Auswertung findet sich im Anhang in den Tabellen A.2 bis A.8.

Wie bereits in Abschnitt 3.3.2.1 beschrieben, ist das Ergebnis der Kritikalitätsbewertung von verschiedenen Faktoren abhängig, was die Unterschiede in der Bewertung erklärt. Hierbei ist zu berücksichtigen, dass zur Herstellung der Vergleichbarkeit der Ergebnisse der einzelnen Studien weitere Aggregationsschritte vorgenommen wurden, die unter Umständen die Resultate verfälschen. Dennoch lassen sich bestimmte Tendenzen ableiten. Häufig gelten Indium (6-mal), Gallium (4-mal), Zinn (3-mal) sowie Silber und Tellur (je 2-mal) als sehr kritisch (Einstufung hoch).

Tabelle 3.8.: Kritikalitätsbewertung von in PV-Modulen enthaltenen Rohstoffen: Al (Aluminium), Si (Silizium), Cu (Kupfer), In (Indium), Te (Tellur), Cd (Kadmium), Ag (Silber), Sn (Zinn), Ga (Gallium), Mo (Molybdän); g (gering), m (mittel), **h** (hoch)

Quelle	Al	Si	Cu	In	Te	Cd	Ag	Sn	Ga	Mo
[National Research Council, 2008]			m	**h**					**h**	
[Morley und Eatherley, 2008]		g	m	m			**h**	**h**	m	m
[Buchert et al., 2009]				**h**	**h**				**h**	
[Europäische Kommission, 2010a]										
[U.S. Department of Energy, 2010]				**h**	**h**				m	
[Pfleger et al., 2011]	m		g	**h**		m	m	**h**	m	**h**
[Erdmann et al., 2011]	g	g	m	**h**	m		**h**	**h**	**h**	m
[Europäische Kommission, 2014],	g		m	**h**	g		m	m	**h**	m

Dennoch ist es aufgrund der genannten Kritik schwierig, direkte Schlussfolgerungen für die zukünftige Rohstoffpreisentwicklung anhand der bestehenden Ansätze abzuleiten. Um jedoch möglichst adäquate Informationen für die Preisentwicklungen betrachten zu können, werden Preisszenarien auf Basis der Kritikaltitätsstudie von [Erdmann et al., 2011] abgeleitet. Diese Studie erweist sich aus verschiedenen Gründen als geeignet. Zum einen wird in dieser Studie ein Kritikalitätsmaß entwickelt und es werden eine Vielzahl, für die vorliegende Arbeit, relevanter Rohstoffe bezüglich dieses Maßes ausgewertet. Zum anderen entspricht die Perspektive dieser Studie aufgrund ihrer Aktualität und der Kritikalitätsbewertung aus Sicht der deutschen Wirtschaft der betrachteten Fragestellung in dieser Arbeit, sodass sich adäquate Rohstoffpreisszenarien ableiten lassen. Allerdings ist es nicht möglich, Eintrittswahrscheinlichkeiten für die einzelnen identifizierten Szenarien zu bestimmen. Dies ist bei der Methodenwahl zu berücksichtigen.

Basierend auf diesen Ergebnissen erfolgt im nachfolgenden Abschnitt 3.4 die Ableitung des methodischen Vorgehens für den zu konzipierenden Planungsansatz.

3.4. Fazit: Geeignete Ansätze für die strategische Netzwerkplanung der Sammlung und Verwertung von PV-Modulen

Das Ziel des zu erstellenden Planungsansatzes besteht in der Entscheidungsunterstützung bei der Ausgestaltung eines Systems zur Sammlung- und Verwertung von PV-Modulen. Zur Erfüllung der in Abschnitt 2.5 gestellten Forderungen ist es notwendig, ein geeignetes methodisches Vorgehen zu wählen.

Grundlegend für den zu erstellenden techno-ökonomischen Bewertungsansatz ist die Modellierung der Entscheidungssituation. Wie die Analyse der Literatur zeigt, gibt es bereits eine Vielzahl an Optimierungsansätzen aus dem Bereich des Reverse Logistics, die ähnliche Fragestellungen, wie die vorliegende betrachten. Derzeit gibt es jedoch keinen Planungsansatz, der die Situation für die Sammlung und Verwertung von PV-Modulen vollständig abbildet. Daher wird ein entsprechend modifiziertes Optimierungsmodell basierend auf dem Warehouse-Location-Problem aufgestellt.

Wesentlich für die Erstellung des Modells ist die Frage, wie die bestehenden Unsicherheiten bezüglich der zukünftigen Rohstoffpreisentwicklung zu behandeln sind. Es hat sich gezeigt, dass sich auf Basis der Kritikalitätsbewertung der einzelnen Rohstoffe potentielle Preisszenarien ableiten lassen, deren Eintrittswahrscheinlichkeiten jedoch nicht bestimmt werden können. Aufgrund der großen Unsicherheit, die mit dieser Entwicklung verknüpft ist, und des derzeit frühen Entwicklungsstadiums der Rohstoffkritikalitätsindikatoren werden verschiedene Trendszenarien in Abhängigkeit von der jeweiligen Kritikalitätsbewertung bei der Planung berücksichtigt.

Zur Auswahl einer geeigneten Methode, die die wesentliche Problematik der unsicheren Preisentwicklungen ex-post bei der Ermittlung von Handlungsempfehlungen berücksichtigt, sind folgende Charakteristika zu beachten:

- **Unsicherheit in der Zielfunktion:** Die unsicheren Preise beeinflussen das Ergebnis, d. h. den Kapitalwert, des vorliegenden Entscheidungsproblems.
- **Eintrittswahrscheinlichkeiten unbekannt:** Auf Basis der Kritikalitätsbewertung der einzelnen Rohstoffe ist es möglich Trendszenarien abzuleiten, jedoch können keine Eintrittswahrscheinlichkeiten für diese Szenarien ermittelt werden.

Gemäß des Methodenüberblicks in Abbildung 3.2 eignen sich demnach verschiedene Entscheidungskriterien, die unterschiedliche Schwerpunkte setzen. Im Gegensatz zu Situationen, bei denen eine Absicherung gegen den Worst-Case erwünscht ist, stellt sich in der vorliegenden Situation die Frage, ob es sich in Zukunft als lohnend erweisen könnte, in Zukunftstechnologien zu investieren, statt bei den einfach herkömmlichen Verwertungstechnologien zu bleiben, die viele Rohstoffe nicht wiedergewinnen können. Demnach geht es hierbei nicht um die Absicherung des Worst-Case, sondern um die Abwägung zwischen Chancen und Risiken der verschiedenen Alternativen. In einer durch diese Charakteristika gekennzeichnete Situation eignet sich das Hurwicz-Kriterium zur Unterstützung der Entscheidung [Hurwicz, 1951].

Das vorgestellte Konzept wird in Abbildung 3.5[4] visualisiert und im nachfolgenden Kapitel in ein Planungsansatz überführt.

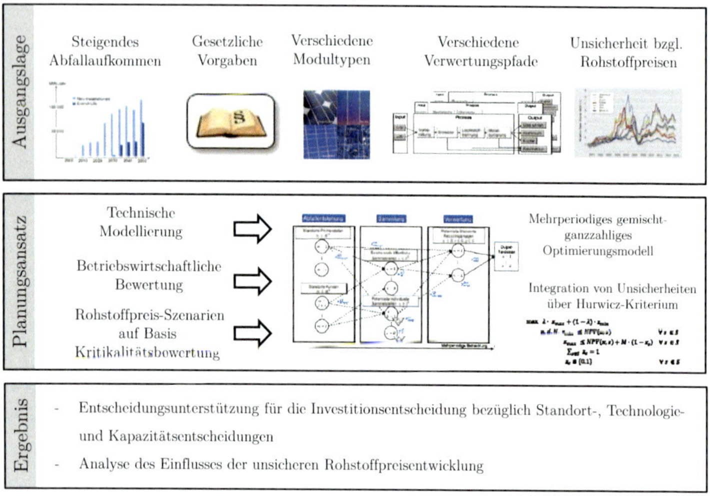

Abbildung 3.5.: Konzept zur Entscheidungsunterstützung der strategischen Netzwerkplanung für die Sammlung und Verwertung von PV-Modulen

[4]Bildquellen: [Monier und Hestin, 2011, S. 50], [Tech, o. J.], [Huy et al., 2013, S. 7]

4 Konzeption eines strategischen Planungsansatzes zur Modellierung und Bewertung der Sammlung und Verwertung von PV-Modulen

Wie in Kapitel 2 dargestellt, ergibt sich aus den Veränderungen der gesetzlichen Rahmenbedingungen einerseits und dem erwarteten Anstieg des Abfallaufkommens andererseits der Handlungsbedarf für die Errichtung einer Sammlungs- und Verwertungsinfrastruktur für PV-Module. Aus den verschiedenen PV-Modultypen und Verwertungstechnologien in ihrem jeweiligen Entwicklungsstadium resultiert eine Vielzahl an Handlungsalternativen und somit eine komplexe Entscheidungssituation. In diesem Kapitel wird die modelltechnische Ausgestaltung des Planungskonzeptes für die Sammlung und Verwertung von PV-Modulen dargestellt. Das Ziel des Ansatzes besteht in der Abbildung der Entscheidungssituation bei der Planung und Errichtung einer Sammlungs- und Verwertungsinfrastruktur für PV-Module und der Bestimmung eines betriebswirtschaftlich optimalen Gesamtsystems. Die gezielte Analyse der verschiedenen Einflussgrößen und deren zeitlicher Entwicklung sowie unter Berücksichtigung der bestehenden Unsicherheiten ermöglicht eine robuste Verwertungstechnologieplanung. Hierbei werden sowohl die Entwicklungsperspektiven der Verwertungstechnologien als auch die Kritikalität der in PV-Modulen enthaltenen Rohstoffe berücksichtigt.

Um die entscheidungsrelevanten Einflussgrößen zu beschreiben, bedarf es zunächst der Darstellung der Entscheidungssituation (siehe Abschnitt 4.1). Zur Berücksichtigung der technischen Charakteristika der einzelnen Verwertungstechnologien wird ein aktivitätsanalytischer Ansatz gewählt, beschrieben in Abschnitt 4.2. Für die Bestimmung einer aus ökonomischer Sicht optimalen Sammlungs- und Verwertungsinfrastruktur ist es notwendig alle Vorgänge betriebswirtschaftlich zu bewerten. Dies erfolgt in Abschnitt 4.3.

Auf dieser Basis wird ein deterministisches Optimierungsmodell zur Sammlung und Verwertung von PV-Modulen entwickelt (siehe Abschnitt 4.4). Der Fokus der Arbeit liegt auf einer robusten Technologieplanung hinsichtlich der unsicheren Preisentwicklung der in den PV-Modulen enthaltenen Rohstoffe. Hierzu wird die modelltheoretische Umsetzung mittels einer robusten Erweiterung des Optimierungsmodells umgesetzt (siehe Abschnitt 4.5). Abschließend wird die Komplexität des Planungsansatzes untersucht (siehe Abschnitt 4.6).

4.1. Darstellung eines Netzwerkes zur Sammlung und Verwertung von PV-Modulen

Das Ziel des strategischen Planungsansatzes ist es, eine integrierte Standort-, Technologie- und Kapazitätsentscheidung für die Sammlungs- und Verwertungsinfrastruktur von PV-Modulen zu treffen. Hierbei sind in jeder Periode neben Standort- und Transportentscheidungen für das Sammelsystem auch Standort-, Kapazitäts- und Technologieentscheidungen für die neu zu errichtenden Verwertungsanlagen zu treffen. Einen ersten Überblick über das zu betrachtende System gibt Abbildung 4.1. Die einzelnen Bestandteile werden nachfolgend erläutert.

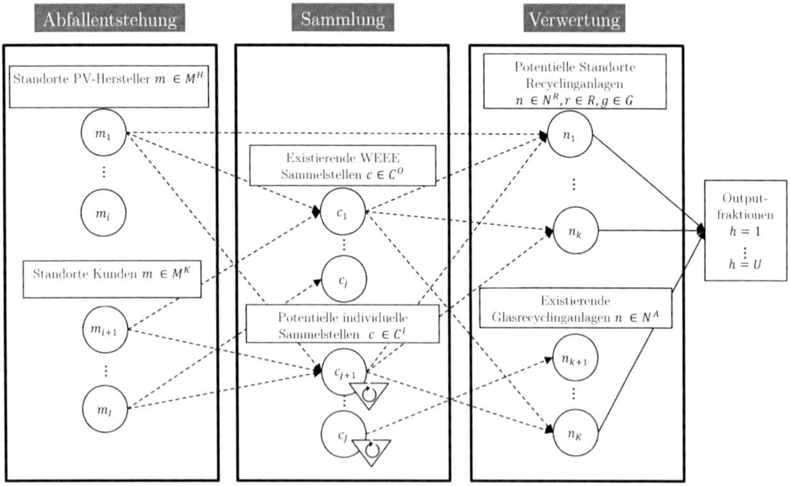

Abbildung 4.1.: Prozess Sammlung und Verwertung von PV-Modulen

Der Prozess der Sammlung und Verwertung von PV-Modulen gliedert sich in drei Ebenen: Abfallentstehung (1.), Sammlung (2.) und Verwertung (3.). Um die Zielsetzung der Unterstützung zukünftiger Investitionsentscheidungen zu erfüllen und eine ökonomische effiziente Gesamtlösung zu erzielen, werden im Folgenden alle Komponenten im Einzelnen analysiert.

Die **Systemquellen** stellen die Orte der Abfallentstehung dar. Dies können private Haushalte oder Gewerbetriebe ($m \in M^K$) sein, deren PV-Anlagen das Ende ihrer Lebensdauer erreicht haben bzw. aufgrund eines Defektes ausgetauscht werden müssen. Daneben gibt es, wie in Abschnitt 2.1.3.3 dargestellt, auch eine Reihe an PV-Herstellern in Deutschland, deren Produktionsausschüsse ebenfalls einer ordnungsgemäßen Verwertung zugeführt werden sollen und damit im Sammlungs- und Verwertungssystem zu berücksichtigen sind ($m \in M^H$). Die Abfälle, die an den Kundenstandorten entstehen, werden zu einer Sammelstelle transportiert. Die Produktionsabfälle der Hersteller können sowohl zu einer Sammelstelle[1] als auch direkt zu einer Verwertungsanlage gebracht werden [Wambach, 2013, S. 14].

Für die **Ausgestaltung des Sammelsystems** gibt es verschiedene Möglichkeiten. Zur Erfüllung der bisher gültigen Anforderungen des ElektroG hat sich bereits ein deutschlandweites Netz von sogenannten Wertstoff- und Recyclinghöfen etabliert. An diesen Sammelstellen können alle Elektro- und Elektronikaltgeräte aus dem Geltungsbereich des Gesetzes abgegeben werden (siehe Abschnitt 2.3.1). Durch die Aufnahme von PV-Modulen in den Geltungsbereich der WEEE und im Zuge der aktuell noch ausstehenden Novelle des ElektroG besteht auch für PV-Module die Möglichkeit der Integration in dieses bestehende System, welches im Folgenden als „WEEE-Sammelsystem" bezeichnet wird. Zusätzlich besteht die Möglichkeit ein „individuelles Sammelsystem" für PV-Module zu installieren, wie es bspw. bereits von PV-Cycle (siehe Abschnitt 2.3.1) gegründet wurde. Dieses ausschließlich für die Sammlung von PV-Modulen initiierte System weist einige Unterschiede zum WEEE-Sammelsystem auf, die sich auch in einer unterschiedlichen betriebswirtschaftlichen Bewertung widerspiegeln. Diese werden nachfolgend erläutert.

Im **WEEE-Sammelsystem** ($c \in C^O$) existieren die Sammelstandorte bereits, sodass hier lediglich Zahlungen für den laufenden Betrieb zu entrichten sind. Diese werden über alle WEEE-Sammelgruppen alloziert. Aufgrund der Ausstattung und der Größe einer solchen WEEE-Sammelstelle werden die Elektro- und Elektronikaltgeräte hier nur nach den gesetzlich definierten Gruppen getrennt. PV-Module fallen in die

[1] Aufgrund der angelieferten Menge können die Produktionsabfälle allerdings nur zu individuellen und nicht zu WEEE-Sammelstellen transportiert werden.

Gruppe 6: Photovoltaikmodule. Demzufolge werden PV-Module nicht getrennt nach Modultyp gesammelt. Entsprechend liegen die Altgeräte nicht sortenrein vor, was zu einer Einstufung der Abfallfraktionen in die niedrigste Qualitätsklasse führt. Sobald ein Container mit gesammelten PV-Module den maximalen Füllstand erreicht hat, sieht die gesetzliche Regelung vor, dass dieser unmittelbar von einem Hersteller abgeholt wird. An welchen Hersteller diese Abholanordnung ergeht, ermittelt die zuständige Behörde (siehe Abschnitt 2.2). Um ein optimales Netzwerk zu planen, ist somit bei einer Integration der PV-Module in das WEEE-Sammelsystem zu berücksichtigen, dass alle existierenden WEEE-Sammelstellen bei der Netzwerkplanung angefahren werden müssen, da von überall Abholanordnungen ergehen können. Daraus kann ein erhöhtes Transportaufkommen resultieren. Aufgrund der Dimensionierung der WEEE-Sammelstellen können hier nur die Abfallmengen[2] einzelner Kundenstandorte und nicht die kontinuierlich anfallenden Mengen an Produktionsabfällen der Hersteller entgegen genommen werden.

Im Gegensatz dazu werden in einem **individuellen Sammelsystem** ($c \in C^I$) Sammelstellen speziell für PV-Module errichtet. Diese können neben den Kundenabfällen auch die zu verwertenden Produktionsabfälle der Hersteller annehmen. Zudem bietet die Errichtung eines individuellen Sammelsystems größere Freiheitsgrade bezüglich der Ausgestaltung des Systems. Dies beinhaltet zum einen die Platzierung der Sammelstellen, da diese neu zu errichten sind und somit ihre Standorte frei gewählt werden können. Des Weiteren ist es in diesem System möglich, eine höhere Sammelqualität zu erzielen, da die einzelnen PV-Module getrennt nach Modultyp und somit in einer höheren Qualitätsklasse gesammelt werden können, was die nachfolgenden Verwertungsoptionen beeinflusst. Zum anderen wird angenommen, dass an den individuellen Sammelstellen im Gegensatz zum WEEE-Sammelsystem die Möglichkeit besteht die Module über eine gewisse Zeit an den Sammelstellen zu lagern.

Darüber hinaus ist es auch möglich, beide Systeme in Kombination zu betreiben bzw. im Laufe der Zeit zwischen den Systemen zu wechseln. Beispielsweise könnte es sinnvoll sein, bei dem in den Anfangsjahren geringen Abfallaufkommen das bestehende WEEE-Sammelsystem zu nutzen und später bei steigendem Aufkommen auf ein individuelles System zu wechseln.

Von den Sammelstellen werden die PV-Module zu einer **Verwertungsanlage** ($n \in N = N^A \cup N^R$) transportiert und dort verwertet. Hierbei ist zwischen den bereits

[2]In den obigen Ausführungen wird der Begriff (Abfall-)Menge synonym zu (Abfall-)Masse für das Abfallaufkommen in Tonnen verwendet. Der Begriff (Abfall-)Menge verdeutlicht, dass es sich hierbei um eine diskrete Anzahl ausgedienter PV-Module handelt.

existierenden Verwertungsanlagen ($n \in N^A$) und den neu zu errichtenden Anlagen ($n \in N^R$) zu unterscheiden. In Deutschland existiert bereits ein Netz an Glasrecyclinganlagen, die in der Lage sind PV-Module zu verwerten und derzeit noch über freie Kapazitäten verfügen (siehe Abschnitt 2.3.2.1). Werden die PV-Module in diesen Anlagen verwertet, so lange Kapazitäten verfügbar sind, ist lediglich ein Anteil an den fixen Zahlungen für den Betrieb zusätzlich zu den variablen Zahlungen für die verwerteten Mengen zu entrichten. Für die Errichtung neuer Anlagen stehen verschiedene Verwertungstechnologien $r \in R$ in verschiedenen Kapazitätsklassen $g \in G$ zur Verfügung. Da sich die Verwertungstechnologien in unterschiedlichen Entwicklungsstadien befinden, können zu jedem diskreten Entscheidungszeitpunkt $t \in T$ nur diejenigen Technologien installiert werden, die sich zu diesem Zeitpunkt bereits großtechnisch realisieren lassen. In Abhängigkeit von der installierten Verwertungstechnologie und dem verwerteten PV-Modultyp lassen sich verschiedene Outputfraktionen wiedergewinnen. Um die verschiedenen Verwertungspfade für jeden PV-Modultyp p in einer bestimmten Sammelqualität q abzubilden, wird für jede Verwertungstechnologie die Menge aller verwertbaren PV-Modultypen P_r^R sowie aller verwertbaren Qualitäten Q_r^R bestimmt. Daneben ist aufgrund der rechtlichen Anforderungen die Einhaltung der vorgegebenen Verwertungs- und Recyclingquoten zu berücksichtigen (siehe Abschnitt 2.2).

Je nach Art der verschiedenen wiedergewonnenen Outputfraktionen können diese verkauft oder müssen kostenpflichtig entsorgt werden. Der Verbleib der wiedergewonnenen Outputfraktionen stellt die Senke des betrachteten Systems dar. Die aus den Verkäufen der werthaltigen Rohstoffe resultierenden Erlöse entscheiden über die Wirtschaftlichkeit des gesamten Sammlungs- und Verwertungssystems, da diese die einzige Einnahmequelle darstellen.

Um in dieser komplexen Entscheidungssituation eine optimale Lösung für die zu wählenden Verwertungspfade zu ermitteln, wird ein Optimierungsmodell zur Abbildung der Entscheidungssituation abgeleitet (siehe Abschnitt 4.4). Neben der zu installierenden Verwertungstechnologie in einer bestimmten Kapazitätsklasse beinhaltet die optimale Lösung die resultierenden Materialflüsse sowie die Entscheidung über das eingesetzte Sammelsystem. Sowohl die Transportentscheidungen als auch die Entscheidungen über die Errichtung der Verwertungsanlagen und der Sammelstellen sind zeitbezogen zu treffen, sodass der Ansatz als mehrperiodiger Entscheidungsansatz umgesetzt wird. Der Ansatz verfolgt das Ziel, ökonomisch vorteilhafte Investitionsentscheidungen für das gesamte Sammlungs- und Verwertungssystem zu identifizieren. Aus diesem Grund wird im Folgenden eine betriebswirtschaftliche Bewertung der einzelnen Systemkomponenten durchgeführt. Zunächst wird jedoch detailliert auf die technische Modellierung der

Verwertungsprozesse eingegangen.

4.2. Technische Modellierung der Verwertung

Für die technische Modellierung eines bestimmten Verwertungsprozesses ist es wesentlich, in welche Outputfraktionen die einzelnen PV-Modultypen zerlegt werden. Hierfür eignet sich die Beschreibung gemäß der aktivitätsanalythischen Modellierung nach Koopmans und Wittmann [Koopmans, 1951; Wittmann, 1968], die bereits Spengler und Rentz für die Modellierung von Demontageaktivitäten einsetzten (vgl. u. a. [Spengler und Rentz, 1996], [Walther, 2005]). Der Vorteil dieses Verfahrens besteht darin, dass keine formalen Produktionsfunktionen in Form stetiger mathematischer Formulierungen benötigt werden. Für die Modellierung werden empirisch ermittelte Aktivitäten herangezogen, welche sämtliche Input-Output Ströme des betrachteten Prozesses beinhalten. Die Darstellung erfolgt über sogenannte Aktivitätsvektoren. [Dyckhoff und Spengler, 2007] Sämtliche Aktivitätsvektoren eines Prozesses werden in der Technikmatrix zusammengefasst.

Die Ableitung der Technikmatrix wird exemplarisch am Beispiel des Verfahrens der Firma SolarWorld (siehe Abschnitt 2.3.2.2) dargestellt. Der Prozess umfasst zwei potentielle Input- (c-Si und a-Si Module) sowie fünf Output-Objektarten (Silizium, Aluminium, Kupfer, Glas rein, Restfraktion). Da sich die Verwertung je nach Modultyp unterscheidet, werden zwei Aktivitäten – die Verwertung je einer Tonne an c-Si bzw. a-Si Modulen – betrachtet (siehe Abbildung 4.2). Die Aktivitätsvektoren beinhalten die jeweiligen Mengen verbrauchter Inputs (negative Einträge) bzw. erzeugter Outputs (positive Einträge).

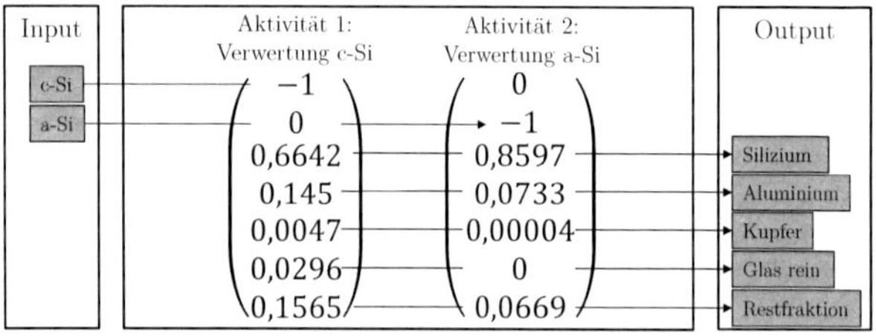

Abbildung 4.2.: Recyclingprozess SolarWorld

Unter Verwendung des Aktivitätsniveaus α^k, das die Häufigkeit der Durchführung einer Aktivität k beschreibt, ergibt sich folgender Zusammenhang für das Abfallaufkommen an Modultyp p und der wiedergewonnenen Masse an Outputfraktion h (x_h^{Out}):

$$\text{Output} \quad = \quad \text{Input} \quad + \alpha^1 \cdot \text{Aktivität 1} + \alpha^2 \cdot \text{Aktivität 2}$$

$$\begin{pmatrix} 0 \\ 0 \\ x_1^{Out} \\ x_2^{Out} \\ x_3^{Out} \\ x_4^{Out} \\ x_5^{Out} \end{pmatrix} = \begin{pmatrix} \text{Aufkommen c-Si} \\ \text{Aufkommen a-Si} \\ 0 \\ 0 \\ 0 \\ 0 \\ 0 \end{pmatrix} + \alpha^1 \cdot \begin{pmatrix} -1 \\ 0 \\ 0,6642 \\ 0,145 \\ 0,0047 \\ 0,0296 \\ 0,0156 \end{pmatrix} + \alpha^2 \cdot \begin{pmatrix} 0 \\ -1 \\ 0,8597 \\ 0,0733 \\ 0,00004 \\ 0 \\ 0,0669 \end{pmatrix}$$

Da der Recyclingprozess als Black-Box betrachtet wird, handelt es sich nicht um einen Kuppelproduktionsprozess, sondern um einen divergierenden Prozess, der die einzelnen PV-Module in verschiedene Outputfraktionen zerlegt. Entsprechend ist keine differenzierte Entscheidung mit Hilfe der Aktivitätsvektoren notwendig, wodurch sich zusätzliche Entscheidungsvariablen vermeiden lassen. Im Rahmen des erstellten Planungsansatzes wird daher vereinfachend mit Transformationskoeffizienten V_{rph} gearbeitet, die aus der Technikmatrix abgeleitet werden. Diese Koeffizienten beschreiben für jeden PV-Modultyp $p \in P$ bei einer Verwertung mit Technologie $r \in R$ die Zerlegung in die einzelnen Outputfraktionen $h \in H$.

Zudem werden, wie bereits erwähnt, für jede Verwertungstechnologie r die Menge P_r der verwertbaren Modultypen p definiert sowie analog die Menge der verwertbaren Qualitäten Q_r. Zur Beschreibung des technischen Entwicklungsstadiums wird für jede Verwertungstechnologie der Zeitpunkt t_r^* bestimmt, ab dem die jeweilige Technologie für den industriellen Einsatz zur Verfügung steht und demnach installiert werden kann.

4.3. Betriebswirtschaftliche Bewertung von Verwertungsnetzwerken

Um Entscheidungsunterstützung bei der optimalen Ausgestaltung einer Sammlungs- und Verwertungsinfrastruktur für PV-Module geben zu können, ist es notwendig, die einzelnen Komponenten betriebswirtschaftlich zu bewerten. Diese Funktion übernimmt die Investitionsrechnung, deren Aufgabe in der „Planung der Einzahlungen und Auszahlungen eines Investitionsprojektes über seine gesamte Nutzungsdauer" [Coenenberg et al., 2004, S. 18] besteht. Aufgrund der Langfristigkeit der Entscheidung und dem zeitlichen Auseinanderfallen von Ein- und Auszahlungen eignet sich in der vorliegenden Situation ein Verfahren der dynamischen Investitionsrechnung. Eine verbreitete Methode ist die Kapitalwertmethode (engl. Net Present Value (NPV)). Bei diesem Ansatz, der zu der Gruppe der Vermögenswertmethoden gehört, werden die aus der betrachteten Alternative resultierenden Aus- und Einzahlungen auf den Beginn der Planungsperiode diskontiert. [Blohm und Lüder, 1995, S. 55]

Eine allgemeine Berechnungsformel für den Kapitalwert C_0 in Abhängigkeit von den periodenbezogenen Auszahlungen A_t, Einzahlungen E_t, dem Kalkulationszinssatz i und dem Planungshorizont $T = \{1, \dots, \tau\}$ ist durch

$$C_0 = \sum_{t=0}^{\tau} (E_t - A_t) \cdot (1+i)^{-t} \tag{4.1}$$

gegeben [Blohm und Lüder, 1995, vgl. S. 58]. Zur Bewertung der einzelnen Alternativen für die Netzwerkausgestaltung werden im Folgenden die einzelnen entscheidungsrelevanten Zahlungen modelliert.

4.3.1. Modellierung der Investitionen

Derzeit sind noch keine spezifischen PV-Verwertungsanlagen in Betrieb, sodass diese entsprechend der Entwicklung des Abfallaufkommens und ihrer technischen Verfügbarkeit errichtet werden müssen. Zudem ist die Kapazität der bestehenden Verwertungsanlagen begrenzt. Für die Errichtung sind Investitionen notwendig, die von der gewählten Verwertungstechnologie $r \in R$ und der Kapazitätsklasse $g \in G$ abhängig sind. Daneben fallen bei der Errichtung eines individuellen Sammelsystems Investitionen an. Hierbei handelt es sich im Wesentlichen um Investitionen für die Anschaffung von Sammelcontainern sowie für den Kauf von Grundstücken.

Für die Abschätzung der Höhe der Investitionen in zukünftige Anlagen existieren verschiedene Schätzverfahren. Hierbei hängt die erreichbare Genauigkeit einer Schätzung von vorliegenden oder bekannten Einzelauslegungen für Maschinen und Anlagen, der Genauigkeit der verfügbaren Daten sowie der verfügbaren Zeit für die Datenerhebung und Durchführung der Schätzung ab. [Geldermann, 2014, S. 115]

Je nachdem, welche Genauigkeit und welches Ziel verfolgt wird, können die Methoden der Investitionsschätzungen grob in drei Klassen unterteilt werden [Sinnott, 2005, S. 243f.]:

1. Vorläufig überschlägige Schätzung: Genauigkeit ± 30 %

2. Genehmigungsschätzungen: Genauigkeit ± 10–15 %
3. Detaillierte Kostenvoranschläge: Genauigkeit ± 5–10 %

Für die PV-Verwertungsanlagen sind die jeweiligen Investitionen aufgrund des teilweise noch frühen Entwicklungsstadiums der Technologien derzeit noch nicht bzw. nur für wenige Kapazitätsklassen bekannt. Daher ist nur eine grobe Schätzung mit Hilfe der erstgenannten Klasse möglich. In diese Klasse fallen die summarischen Verfahren, bei denen die Höhe der Investition direkt als Gesamtgröße ermittelt wird. [Peters et al., 2003], [Kerdoncuff, 2008, S. 121]

Ein für den vorliegenden Fall geeignetes Verfahren aus dem Bereich der summarischen Verfahren ist die Nutzung von spezifischen Kapitalbedarfsziffern. Hierbei werden auf Kapazitätseinheiten bezogene Durchschnittswerte für den Anlagenkapitalbedarf herangezogen, um die Investition zu schätzen. Diese sehr abstrakte Methode führt gerade bei neuen Technologien zu relativ ungenauen Ergebnissen. Es besteht jedoch die Möglichkeit weitere Informationen in die Berechnung mit einzubeziehen, um die Genauigkeit zu erhöhen. [Remmers, 1995, S. 36–40], [Peters et al., 2003], [Geldermann, 2014, S. 120f.]

Im Folgenden werden zwei mögliche Anpassungen zur Erhöhung der Genauigkeit vorgestellt. Diese berücksichtigen Änderungen des Preisniveaus durch zeitliche oder räumliche Veränderungen sowie Änderungen der Kapazität.

Preisindizes werden herangezogen, um Investitionen aus historischen Daten bzw. aus anderen Regionen zur Schätzung der geplanten Investition an die aktuelle Situation anzupassen. Hierbei gilt folgender Zusammenhang für die Schätzung einer Investition I_1 auf Basis der Investition I_0 unter Verwendung der Preisindizes P_1 und P_0 der jeweiligen Zeitpunkte bzw. Regionen:

$$I_1 = I_0 \cdot \left(\frac{P_1}{P_0}\right). \tag{4.2}$$

Bei der Berechnung ist es wichtig darauf zu achten, dass den herangezogenen Preisindizes die gleichen Basisjahre zu Grunde liegen bzw. eine entsprechende Anpassung vorgenommen wird. Ein Beispiel für einen solchen Preis-Index ist der Kölbel-Schulze-Preisindex für Apparate, Maschinen sowie gesamte Chemieanlagen [Verband der chemischen Industrie e. V., 2014, S. 30].

Bei der **Größendegression** werden Informationen für eine ähnliche Anlage in einer anderen Kapazitätsklasse genutzt, um die Investition für die geplante Anlage abzuschätzen. Dies basiert auf der Erkenntnis, dass bei einer Vergrößerung der Kapazität nicht alle Komponenten um den entsprechenden Faktor vergrößert werden müssen. Erfahrungsgemäß beobachtet man eine unterproportionale Steigerung des Kapitalbedarfs bei einer Erhöhung der Kapazität. Demnach gilt bei einer bekannten Investition I_0 mit der zugehörigen Kapazität K_0 der folgende Zusammenhang für die Investition I_1 zur Bereitstellung der Kapazität K_1:

$$\frac{I_1}{I_0} = \left(\frac{K_1}{K_0}\right)^m \Longleftrightarrow I_1 = I_0 \cdot \left(\frac{K_1}{K_0}\right)^m . \tag{4.3}$$

Ist der spezifische Größendegressionskoeffizient m nicht bekannt, zeigt sich in einer Vielzahl von Anwendungen, dass dieser mit einem Wert von $0,67$ gut angenähert werden kann [Geldermann, 2014, S. 121], [Chauvel et al., 2003, S. 185f.]. Williams postulierte bereits 1947 mit der „Six-Tenth-Regel" die Wahl des Wertes $0,6$ für diesen Faktor [Williams, 1947].

4.3.2. Modellierung der betriebsbedingten Zahlungen

Neben den einmaligen Investitionen, die bis zur Inbetriebnahme einer Anlage anfallen, sind in jeder Periode Zahlungen zur Aufrechterhaltung des Betriebs erforderlich. Diese gliedern sich in fixe betriebsbedingte Zahlungen und variable Zahlungen, die nachfolgend getrennt betrachtet werden.

4.3.2.1. Fixe betriebsbedingte Zahlungen

Fixe betriebsbedingte Zahlungen fallen unabhängig von der Kapazitätsauslastung an. Hierzu zählen Zahlungen für die Instandhaltung und Reparatur, Versicherungen sowie lokale Steuern. Bei der Instandhaltung sind auch die notwendigen Betriebsmittel zu berücksichtigen. Die Auszahlungen können in Abhängigkeit von der Höhe des Anlagenkapitals berechnet werden. Tabelle 4.1 stellt den Wertebereich dieser Auszahlungen nach [Remmers, 1995] und [Peters et al., 2003] dar.

4.3.2.2. Variable Zahlungen

Neben den fixen Zahlungen fallen weitere Zahlungen an, die je nach Höhe der verwerteten Abfallmenge von Periode zu Periode variieren. Hierzu zählen die Ein- und Auszahlungen für Energie, die Zahlungen für Hilfs- und Betriebsstoffe und für Personal und Verwaltung sowie Ein- und Auszahlungen für den Verkauf bzw. die Entsorgung von Kuppelprodukten. [Schatka, 2011, S. 138] Auf die einzelnen Gruppen wird nachfol-

Tabelle 4.1.: Wertebereich der Auszahlungen

Fixe Zahlung	Höhe (in % des Anlagenkapitals)	Quelle
Instandhaltung und Reparatur	2–11 % (in Abhängigkeit der Komplexität des Prozess)	[Peters et al., 2003, S. 268]
Betriebsmittel zur Instandhaltung	15 % der Instandhaltung	[Peters et al., 2003, S. 268]
Versicherungen	0,4–1 %	[Peters et al., 2003, S. 273], [Remmers, 1995, S. 51]
Steuern	1–4 %	[Peters et al., 2003, S. 273], [Remmers, 1995, S. 51]

gend eingegangen. Die Auszahlungen für die benötigte Energie sowie für Hilfs- und Betriebsstoffe werden in der Regel auf Basis von Material- und Energiebilanzen des Prozesses geschätzt. [Peters et al., 2003, S. 267] Auszahlungen für das Personal können über einen Größendegressionsansatz aus vergleichbaren Anlagen abgeleitet werden. In Abhängigkeit von den Auszahlungen für das Personal lassen sich die Auszahlungen für die Verwaltung abschätzen. Peters et al. beziffern diese auf 15–25 % der Auszahlungen für das Personal [Peters et al., 2003, S. 270].

Wie bereits zuvor erwähnt, können in Abhängigkeit von der installierten Verwertungstechnologie und den verwerteten PV-Modultypen unterschiedliche Outputfraktionen wiedergewonnen werden. Die im Modell zu berücksichtigenden Zahlungen für den Verkauf bzw. die Beseitigung der Outputfraktionen ergeben sich direkt proportional zu der verwerteten Abfallmenge jedes Modultyps. Die exakte Höhe ergibt sich aus der Menge der wiedergewonnenen Outputfraktionen multipliziert mit dem zugehörigen Preis.

An den individuellen Sammelstellen können Modulabfälle über einen bestimmten Zeitraum gelagert werden. Hierfür fallen variable Zahlungen in Abhängigkeit von der gelagerten Menge an, die sich aus den Zahlungen für Personal und Fläche sowie für Versicherungen, innerbetrieblichen Transport und Energie zusammensetzen [Zingel, 2005, S. 124].

4.3.3. Modellierung der Zahlungen für Transporte

Für die Transporte der Module auf verschiedenen Strecken müssen weitere Zahlungen berücksichtigt werden. Zunächst werden die Module von den Abfallentstehungsorten zu den Sammelstellen und weiterhin von den Sammelstellen zu den Verwertungsanlagen transportiert.

Für jede Strecke wird die euklidische Distanz ermittelt und mit Hilfe von Umwegefaktoren die tatsächliche Straßenentfernung approximiert. [Gudehus, 2010, S. 562], [Berens und Köfling, 1983] Die jeweilige Distanz wird mit der zugehörigen Zahlung je transportierter Tonne und Kilometer multipliziert. In Abhängigkeit von dem eingesetzten Transportmittel variiert dieser Faktor. Von den Kundenstandorten zu den Sammelstellen werden deutlich kleinere Mengen transportiert als von den Sammelstellen zu den Verwertungsanlagen. Demnach werden hier unterschiedliche Transportmittel eingesetzt.

Auf Basis der einzelnen Zahlungen und der geschilderten Planungssituation wird im nächsten Abschnitt ein Optimierungsmodell für die strategische Planung der Sammlungs- und Verwertungsinfrastruktur für PV-Module dargestellt.

4.4. Modellierung eines strategischen Planungsansatzes für die Sammlung und Verwertung von PV-Modulen

Das Ziel des Optimierungsmodells besteht in der Maximierung des Kapitalwertes als diskontierter Summe aller Ein- und Auszahlungen für die Errichtung und den Betrieb der Sammlungs- und Verwertungsinfrastruktur im Betrachtungshorizont.

Für die Modellformulierung werden die folgenden Indizes, Mengen, Daten- und Entscheidungsvariablen zu Grunde gelegt:

Indizes und Mengen		
P	:	Menge aller PV-Modultypen $p \in P$
T	:	Menge aller (diskreten) Perioden $t \in T$
M^H	:	Menge aller Herstellerstandorte $m \in M^H$
M^K	:	Menge aller Kundenstandorte mit installierten PV-Anlagen $m \in M^K$
M	:	Menge aller Abfallentstehungsorte m, es gilt: $M = M^H \cup M^K$
C^I	:	Menge aller potentiellen Sammelstellen c eines individuellen Sammelsystems $c \in C^I$
C^O	:	Menge aller bestehenden WEEE-Sammelstellen $c \in C^O$
C	:	Menge aller Sammelstellen c, es gilt: $C = C^I \cup C^O$
Q^N	:	Menge aller niedrigen Qualitäten der Sammlung $q \in Q^N$ (unsortiert)

Q^H	:	Menge aller hohen Qualitäten der Sammlung $q \in Q^H$ (sortiert)
Q	:	Menge aller Qualitäten der Sammlung $q \in Q$, es gilt: $Q = Q^N \cup Q^H$
N^R	:	Menge aller potentiellen Standorte für Verwertungsanlagen $n \in N^R$
N^A	:	Menge der Standorte der existierenden Verwertungsanlagen $n \in N^A$
N	:	Menge aller Verwertungsstandorte $n \in N$, es gilt: $N = N^R \cup N^A$
G	:	Menge aller Kapazitätsklassen g der Verwertungsanlagen, $g \in G$
R	:	Menge aller Verwertungstechnologien $r \in R$
P_r^R	:	Menge aller PV-Modultypen p, die von Verwertungstechnologie r verwertet werden können
Q_r^R	:	Menge aller Qualitäten q, die von Verwertungstechnologie r verwertet werden können
H	:	Menge aller Outputfraktionen $h \in H$

Datenvariablen und Parameter			
A_{mpt}^H	:	Abfallaufkommen am Herstellerstandort $m \in M^H$ von PV-Modultyp p in Periode t	[t/a]
A_{mpt}^K	:	Abfallaufkommen am Kundenstandort $m \in M^K$ von PV-Modultyp p in Periode t	[t/a]
K^{CI}	:	Lagerkapazität einer individuellen Sammelstelle	[t/a]
K_{rg}^{Rec}	:	Kapazität der Verwertungsanlage der Technologie r in Kapazitätsklasse g	[t/a]
K_n^{NA}	:	Freie Kapazität der existierenden Verwertungsanlage am Standort $n \in N^A$	[t/a]
t_r^*	:	Zeitpunkt, zu dem die Verwertungstechnologie r für den industriellen Einsatz zur Verfügung steht	
V_{rph}	:	Transformationskoeffizient der Verwertungstechnologie r bei Verwertung eines Moduls des Modultyps p zu Outputfraktion h	[–]
u_t	:	Verwertungs- und Recyclingquote	[%]
M	:	Hinreichend große Zahl	

Zielfunktionskoeffizienten			
i	:	Kalkulationszinssatz	[%/a]
IC	:	Investition zur Errichtung einer individuellen Sammelstelle	[€]
IR_{rg}	:	Investition zur Errichtung einer Verwertungsanlage der Technologie r in Kapazitätsklasse g	[€]
D_{mn}^{HN}	:	Entfernung zwischen Herstellerstandort $m \in M^H$ und dem Verwertungsstandort $n \in N$	[km]
D_{mc}^{HC}	:	Entfernung zwischen Herstellerstandort $m \in M^H$ und der individuellen Sammelstelle $c \in C^I$	[km]
D_{mc}^{KC}	:	Entfernung zwischen Kundenstandort $m \in M^K$ und der Sammelstelle $c \in C$	[km]
D_{cn}^{CN}	:	Entfernung zwischen der Sammelstelle $c \in C$ und dem Verwertungsstandort $n \in N$	[km]
T^{HN}	:	Distanzabhängige Zahlungen für Transport einer Tonne vom Herstellerstandort $m \in M^H$ zum Verwertungsstandort $n \in N$	[€/tkm]
T^{HC}	:	Distanzabhängige Zahlungen für den Transport einer Tonne vom Herstellerstandort $m \in M^H$ zur Sammelstelle $c \in C^I$	[€/tkm]
T^{KC}	:	Distanzabhängige Zahlungen für den Transport einer Tonne vom Kundenstandort $m \in M^K$ zur Sammelstelle $c \in C$	[€/tkm]
T^{CN}	:	Distanzabhängige Zahlungen für den Transport einer Tonne von Sammelstelle $c \in C$ zum Verwertungsstandort $n \in N$	[€/tkm]
ZC_{cq}^{fix}	:	Fixe Zahlungen je Periode bei Betrieb einer Sammelstelle c und Sammlung in Qualität q (Unterscheidung nach Sammelstellentyp in $c \in C^O$ bzw. $c \in C^I$)	[€/a]
ZL_q	:	Variable Zahlungen für die Lagerung einer Tonne für eine Periode an einer individuellen Sammelstelle in Abhängigkeit von der Sammelqualität q	[€/(t·a)]
ZR_{rg}^{fix}	:	Fixe Zahlungen je Periode bei Betrieb einer Verwertungsanlage der Technologie r in Kapazitätsklasse g	[€/a]
ZR_{rg}^{var}	:	Variable Zahlungen je verwerteter Tonne bei Betrieb einer Verwertungsanlage der Technologie r in Kapazitätsklasse g	[€/t]
P_{ht}	:	Ein-/Auszahlung für den Verkauf bzw. die Beseitigung einer Tonne der Outputfraktion h in Periode t	[€/t]
P_{pt}^{Bes}	:	Auszahlung für die Beseitigung von einer Tonne PV-Modulen p in Periode t	[€/t]

Entscheidungsvariablen			
x^{HN}_{mnpqt}	:	Abfallmenge, die von Herstellerstandort $m \in M^H$ direkt zum Verwertungsstandort n an PV-Modultyp p in Periode t in Qualität q transportiert wird	[t/a]
x^{HC}_{mcpt}	:	Abfallmenge, die von Produktionsstandort $m \in M^H$ zur individuellen Sammelstelle $c \in C^I$ an PV-Modultyp p in Periode t transportiert wird	[t/a]
x^{KC}_{mcpt}	:	Menge, die von Kundenstandort $m \in M^K$ zur Sammelstelle $c \in C$ an Modultyp p in Periode t transportiert wird	[t/a]
x^{CN}_{cnpqt}	:	Menge, die von Sammelstelle $c \in C$ zum Verwertungsstandort $n \in N$ mit Verwertungstechnologie r an Modultyp p in Qualität q in Periode t transportiert wird	[t/a]
x^{V}_{nrgpqt}	:	Menge, die am Verwertungsstandort n mit Verwertungstechnologie r in Kapazitätsklasse g an PV-Modultyp p in Qualität q in Periode t verwertet wird	[t/a]
x^{Out}_{nht}	:	Menge der Outputfraktion h, die am Standort n in Periode t erzeugt wird	[t/a]
x^{Bes}_{nrgpqt}	:	Menge von Modultyp p in Qualität q, die an Standort n mit Verwertungstechnologie r in Kapazitätsklasse g in Periode t beseitigt wird	[t/a]
b_{cpqt}	:	Menge, die an der individuellen Sammelstelle $c \in C^I$ an Modultyp p in Qualität q in Periode t gelagert wird	[t/a]
y^{CI}_{cqt}	:	Binärvariable, die anzeigt, ob eine individuelle Sammelstelle am Standort $c \in C^I$ zur Sammlung in Qualität q in Periode t errichtet wird	[-]
w_{cqt}	:	Binärvariable, die anzeigt, ob eine Sammelstelle an Standort $c \in C$ zur Sammlung in Qualität q in Periode t in Betrieb ist	[-]
y^{Rec}_{nrgt}	:	Ganzzahlige Variable, die die Eröffnung von Verwertungsanlagen der Technologie r in Kapazitätsklasse g am Standort $n \in N^R$ in Periode t anzeigt	[-]
z^{Rec}_{nrgt}	:	Anzahl der Verwertungsanlagen, die am Standort $n \in N^R$ in Technologie r und Kapazitätsklasse g in Periode t in Betrieb sind	[-]
I_t	:	Investitionen in Periode t	[€]

C_t^T	:	Zahlungen für die Transporte in Periode t	[€]
C_t^P	:	Zahlungen für den Betrieb der Sammelstellen und Verwertungsanlagen in Periode t	[€]
E_t^{Out}	:	Zahlungen für den Verkauf bzw. die Beseitigung der Outputfraktionen in Periode t	[€]

Im Folgenden werden zunächst die Zielfunktion und anschließend die Nebenbedingungen des Optimierungsmodells vorgestellt.

Zielfunktion

Ziel des Optimierungsmodells ist eine Maximierung des Net Present Value, der sich aus der diskontierten Differenz aus Einzahlungen und Auszahlungen über alle Perioden ergibt:

$$\max \ \boldsymbol{NPV} = \sum_{t \in T} \left(-I_t - C_t^T - C_t^P + E_t^{Out} \right) \cdot (1+i)^{-t}. \tag{4.4}$$

Im Einzelnen setzen sich die Bestandteile der Zielfunktion wie folgt zusammen.

Für die Errichtung von Verwertungsanlagen an Standort $n \in N^R$ und individuellen Sammelstellen an Standort $c \in C^I$ in Periode t fallen Investitionen an. Die Investitionssumme ist abhängig von den zugehörigen ganzzahligen bzw. binären Standortvariablen (y_{nrgt}^{Rec} und y_{cqt}^{CI}) sowie den entsprechenden Zahlungen (IR_{rg} und IC):

$$I_t := \sum_{n \in N^R} \sum_{r \in R} \sum_{g \in G} IR_{rg} \cdot y_{nrgt}^{Rec} + \sum_{c \in C^I} \sum_{q \in Q} IC \cdot y_{cqt}^{CI} \qquad \forall t \in T. \tag{4.5}$$

Weitere Zahlungen ergeben sich aus dem Transport der Modulabfälle. Die Zahlungen für Transporte sind abhängig von den zurückgelegten Distanzen und den distanzabhängigen Zahlungen je Mengeneinheit. Hierbei sind folgende Strecken zu berücksichtigen: Von den Herstellern zu den individuellen Sammelstellen (x_{mcpt}^{HC}), von den Kundenstandorten zu den Sammelstellen (x_{mcpt}^{KC}), von den Herstellern zu den Verwertungsanlagen (x_{mnpqt}^{HN}) sowie von den Sammelstellen zu den Verwertungsanlagen (x_{cnpqt}^{CN}) (siehe Abbildung 4.1):

$$C_t^T := \sum_{p \in P} \left[\sum_{m \in M^H} \sum_{c \in C^I} D_{mc}^{HC} \cdot T^{HC} \cdot x_{mcpt}^{HC} + \sum_{m \in M^K} \sum_{c \in C} D_{mc}^{KC} \cdot T^{KC} \cdot x_{mcpt}^{KC} \right] +$$

$$\sum_{n\in N}\sum_{p\in P}\sum_{q\in Q}\left[\sum_{m\in M^H} D_{mn}^{HN}\cdot T^{HN}\cdot x_{mnpqt}^{HN}+\sum_{c\in C} D_{cn}^{CN}\cdot T^{CN}\cdot x_{cnpqt}^{CN}\right]\quad \forall t\in T. \tag{4.6}$$

Darüber hinaus entstehen je Periode fixe Zahlungen für den Betrieb der Sammelstellen (ZC_{cq}^{fix}) und der Verwertungsanlagen (ZR_{rg}^{fix}). Für die Lagerung von Modulabfällen an den individuellen Sammelstellen sind Zahlungen für die Lagerung zu leisten (ZL_q), welche von der Sammelqualität q abhängig sind. Grundsätzlich ist es möglich sowohl sortenrein (hohe Qualität) als auch nicht sortenrein (niedrige Qualität) zu lagern. In Abhängigkeit von der verwerteten Menge an PV-Abfällen fallen bei den Verwertungsanlagen zudem variable Zahlungen (ZR_{rg}^{var}) entsprechend der installierten Verwertungstechnologie r sowie der Kapazitätsklasse g an. Bei den bereits existierenden Verwertungsanlagen ($n\in N^A$) ist zu beachten, dass die bestehenden Kapazitäten nur zum Teil für die Verwertung von PV-Modulen zur Verfügung stehen. Demnach ist auch nur ein Teil der fixen Zahlungen je Periode der Verwertung der PV-Module zuzurechnen. Zur Modellierung dieses Sachverhaltes werden die variablen Zahlungen für die Verwertung an diesen existierenden Standorten, um einen Anteil an den fixen Zahlungen für den Betrieb der Anlagen erhöht[3]:

$$\begin{aligned}C_t^P := &\sum_{c\in C}\sum_{q\in Q} ZC_{cq}^{fix}\cdot w_{cqt}+\sum_{n\in N^R}\sum_{r\in R}\sum_{g\in G} ZR_{rg}^{fix}\cdot z_{nrgt}^{Rec}+\\ &\sum_{c\in C^I}\sum_{p\in P}\sum_{q\in Q} b_{cpqt}\cdot ZL_q+\sum_{n\in N}\sum_{r\in R}\sum_{g\in G}\sum_{p\in P}\sum_{q\in Q} ZR_{rg}^{var}\cdot x_{nrgpqt}^{V}\quad \forall t\in T.\end{aligned} \tag{4.7}$$

Durch den Verkauf bzw. die Beseitigung der an den Verwertungsstandorten n erzeugten Outputfraktionen x_{nht}^{Out} werden Ein- bzw. Auszahlungen realisiert. Im Falle einer Beseitigung ist der zugehörige Preis P_{ht} demnach negativ. Darüber hinaus ist es gemäß der gesetzlich vorgegebenen Verwertungs- und Recyclingquoten möglich einen bestimmten Anteil des Abfalls zu beseitigen. Hierfür fallen Auszahlungen – bspw. in Form von Deponiegebühren – an.

$$E_t^{Out} := \sum_{n\in N}\left(\sum_{h\in H} P_{ht}\cdot x_{nht}^{Out}+\sum_{r\in R}\sum_{g\in G}\sum_{p\in P}\sum_{q\in Q} P_{pt}^{Bes}\cdot x_{nrgpqt}^{Bes}\right)\quad \forall t\in T. \tag{4.8}$$

[3]Dieser ergibt wie folgt: $\frac{\text{Fixe Zahlungen}}{\text{Kapazität der Anlage}}\cdot$ Verwertete Menge an PV-Modulen

Nebenbedingungen

Zur Abbildung der Entscheidungssituation sind verschiedene Nebenbedingungen einzuhalten. Diese gliedern sich in Massenbilanzen, Kapazitätsrestriktionen sowie weitere Nebenbedingungen, die sich aufgrund der speziellen Gegebenheiten bei der Sammlung und Verwertung von PV-Modulen ergeben. Abschließend werden die Definitionsbereiche der Entscheidungsvariablen deklariert.

Massenbilanzen

Zunächst muss das gesamte Abfallaufkommen jedes Abfallentstehungsortes in jeder Periode von diesem abtransportiert werden. Hierbei kann das Abfallaufkommen der Hersteller (A^H_{mpt}) sowohl zu den Sammelstellen des individuellen Sammelsystems ($c \in C^I$) als auch direkt zu den Verwertungsstandorten ($n \in N$) geliefert werden. Zudem wird davon ausgegangen, dass das Abfallaufkommen bei den Herstellern immer sortenrein anfällt ($q \in Q^H$). Das Abfallaufkommen der Kunden (A^K_{mpt}) kann zu einer beliebigen Sammelstelle geliefert ($c \in C$) werden:

$$A^H_{mpt} = \sum_{n \in N} \sum_{q \in Q^H} x^{HN}_{mnpqt} + \sum_{c \in C^I} x^{HC}_{mcpt} \qquad \forall m \in M^H, p \in P, t \in T, \tag{4.9}$$

$$A^K_{mpt} = \sum_{c \in C} x^{KC}_{mcpt} \qquad \forall m \in M^K, p \in P, t \in T. \tag{4.10}$$

Sowohl für die individuellen als auch für die WEEE-Sammelstellen gilt, dass die ankommenden Modulabfälle zur Verwertung weiterzutransportieren sind. Aufgrund der begrenzten Kapazität ist an den WEEE-Sammelstellen lediglich eine Sammlung in einer niedrigen Qualitätsklasse ($q \in Q^N$) möglich. An den individuellen Sammelstellen besteht zudem die Möglichkeit, Abfälle über einige Perioden zu lagern (b_{cpqt}). Hierbei ist sowohl eine Sammlung und Lagerung in hohen als auch in einer niedrigen Qualitätsklasse möglich, was jedoch mit unterschiedlichen Auszahlungen verbunden ist:

$$\sum_{m \in M^K} x^{KC}_{mcpt} = \sum_{n \in N} \sum_{q \in Q^N} x^{CN}_{cnpqt} \qquad \forall c \in C^O, p \in P, t \in T, \tag{4.11}$$

$$\sum_{m \in M^K} x^{KC}_{mcpt} + \sum_{m \in M^H} x^{HC}_{mcpt} + \sum_{q \in Q} (-b_{cpqt} + b_{cpq(t-1)}) = \sum_{n \in N} \sum_{q \in Q} x^{CN}_{cnpqt}$$
$$\forall c \in C^I, p \in P, t \in T. \tag{4.12}$$

Mittels der nachfolgenden Nebenbedingung werden der Lageranfangs- und Endbestand auf 0 gesetzt. Dies ist notwendig, um das System zu initialisieren und dafür Sorge zu tragen, dass alle Module am Ende behandelt werden und nicht im Lager verbleiben:

$$\sum_{c \in C^I} \sum_{p \in P} \sum_{q \in Q} (b_{cpq0} + b_{cpqT}) = 0. \tag{4.13}$$

Die gesamten Modulabfälle, die sowohl von den Herstellern (x^{HN}_{mnpqt}) als auch von den Sammelstellen (x^{CN}_{cnpqt}) zu einem Verwertungsstandort $n \in N$ geliefert werden, sind zu verwerten (x^{V}_{nrgpqt}) oder zu beseitigen (x^{Bes}_{nrgpqt}):

$$\sum_{m \in M^H} x^{HN}_{mnpqt} + \sum_{c \in C} x^{CN}_{cnpqt} = \sum_{r \in R} \sum_{g \in G} \left(x^{V}_{nrgpqt} + x^{Bes}_{nrgpqt} \right)$$

$$\forall n \in N, p \in P^R, q \in Q^R, t \in T. \tag{4.14}$$

Gemäß der jeweils installierten Verwertungstechnologie r und in Abhängigkeit von dem jeweiligen Modultyp p werden die Module in verschiedene Outputfraktionen h zerlegt. Für jede Technologie r können nur Modultypen p und Qualitäten q aus den zugehörigen Mengen P^R bzw. Q^R verwertet werden. Der jeweilige Transformationskoeffizienten V^R_{rph} beschreibt diese Zerlegung:

$$\sum_{p \in P^R} \sum_{q \in Q^R} \sum_{r \in R} \sum_{g \in G} V^R_{rph} \cdot x^{V}_{nrgpqt} = x^{Out}_{nht} \qquad \forall n \in N, h \in H, t \in T. \tag{4.15}$$

Kapazitätsrestriktionen

Bei der Sammlung an individuellen Sammelstellen ist zu berücksichtigen, dass diese aus organisatorischen Gründen entweder nur in hoher ($q \in Q^H$) oder niedriger ($q \in Q^N$) Qualität erfolgen kann. Demnach kann nur maximal eine der entsprechenden Binärevariablen zur Errichtung einer individuellen Sammelstelle (w_{cqt}) den Wert eins annehmen:

$$\sum_{q \in Q} w_{cqt} \leq 1 \qquad \forall c \in C^I, t \in T. \tag{4.16}$$

Zusätzlich wird für die gelagerte Menge an den individuellen Sammelstellen eine Kapazitätsbeschränkung vorgegeben, welche einzuhalten ist:

$$\sum_{p \in P} b_{cpqt} \leq w_{cqt} \cdot K^{CI} \qquad \forall c \in C^I, q \in Q, t \in T. \tag{4.17}$$

Entsprechend der Qualität, in der die Sammlung an jeder im Betrieb befindlichen Sammelstelle durchgeführt wird, liegen auch die weitertransportierten Modulabfälle x^{CN}_{cnpqt} nur in dieser Qualität vor:

$$\sum_{n \in N} \sum_{p \in P} x^{CN}_{cnpqt} \leq w_{cqt} \cdot \mathbf{M} \qquad \forall c \in C, q \in Q, t \in T. \tag{4.18}$$

Die neu errichtete Verwertungsanlage der Technologie r in Kapazitätsklasse g an Standort $n \in N^R$ kann nur Abfälle bis zur Erreichung der maximalen Kapazität K^{Rec}_{rg} des Standortes verwerten, sofern dieser in der betrachteten Periode t in Betrieb ist:

$$\sum_{p \in P} \sum_{q \in Q} x^{V}_{nrgpqt} \leq z^{Rec}_{nrgt} \cdot K^{Rec}_{rg} \qquad \forall n \in N^R, r \in R, g \in G, t \in T. \tag{4.19}$$

An den bereits existierenden Verwertungsanlagen ($n \in N^A$) dürfen in jeder Periode nur Abfallmengen in Höhe der maximal verfügbaren freien Kapazitäten (K^{NA}_n) verwertet werden:

$$\sum_{p \in P} \sum_{q \in Q} x^{V}_{nrgpqt} \leq K^{NA}_{n} \qquad \forall n \in N^A, r \in R, g \in G, t \in T. \tag{4.20}$$

PV spezfische Nebenbedingungen

Da sich die verschiedenen Verwertungstechnologien r in unterschiedlichen Entwicklungsstadien befinden, ist für jede Technologie ein bestimmter Verfügbarkeitszeitpunkt t^*_r zu bestimmen, zu dem diese in industriellem Maßstab umgesetzt werden können. Vor diesem Zeitpunkt kann diese Verwertungstechnologie nicht in Betrieb genommen werden:

$$y^{Rec}_{nrgt} = 0 \qquad \forall n \in N^R, r \in R, g \in G, t \in T \text{ mit } t < t^*_r. \tag{4.21}$$

Wenn sich die Hersteller am gesetzlichen WEEE-Sammelsystem beteiligen, sind PV-Abfälle von allen zugehörigen Sammelstellen abzuholen. Daher sind alle Sammelstellen des WEEE-Sammelsystems $c \in C^O$ in einer Periode t in Betrieb, sobald eine in Betrieb ist:

$$w^{CO}_{cqt} = w^{CO}_{c'qt} \qquad \forall c, c' \in C^O, q \in Q, t \in T. \tag{4.22}$$

Aufgrund der gesetzlichen Anforderungen sind die vorgeschriebenen Sammlungs- und

Verwertungsquoten einzuhalten. Das heißt, die Masse an wiedergewonnen Outputfraktionen muss in jeder Periode t einem vorgeschriebenen Anteil u_t des Abfallaufkommens entsprechen:

$$u_t \cdot \sum_{p \in P} \left(\sum_{m \in M^H} A^H_{mpt} + \sum_{m \in M^K} A^K_{mpt} \right) \leq \sum_{n \in N} \sum_{r \in R} \sum_{g \in G} \sum_{p \in P} \sum_{q \in Q} x^V_{nrgpqt} \qquad \forall t \in T. \tag{4.23}$$

Definition Hilfsvariablen

Um zwischen dem laufenden Betrieb, für den fixe Zahlungen zu entrichten sind, und dem Errichtungszeitpunkt, d. h. dem Investitionszeitpunkt, unterscheiden zu können, wird eine Hilfsvariable z^{Rec}_{nrgt} für den Betrieb der Verwertungsanlagen eingeführt. Zur Durchführung einer Kapazitätserweiterung kann eine weitere Anlage gleichen Typs mit gleicher Kapazität am selben Standort errichtet werden. z^{Rec}_{nrgt} fungiert in diesem Fall als Zählvariable[4]:

$$z^{Rec}_{nrgt} = \begin{cases} y^{Rec}_{nrgt}, & \text{für } t = 1 \\ z^{Rec}_{nrg(t-1)} + y^{Rec}_{nrgt}, & \text{für } t > 1 \end{cases} \qquad \forall n \in N^R, r \in R, g \in G, t \in T. \tag{4.24}$$

Gleiches gilt für die individuellen Sammelstellen. Die binäre Hilfsvariable z^{CI}_{ct} gibt an, ob die Sammelstelle an Standort c in Periode t in Betrieb ist:

$$z^{CI}_{cqt} = \begin{cases} y^{CI}_{cqt}, & \text{für } t = 1 \\ z^{CI}_{cq(t-1)} + y^{CI}_{cqt}, & \text{für } t > 1 \end{cases} \qquad \forall c \in C^I, q \in Q, t \in T. \tag{4.25}$$

Die Hilfsvariable w_{cqt} gibt an, dass in Periode t eine Sammelstelle an Standort $c \in C$ in Betrieb ist:

$$w_{cqt} = \begin{cases} z^{CI}_{cqt}, & \text{für } c \in C^I \\ w^{CO}_{cqt}, & \text{für } c \in C^O \end{cases} \qquad \forall q \in Q, t \in T. \tag{4.26}$$

Variablendeklaration

Das vorliegende Problem wird als gemischt-ganzzahliges Optimierungsproblem modelliert. Dazu werden kontinuierliche, ganzzahlige und binäre Entscheidungsvariablen

[4] Diese Modellierung schließt aber nicht aus, dass an einem Standort n mehrere Verwertungsanlagen unterschiedlicher Technologien r bzw. Kapazitäten g installiert werden.

definiert.

$$x^{HN}_{mnpqt},\ x^{HC}_{mcpt},\ x^{KC}_{mcpt},\ x^{CN}_{cnpqt},\ b_{cpqt},\ x^{V}_{nrgpt},\ x^{Out}_{ht} \geq 0$$
$$\forall m \in M, n \in N, r \in R, g \in G, p \in P, h \in H, t \in T \tag{4.27}$$

$$y^{CI}_{cqt},\ z^{CI}_{cqt},\ w^{CO}_{cqt},\ w_{cqt} \in \{0, 1\} \qquad \forall n \in N, r \in R, c \in C, g \in G, t \in T \tag{4.28}$$

$$y^{Rec}_{nrgt},\ z^{Rec}_{nrgt} \in \mathbb{Z}_{\geq 0} \qquad \forall n \in N^R, r \in R, g \in G, t \in T \tag{4.29}$$

4.5. Szenariobasierte Erweiterung des Planungsmodells

Die Preisentwicklung der wiedergewinnbaren Rohstoffe beeinflusst die Wirtschaftlichkeit des Netzwerkes zur Sammlung und Verwertung von PV-Modulen wesentlich. Da sich diese Entwicklungen insbesondere bei einem strategischen Planungshorizont nicht exakt vorhersehen lassen (siehe Abschnitt 3.3), ist es notwendig, die bestehenden Unsicherheiten explizit bei der Planung zu berücksichtigen. Somit kann der Einfluss der Unsicherheit analysiert und quantifiziert werden und in Abhängigkeit von der Risikoeinstellung des Entscheidungsträgers eine Entscheidung getroffen werden. Entsprechend wird im folgenden Abschnitt das obige Optimierungsmodell erweitert, um so eine – hinsichtlich der unsicheren Rohstoffpreise – robuste Entscheidung für den Ausbau der Infrastruktur und insbesondere für die Auswahl der eingesetzten Verwertungstechnologien zu treffen.

Gemäß der Analyse in Abschnitt 3.3 ist es auf Basis der Kritikalitätsbewertung der einzelnen Rohstoffe möglich, Szenarien für deren zukünftige Preisentwicklung abzuleiten. Entsprechend wird der Preis für jeden Rohstoff h in einer Periode t um einen Szenarioindex $s \in S$ erweitert.

P_{hts} : Preis des Rohstoffs $h \in H$ in Periode $t \in T$ in Szenario $s \in S$.

Wie bereits in Abschnitt 3.4 dargelegt, handelt es sich bei der betrachteten Situation um eine Entscheidung unter Ungewissheit bei unsicherer Zielfunktion. Demnach wirkt sich die Unsicherheit nicht auf die Zulässigkeit der Lösung, sondern auf deren Optimalität aus.

Konkret beeinflusst der jeweilige stochastische Rohstoffpreis P_{hts} direkt den Wert des

Terms E_{ts}^{Out} und damit den Wert der Zielfunktion, wie in Formel (4.30) ersichtlich:

$$E_{ts}^{Out} := \sum_{h \in H} P_{hts} \cdot x_{ht}^{Out} \qquad \forall t \in T, s \in S. \tag{4.30}$$

Im Gegensatz zu der Perspektive eines produzierenden Unternehmens, das verschiedene Rohstoffe einsetzt und für das dementsprechend die Frage der langfristigen Versorgung mit diesen Rohstoffen ein Risiko darstellt, kann diese Situation aus der Perspektive der Verwertungsbranche auch als Chance betrachtet werden, da sie dazu führen kann, dass verschiedene Verwertungsaktivitäten ökonomisch vorteilhaft sind bzw. werden. Im Falle knapper werdender Rohstoffe sind steigende Preise zu erwarten, was die Attraktivität der Wiedergewinnung dieser Rohstoffe und damit der Verwertung steigert. Demnach stellt die Unsicherheit in der hier vorliegenden Situation auch eine Chance dar im Unterschied zu vielen anderen Situationen, in denen der Fokus der Planung auf der reinen Absicherung gegen potentielle Unzulässigkeiten im Sinne einer Worst-Case-Betrachtung liegt. Im Falle steigender Preise einzelner Rohstoffe ist es sinnvoll, Verwertungstechnologien anzuwenden, die auch diese Rohstoffe zurückgewinnen. Entsprechend muss der Planungsansatz auf diese Situation ausgerichtet sein.

Hier eignet sich das Hurwicz-Kriterium [Hurwicz, 1951] zur Entscheidungsunterstützung. Maximiert wird die gewichtete Summe aus dem besten und schlechtesten Ergebnis. Bezeichne X die Menge der Handlungsalternativen, S die Menge der Szenarien und $z_s(x)$ das Ergebnis der Handlungsalternative x im Szenario s sowie $\lambda \in [0,1]$ den Gewichtungsfaktor zwischen bestem und schlechtestem Ergebnis. Eine Formulierung des Kriteriums nach [Scholl, 2001, S. 136f.] ist durch

$$\max_{x \in X} \left\{ \lambda \cdot \max_{s \in S} z_s(x) + (1 - \lambda) \cdot \min_{s \in S} z_s(x) \right\} \tag{4.31}$$

gegeben. Durch die Wahl des Parameters λ kann der Fokus zwischen diesen beiden extremen Szenarien variiert werden, womit sich die jeweilige Risikoeinstellung des Entscheidungsträgers abbilden lässt.

Zur Integration in das in Abschnitt 4.4 erstellte Optimierungsproblem ist die Zielfunktion unter Verwendung des Hurwicz-Kriteriums zu reformulieren. Somit wird eine Lösung gesucht, die sowohl im Falle einer sehr positiven Entwicklung – Preissteigerung der Rohstoffe – als auch bei einer negativen Entwicklung – Preisverfall der Rohstoffe – eine Kompromiss darstellt.

Bezeichne $\boldsymbol{NPV_s}$ den NPV in Szenario $s \in S$, ergibt sich eine lineare gemischt-ganzzahlige Reformulierung des Optimierungsmodells unter Verwendung des Hurwicz-

Kriteriums wie folgt:

$$\max \quad \lambda \cdot z^{\max} + (1-\lambda) \cdot z^{\min} \tag{4.32}$$

$$\text{s.d.} \quad z^{\min} \leq \boldsymbol{NPV}_s \qquad \forall s \in S, \tag{4.33}$$

$$z^{\max} \leq \boldsymbol{NPV}_s + \mathbf{M} \cdot (1 - z_s) \qquad \forall s \in S, \tag{4.34}$$

$$\sum_{s \in S} z_s = 1, \tag{4.35}$$

$$z_s \in \{0, 1\} \qquad \forall s \in S, \tag{4.36}$$

$$z^{\min}, z^{\max} \in \mathbb{R}, \tag{4.37}$$

$$+ \text{ Nebenbedingungen des Ausgangsproblems.}$$

Der Zielfunktionswert jeder Lösung besteht hierbei aus der gewichteten Summe des besten und schlechtesten NPV des Ausgangsproblems unter Berücksichtigung aller Szenarien s. Dieser beste bzw. schlechteste Zielfunktionswert wird in den Hilfsvariablen $z^{\max}$ bzw. $z^{\min}$ gespeichert. Um diese Hilfsvariablen auf die entsprechenden Werte zu setzen, werden dem Problem vier zusätzliche Nebenbedingungen hinzugefügt. Durch Nebenbedingung (4.33) wird $z^{\min}$ durch den NPV dieser Lösung in allen Szenarien begrenzt und damit durch die Maximierung in der Zielfunktion auf den kleinsten Wert gesetzt. Analoges gilt in (4.34), die den Wert der Hilfsvariablen $z^{\max}$ auf den größtmöglichen Zielfunktionswert über alle betrachteten Szenarien setzt. Dazu werden zunächst in (4.35) und (4.36) weitere binäre Hilfsvariablen z_s für jedes Szenario s definiert, wobei nur für genau ein Szenario s die zugehörige Hilfsvariable den Wert 1 annehmen darf. Mittels einer Wenn-Dann-Beziehung unter Verwendung dieser Hilfsvariablen wird in Nebenbedingung (4.34) der Wert der Hilfsvariablen $z^{\max}$ für genau ein Szenario auf den zugehörigen NPV gesetzt. Durch die Maximierung in der Zielfunktion wird $z^{\max}$ auf den größtmöglichen NPV dieser Lösung über alle Szenarien s gesetzt.

Insgesamt ergibt sich demnach die Lösung, deren Zielfunktionswert aus der gewichteten Summe zwischen dem besten und schlechtesten NPV über alle betrachteten Szenarien maximal wird. Die Gewichtung zwischen diesen beiden Extremfällen erfolgt durch den sogenannten Optimismusparameter $\lambda \in [0, 1]$ und stellt eine Konvexkombination zwischen $z^{\max}$ und $z^{\min}$ dar. Je nach Risikoeinstellung des Entscheidungsträgers und seiner Erwartung bezüglich der zukünftigen Entwicklung kann durch die Einstellung dieses Parameters mehr Gewicht auf einen der beiden Extrempunkte gelegt werden. Somit bestimmt der Entscheidungsträger in der vorliegenden Situation, wie hoch er die Chance für eine zukünftige Rohstoffpreissteigerung ansetzt und erhält eine Lösung, die Chancen und Risiken entsprechend dieses Parameters gegeneinander abwägt. Durch die Wahl von λ auf die Intervallgrenzen ist es zudem möglich den Ansatz auf einen Maximax- bzw. Maximin-Ansatz zu reduzieren.

Aufgrund des Einflusses der unsicheren Rohstoffpreisentwicklung auf die Optimalität einer bestimmten Lösung eignet sich das Hurwicz-Kriterium in der vorliegenden Situation, um Chancen und Risiken gegeneinander abzuwägen. Für einen pessimistischen Entscheidungsträger ist implizit auch die Möglichkeit gegeben, nur den Worst-Case zu betrachten, indem der Optimismusparameter λ auf den Wert null gesetzt wird. Da der Hurwicz-Ansatz nur das beste und das schlechteste Ergebnis jeder Alternative bei der Entscheidung berücksichtigt, ist kritisch anzumerken, dass bei bestimmten Konstellationen unplausible Entscheidungen getroffen werden können. Dies ist dann der Fall, wenn es einen „Ausreißer“ in der Bewertung einer Alternative gibt, die Bewertung der Alternative sich jedoch in der Mehrzahl der betrachteten Szenarien anders verhält. [Dörsam, 2007, S. 32] Da der Hurwicz-Ansatz nur das beste und schlechteste Ergebnis einer Alternative betrachtet, käme dieser Extrempunkt ebenfalls zum Tragen und würde somit das Ergebnis verfälschen. Dementsprechend sollte die Auswertung für jede Alternative in allen Szenarien betrachtet werden, um entsprechende Strukturen zu erkennen.

Bereits anhand der Modellbeschreibung ist die große Komplexität aufgrund der gemischt-ganzzahligen Problemformulierung sowie der Vielzahl an ganzzahligen Entscheidungsvariablen erkennbar. Im folgenden Abschnitt wird auf diesen Aspekt genauer eingegangen.

4.6. Komplexität des Planungsansatzes

Sowohl das Modell zur Standort-, Technologie- und Kapazitätsplanung als auch die Modelle im Rahmen des szenariobasierten Ansatzes zur Netzwerkgestaltung sind gemischt-ganzzahlige Probleme. Diese basieren auf den Warehouse-Location-Problemen, die NP-schwer sind [Domschke und Drexl, 2007], [Junge, 2003], [Neumann und Morlock, 1993]. Der Lösungsaufwand kann somit in ungünstigen Fällen nicht mehr durch eine polynomiale Funktion beschrieben werden, sondern steigt exponentiell mit der Problemgröße an.

Im Einzelnen wird die Komplexität der Optimierungsmodelle durch die Anzahl der ganzzahligen und der kontinuierlichen Entscheidungsvariablen, die Anzahl der Restriktionen sowie durch die Form des beschriebenen Lösungsraums bestimmt. Das in Abschnitt 4.4 formulierte deterministische Modell zur integrierten Standort-, Technologie- und Kapazitätsplanung umfasst für eine Instanz von

α Perioden,
β_1 Abfallentstehungsorte Kunden,
β_2 Abfallentstehungsorte Hersteller,
γ_1 individulelle Sammelstellen,
γ_2 öffentliche Sammelstellen,
δ_1 existierende Verwertungsstandorte,
δ_2 potentielle Verwertungsstandorte,
ζ PV-Modultypen,
η Verwertungstechnologien,
θ Kapazitätsklassen,
ι Sammel-Qualitäten und
κ Outputfraktionen

die nachstehende Anzahl von Entscheidungsvariablen und Nebenbedingungen:

$(2 \cdot \gamma_1 + \gamma_2) \cdot \iota \cdot \alpha$ binäre Entscheidungsvariablen,

$2 \cdot \delta_2 \cdot \eta \cdot \theta \cdot \alpha$ ganzzahlige Entscheidungsvariablen,

$(\beta_1+\beta_2)\cdot(\delta_1+\delta_2)\cdot\zeta\cdot\alpha+(\beta_1+\beta_2)\cdot(\gamma_1+\gamma_2)\cdot\zeta\cdot\alpha+2\cdot(\delta_1+\delta_2)\cdot\eta\cdot\theta\cdot\zeta\cdot\iota\cdot\alpha+\kappa\cdot(\delta_1+\delta_2)\cdot\alpha$ kontinuierliche Entscheidungsvariablen,

$\beta_1 \cdot \zeta \cdot \alpha$ Nebenbedingungen des Typs (4.9),

$\beta_2 \cdot \zeta \cdot \alpha$ Nebenbedingungen des Typs (4.10),

$\gamma_2 \cdot \zeta \cdot \alpha$ Nebenbedingungen des Typs (4.11),

$\gamma_1 \cdot \zeta \cdot \alpha$ Nebenbedingungen des Typs (4.12),

eine Nebenbedingung des Typs (4.13),

$(\gamma_1 + \delta_2) \cdot \zeta \cdot \iota \cdot \alpha$ Nebenbedingungen des Typs (4.14),

$(\gamma_1 + \delta_2) \cdot \kappa \cdot \alpha$ Nebenbedingungen des Typs (4.15),

$\gamma_2 \cdot \alpha$ Nebenbedingungen des Typs (4.16),

$\gamma_2 \cdot \iota \cdot \alpha$ Nebenbedingungen des Typs (4.17),

$(\gamma_1 + \gamma_2) \cdot \iota \cdot \alpha$ Nebenbedingungen des Typs (4.18),

$\delta_2 \cdot \eta \cdot \theta \cdot \alpha$ Nebenbedingungen des Typs (4.19),

$\delta_1 \cdot \eta \cdot \theta \cdot \alpha$ Nebenbedingungen des Typs (4.20),

$\delta_2 \cdot \eta \cdot \theta \cdot \alpha$ Nebenbedingungen des Typs (4.21),

$\gamma_2 \cdot \gamma_2 \cdot \iota \cdot \alpha$ Nebenbedingungen des Typs (4.22) und

α Nebenbedingungen des Typs (4.23).

In Abhängigkeit von der Probleminstanz können somit große Planungsprobleme resultieren. Eine praxisrelevante kleinere Probleminstanz für die Gestaltung eines Sammlungs- und Verwertungsnetzwerkes für PV-Module in Deutschland umfasst zum Beispiel:

20 Planungsperioden, durch die eine minimal erwartete Nutzungsdauer der Verwertungsanlagen beschrieben wird,
50 Abfallenstehungsorte, bestehend aus Herstellerstandorten und aggregierten Kundenstandorten,
4 PV-Modultypen, die am Markt vertreten sind,
4 Verwertungstechnologien, die das Technologiespektrum abbilden, in jeweils
2 Kapazitätsklassen zur Abbildung von Größendegressionseffekten,
7 existierende Verwertungsstandorte,
13 potentielle neuen Verwertungsstandorte,
50 aggregierte Standorte des WEEE-Sammelsystems sowie
20 potentielle individuelle Sammelstandorte,
2 Qualitätklassen der Sammlung bei Aufteilung in nur zwei Klassen und
10 Outputfraktionen, die bei der Verwertung entstehen können.

Bereits für diese Probleminstanz resultiert ein Planungsproblem mit insgesamt 350.960 Entscheidungsvariablen, davon sind 4.160 Entscheidungsvariablen ganzzahlig sowie 3.600 binär. Die Möglichkeit, ein solches oder ein größeres Planungsmodell in einer vertretbaren Zeit zu lösen, ist zudem von der spezifischen Datenbasis abhängig. Die Datenbasis bestimmt stark die Struktur des Lösungsraums. Für große Probleminstanzen bietet sich in jedem Fall eine Form von Preprocessing an, wodurch die Komplexität reduziert werden kann. Eine bereits beschriebene Option des Preprocessings stellt die Aggregation einzelner Abfallentstehungsorte dar. Zusätzlich können für die spezifische Planungssituation Vereinfachungen an dem Modell vorgenommen werden, die zu einer Reduktion der Komplexität beitragen. Diese beiden Möglichkeiten werden im folgenden Kapitel für die Fallstudien genutzt.

Aus den praktischen Anforderungen der betrachteten Problemstellung sowie auf Basis der Ansätze und Methoden aus der Literatur wurde in diesem Kapitel ein strategischer Planungsansatz für die integrierte Standort-, Technologie- und Kapazitätsentscheidung für die Sammlung und Verwertung von PV-Modulen erstellt. Durch die robuste Erweiterung des Entscheidungsunterstützungsansatzes mit Hilfe des Hurwicz-Kriteriums werden auch verschiedene potentielle Szenarien für die Rohstoffpreisentwicklung bei der Entscheidungsfindung berücksichtigt. Zur Validierung des erstellten Konzeptes wird dieses nachfolgend im Rahmen von zwei Fallstudien für das Bundesland Nordrhein-Westfalen sowie Deutschland angewendet. Ziel ist es hierbei, konkrete Handlungsempfehlungen für den Umgang mit ausgedienten PV-Modulen ableiten zu können.

5

Fallstudien zur Planung eines Sammlungs- und Verwertungsnetzwerkes für PV-Module

Aufgrund des erwarteten starken Anstiegs des Abfallaufkommens und der bereits auf EU-Ebene getroffenen gesetzlichen Anforderungen (siehe Abschnitt 2.2) bedarf es für die Zukunft der Errichtung einer entsprechenden Sammlungs- und Verwertungsinfrastruktur für PV-Module. Die konkrete Ausgestaltung eines ökonomisch vorteilhaften, aber auch auf die Rückgewinnung der kritischen Rohstoffe ausgerichteten Systems wird zwischen verschiedenen Interessenvertretern diskutiert [PV Cycle, 2015], [take-e-way, 2014], [Kroll und Szombathy, 2012]. Vor diesem Hintergrund ist es das Ziel dieses Kapitels, anhand ausgewählter Fallstudien ökonomisch vorteilhafte Ausgestaltungsmöglichkeiten für die Sammlung und Verwertung von PV-Modulen auf Basis des in Kapitel 4 dargestellten Planungsansatzes zu analysieren. Hierbei liegt der Fokus auf der Untersuchung des Einflusses der unsicheren Rohstoffpreisentwicklung auf die Auswahlentscheidung der einzusetzenden Verwertungstechnologien.

Wegen der in Abschnitt 4.6 dargestellten Modellkomplexität und der großen Datenmenge ist es notwendig, verschiedene Aggregationsstufen zu betrachten. Entsprechend wird nachfolgend die optimale Ausgestaltung des Sammlungs- und Verwertungsnetzwerkes für PV-Module auf Basis zweier unterschiedlicher Aggregationsniveaus evaluiert. Dies erfolgt zum einen im Rahmen einer detaillierten regionalen Fallstudie für das Bundesland Nordrhein-Westfalen, in dem derzeit die drittgrößte PV-Leistung installiert ist (siehe Abschnitt 5.3), und zum anderen in einer aggregierten Fallstudie für Deutschland (siehe Abschnitt 5.4).

Bei den hierfür notwendigen Datenerhebungen ergeben sich einige Überschneidungen, sodass diese vor der spezifischen Beschreibung der Fallstudien dargestellt werden (siehe Abschnitt 5.1). Neben den betriebswirtschaftlichen Daten der Sammelstellen und Verwertungsanlagen werden hier insbesondere Szenarien für die verschiedenen unsicheren Rohstoffpreisentwicklungen abgeleitet. Aufgrund der aktuell noch nicht im Einsatz befindlichen Verwertungstechnologien ist derzeit nur eine grobe Schätzung der anfallenden Zahlungen möglich. Entsprechend werden die Auswirkungen von Abweichungen von den geschätzten Daten mittels Szenarioanalysen überprüft. Gleiches gilt für die Prognosen des weiteren PV-Zubaus in Deutschland, da diese deutlich voneinander abweichen (siehe Abschnitt 2.1.3.4).

Darüber hinaus stellt insbesondere die Einbindung der Vielzahl einzelner installierter PV-Anlagen im Rahmen der Optimierung eine besondere Herausforderung dar. Hierzu werden mit Hilfe eines vorgelagerten Verfahrens die einzelnen Anlagen auf eine vorgegebene Anzahl diskreter Standorte aggregiert. Die hierfür eingesetzte Methode wird in Abschnitt 5.2 erläutert. Zudem wird in diesem Abschnitt das Vorgehen für eine Vorauswahl potentieller Standorte der Verwertungsanlagen und der individuellen Sammelstellen geschildert. Aus den Ergebnissen und Analysen der Fallstudien werden in Abschnitt 5.5 Handlungsempfehlungen für Sammlung und Verwertung von PV-Modulen vor dem Hintergrund einer unsicheren Rohstoffpreisentwicklung abgeleitet.

5.1. Datenerhebung

Im nachfolgenden Abschnitt erfolgt die konkrete Erhebung der für die Fallstudien relevanten betriebswirtschaftlichen Daten. Die relevanten technischen Daten wurden bereits in Abschnitt 2.3 erläutert und werden für die konkreten Fallstudien herangezogen.

5.1.1. Sammlung

Wie bereits in Abschnitt 2.3.1 beschrieben, gibt es für die Ausgestaltung des Sammelsystems sowohl die Möglichkeit, die Module in das bestehende WEEE-Sammelsystem zu integrieren als auch ein individuelles Sammelsystem zu errichten. Die Beschreibung der planungsrelevanten betriebswirtschaftlichen Daten schließt sich an. Im Rahmen der Fallstudie wird hierbei zunächst lediglich zwischen einer nach Modultypen getrennten Sammlung (in hoher Qualität $q = 1$) und einer gemeinsamen Sammlung aller Modultypen (niedrige Qualität $q = 0$) unterschieden. Bei Bedarf können hier auch mehrere

Qualitätsklassen Berücksichtigung finden.

Mit der Integration der PV-Module in den Geltungsbereich der WEEE und des ElektroG ist es möglich, die Sammlung der ausgedienten PV-Module der Kunden an den WEEE-Sammelstellen durchzuführen. Da die WEEE-Sammelstellen bereits in der Vergangenheit errichtet wurden, fallen keine Investitionen, sondern lediglich fixe Zahlungen für deren Betrieb an. Da PV-Module insgesamt nur einen kleinen Teil der gesammelten Produkte ausmachen, ist nur ein Anteil der gesamten Zahlungen den PV-Modulen anzurechnen. In Nordrhein-Westfalen werden diese über die kommunalen Abfallgebühren finanziert [LAbfG, 2014, § 9, Abs. 2], [Lindert, 2014a]. Ein grober Richtwert für die jährlichen Zahlungen für den Betrieb einer solchen Sammelstelle inklusive der Personalkosten beläuft sich auf 100.000–500.000 € [Lindert, 2014b], [eigene Recherche].

Für die weitere Berechnung wird angenommen, dass 5 % der jährlichen Zahlungen zum Betrieb einer WEEE-Sammelstelle auf die Sammlung von PV-Modulen anzurechnen sind, sodass die Zahlungen im Bereich zwischen 5.000–25.000 € liegen. Im Rahmen der Fallstudie wird ein Wert von 15.000 € pro Jahr angesetzt. Zu berücksichtigen ist, dass die WEEE-Sammelstellen die Abfälle lediglich nach der jeweiligen Sammelgruppe, nicht jedoch nach dem exakten PV-Modultyp trennen, sodass die Sammlung hier nur in niedriger Qualität ($q = 0$) durchgeführt werden kann. Alle ermittelten betriebswirtschaftlichen Daten der Sammlung fasst Tabelle 5.1 zusammenfassen.

Im Gegensatz zu den bestehenden WEEE-Sammelstellen müssen die Sammelstellen eines individuellen Sammelsystems neu errichtet werden, sodass diese entsprechend des Bedarfs geplant werden können. Hierfür fallen Investitionen – u. a. für den Erwerb eines Grundstücks und der Container bzw. weiterer Infrastruktur – an. Die Höhe der Investition hängt von der Größe und Ausstattung des Recyclinghofes ab. Basierend auf Werten aus der Literatur wird für das Fallbeispiel von einer Investition in Höhe von 120.000 € zur Errichtung eines Wertstoff- bzw. Recyclinghofes mit einer Lagerkapazität von 20.000 Tonnen pro Jahr ausgegangen (vgl. [Acker, 2013]).

Entsprechend der Betrachtungen für den Betrieb der WEEE-Sammelstellen sind auch für den Betrieb der errichteten individuellen Sammelstellen fixe Zahlungen pro Jahr zu entrichten. Diese werden auf Basis der recherchierten Daten für die WEEE-Sammelstellen geschätzt. Aufgrund der Einschränkung auf eine Produktgruppe ist der Betrieb der individuellen Sammelstellen weniger aufwändig als der eines vollständigen WEEE-Recyclinghofes. Daneben ergeben sich oftmals Synergien, indem die Sammelstellen angrenzend oder sogar auf dem Gelände eines PV-Modul Händlers betrieben werden (vgl. Sammelstellen von PV-Cycle). Demnach werden Zahlungen an der unteren Grenze des gegebenen Wertebereichs von 100.000–500.000 € [Lindert, 2014b] angenommen. Konkret werden die fixen Zahlungen für die nach Modultypen getrennte Sammlung auf einen Wert von 100.000 € pro Jahr geschätzt. Für die Sammlung in niedriger Qualität wird ein nochmals geringerer Wert von 80.000 € pro Jahr geschätzt.

Neben diesen fixen Zahlungen fallen für jede gelagerte Tonne der PV-Module variable Zahlungen für die Lagerung an. Bei einer Trennung nach Modultyp werden die anfallenden variablen Zahlungen auf 50 € je Tonne und Jahr geschätzt. Wird lediglich eine niedrige Sammelqualität erzielt, werden Zahlungen aufgrund des geringeren Handlingsaufwandes in Höhe von 30 € je Tonne und Jahr angenommen. Tabelle 5.1 fasst alle planungsrelevanten betriebswirtschaftlichen Daten der verschiedenen Sammelsysteme zusammen.

Tabelle 5.1.: Betriebliche Daten der verschiedenen Sammelsysteme

Zahlung	Datenvariablen	$c \in$	q	Betrag
Investitionen	IC	C^I	$(0,1)$	120.000 [€]
Fixe Zahlungen Betrieb	ZC_{cq}^{fix}	C^O	0	15.000 [€/a]
		C^O	1	nicht zulässig
		C^I	0	80.000 [€/a]
		C^I	1	100.000 [€/a]
Variable Zahlungen Lagerung	ZL_q	C^I	0	30 [€/$(t \cdot a)$]
		C^I	1	50 [€/$(t \cdot a)$]

5.1.2. Recyclinganlagen

Im Rahmen der Fallstudien werden vier Recyclingtechnologien betrachtet (siehe Abschnitt 2.3.2), die die Bandbreite der in verschiedenen Entwicklungsstadien befindlichen Technologien abdecken und für deren Bewertung ausreichende Informationen zur Verfügung stehen. Die ausgewählten Technologien sind das Glasrecycling sowie die Verfahren der Unternehmen SolarWorld, First Solar und Lobbe. Die technische Beschreibung der ausgewählten Recyclingtechnologien erfolgte bereits in Abschnitt 2.3.2. Zur Einbindung in den techno-ökonomischen Planungsansatz müssen zudem die relevanten betriebswirtschaftlichen Daten erhoben werden. Da diese Daten nur unvollständig zur Verfügung stehen, werden sie mit Hilfe der in den Abschnitten 4.3.1 und 4.3.2 vorgestellten Verfahren abgeschätzt. Zur Berechnung des NPV ist es notwendig, die Investitionen sowie die fixen und variablen Zahlungen für den Betrieb der Recyclinganlagen zu ermitteln. Diese werden nachfolgend im Einzelnen betrachtet.

Die Verfahren zur Ermittlung der Höhe der Investition sind von der verfügbaren Datengrundlage abhängig. Da lediglich Informationen zu den Investitionen für eine Anlage von SolarWorld [SolarServer, 2011] sowie die beiden Anlagen von First Solar bekannt sind [Wade, 2014a, S. 8], werden die übrigen Investitionen geschätzt. Hierzu wird ein Größendegressionsansatz angewendet (siehe Abschnitt 4.3), wobei als Größendegressionskoeffizient $m = 0,6$ verwendet wird[1]. Für die Errichtung der Anlage von SolarWorld mit einer Kapazität von 30.000 [t/a] ist eine Investition in Höhe von 12.700.000 € erforderlich [SolarServer, 2011]. Auf dieser Basis lässt sich die Höhe der Investition für Anlagen von SolarWorld in anderen Kapazitätsklassen mittels folgendem Zusammenhang schätzen (siehe Formel 4.3):

$$I_k = 12.700.000 \cdot \left(\frac{K_k}{30.000}\right)^{0,6}. \tag{5.1}$$

Für die Verfahren Glasrecycling und Lobbe gibt es keine Angaben über die notwendigen Investitionen für die Errichtung verschiedener Kapazitätsklassen. Es ist jedoch möglich, die Komplexität der Prozesse anhand der Prozessbeschreibung aus Abschnitt 2.3.2 im Vergleich zu dem Verfahren von SolarWorld zu bewerten und darüber die Investitionen zu schätzen. Hierzu wird ein Komplexitätsfaktor KF definiert, der die Komplexität der Prozesse relativ zum Verfahren von SolarWorld bewertet (siehe Tabelle 5.2).

Tabelle 5.2.: Komplexitätsvergleich der Verfahren

Verfahren	Komplexität im Vergleich zu SolarWorld	Komplexitätsfaktor KF
Glasrecycling	nur mechanische Behandlung ohne Silizium-Rückgewinnung	0,8
Lobbe	physikalisch, chemische Behandlung, Kälteversprödung und aufwendige Abtrennungsprozesse	1,1

Eine Zusammenfassung der Ergebnisse der Investitionsschätzung für die verschiedenen Recyclingtechnologien findet sich in Tabelle 5.4. Auf Basis der in der Literatur verfügbaren Angaben werden im Rahmen der Fallstudien für jede Technologie eine kleine und eine große Kapazitätsklasse betrachtet.

[1]Dies entspricht der „Six-Tenth-Regel“ nach [Williams, 1947], siehe Abschnitt 4.3.

Gemäß der Recherche aus Abschnitt 4.3 werden für die Zusammensetzung der fixen betriebsbedingten Zahlungen die in Tabelle 5.3 angegebenen Werte für die Schätzung angesetzt (siehe Abschnitt 4.3.2.1). Die Höhe der Auszahlungen für Instandhaltung und Reparatur sind ebenfalls von der Komplexität der Prozesse abhängig, sodass der Basiswert von 8 % [Peters et al., 2003, S. 268] mit dem jeweiligen Komplexitätsfaktor KF multipliziert wird. Die sich daraus ergebenden Daten für die fixen betriebsbedingten Zahlungen finden sich in Tabelle 5.4.

Tabelle 5.3.: Zusammensetzung fixe betriebsbedingte Zahlungen [Peters et al., 2003]

Fixe betriebsbedingte Zahlung	Anteil	Bezugsgröße
Instandhaltung und Reparatur	$KF \cdot 8\,\%$	[des Anlagenkapitals]
Betriebsmittel zur Instandhaltung	15 %	[der Instandhaltung]
Versicherungen	0,6 %	[des Anlagenkapitals]
Steuern	2 %	[des Anlagenkapitals]

Neben den fixen Zahlungen bedarf es auch der Berücksichtigung der variablen betriebsbedingten Zahlungen für die Verwertung der PV-Module. Die variablen Zahlungen für die Verwertung einer Tonne sind abhängig von der eingesetzten Technologie sowie der Kapazität der Verwertungsanlage (vgl. [Sander et al., 2007, S. 154], [Monier und Hestin, 2011, S. 29], [eigene Berechnung]). Eine Zusammenfassung der Ergebnisse der erhobenen betriebswirtschaftlichen Daten für die verschiedenen Recyclingtechnologien, skaliert auf eine Kapazität von 10.000 Tonnen pro Jahr, findet sich in Tabelle 5.4.

5.1.3. Transport

Um die Module einer ordnungsgemäßen Verwertung zuzuführen, sind eine Reihe von Transporten durchzuführen, die von den Abfallentstehungsorten über die Sammlung bis hin zur Verwertungsanlage reichen. Eine Reihe verschiedener Einflussgrößen determiniert die Zahlungen für die Transporte. Neben der jeweils zurückgelegten Distanz ist das eingesetzte Transportmittel der wesentliche Faktor. Nachfolgend werden den einzelnen Strecken Transportmittel zugeordnet und die entsprechenden Zahlungen berechnet. Es wird davon ausgegangen, dass für die Transporte von den Kunden zu den Sammelstellen, welche in der Regel vom Kunden selbst oder einem ansässigen Montagebetrieb durchgeführt werden, LKWs mit einer Nutzlast von 3,5 Tonnen eingesetzt werden. Bei allen übrigen Strecken ist mit einem höheren Transportaufkommen zu rechnen, sodass hier LKWs mit einer Nutzlast von 12 Tonnen zum Einsatz kommen [Ramon,

Tabelle 5.4.: Technologiespezifische betriebswirtschaftliche Daten der Recyclingtechnologien (skaliert auf Kapazität von 10.000 [t/a])

Kapazität [t/a]	Investition [€]	Anteil fixer Zahlungen an Investition [%]	Jährliche fixe betriebsbedingte Zahlungen [€/a]	Variable Zahlungen Verwertung [€/t]
Glasrecycling, KF : 0,8				
10.000	5.255.584	9,08 %	477.039	62
SolarWorld, KF: 1, [SolarServer, 2011]				
10.000	6.569.480	10,7 %	702.672	120
First Solar, [Wade, 2014a, S. 8]				
10.000	6.724.857	10,7 %	719.291	119
Lobbe, KF: 1,1				
10.000	7.226.428	11,51 %	831.444	100

2013, F. 12]. Der Berechnung der Zahlungen liegt eine Durchschnittsgeschwindigkeit von 60 km/h sowie ein Preis für LKW Diesel von 1,12 € je Liter zugrunde [Statistisches Bundesamt, 2014, S. 28]. Für die 3,5 Tonnen-LKWs wird von einer Nutzlast von 1,6 Tonnen bei einem Kraftstoffverbrauch von 15 l/100 km ausgegangen. Bei einem 12 Tonnen LKW wird eine Nutzlast von 4,7 Tonnen bei einem Kraftstoffverbrauch von 17 l/100 km angenommen. [Knitschky et al., 2011, S. 144] Für die Fahrer wird von einem Stundenlohn von 16,8 € pro Stunde ausgegangen [Choi und Fthenakis, 2014, S. 4]. Hinzu kommt ein Zuschlagsfaktor für den Overhead in Höhe von 1,5 [Choi und Fthenakis, 2014, S. 4]. Die sich daraus ergebenden Zahlungen in Euro je Tonne und gefahrenem Kilometer werden in Tabelle 5.5 angegeben.

Tabelle 5.5.: Zahlungen für den Transport

Hersteller-Sammelstelle	T^{HC}	LKW 12t	0,14 [€/tkm]
Hersteller-Recyclinganlage	T^{HN}	LKW 12t	0,14 [€/tkm]
Kunde-Sammelstelle	T^{KC}	LKW 3,5t	0,42 [€/tkm]
Sammelstelle-Recyclinganlage	T^{CN}	LKW 12t	0,14 [€/tkm]

5.1.4. Rohstoffpreisentwicklung

In Abhängigkeit von den wiedergewonnenen Outputfraktionen werden Zahlungen für den Verkauf bzw. deren Beseitigung realisiert. Die Restfraktionen sind zu beseitigen. Hierfür belaufen sich die durchschnittlichen Deponiegebühren für Deutschland auf 140 € je Tonne [European Environment Agency, 2012].

Die Preisentwicklung der wiedergewinnbaren Rohstoffe ist mit Unsicherheit behaftet. Aufgrund der demzufolge fehlenden deterministischen Datengrundlage werden im Rahmen der Fallstudien verschiedene Rohstoffpreisszenarien betrachtet. Die Ableitung der Szenarien erfolgt auf Basis der Kritikalitätsbewertung der einzelnen Rohstoffe, für die bereits ein Zusammenhang mit der Rohstoffpreisentwicklung nachgewiesen wurde (siehe Abschnitt 3.3). Um kurzfristige Preisschwankungen auszugleichen, werden als Ausgangsbasis für die Szenarien die Durchschnittspreise für die Jahre 2009 bis 2013 zugrunde gelegt. Diese werden in Tabelle 5.6 für die einzelnen Outputfraktionen gemeinsam mit deren Kritikalitätsbewertung gemäß der Studie von Erdmann et al. dargestellt.

Tabelle 5.6.: Rohstoffpreise P_{ht} und Kritikalitätsbewertung

Rohstoff	Preis in [€/t] (∅ 2009–2013) [Deutsche Rohstoff Agentur, 2015a]	Kritikalität [Erdmann et al., 2011]
Glasbruch niedrige Qualität[1]	15	k. A.
Glasbruch hohe Qualität[1]	25	k. A.
Aluminium	1.520	II
Silizium	871	II
Kupfer	5.536	IV
Silber	604.170	V
Tellur	163.310	IV
Kadmium	2.110	k. A.
Indium	442.190	V

[1] [Behrendt et al., 2010, S.85]

Zur Untersuchung des Einflusses der Rohstoffpreisentwicklung auf die Ausgestaltung des Sammlungs- und Verwertungssystems für PV-Module werden verschiedene potentielle Preisentwicklungen im Rahmen der Fallstudien betrachtet. Aufgrund der großen Unsicherheit, die mit der Rohstoffpreisentwicklung verbunden ist, lassen sich potentielle Szenarien nur grob unter Zuhilfenahme der jeweiligen Kritikalitätsbewertung abschätzen. Betrachtet werden die folgenden drei Trendszenarien: Im Basisszenario (Szenario 1) wird davon ausgegangen, dass alle Preise im Verlauf des Planungshorizontes konstant bleiben. Mittels Szenario 2 und 3 wird ein Preisanstieg in Abhängigkeit von der Kritikalitätsbewertung der Rohstoffe untersucht. Dabei wird im Szenario 2 von einem moderaten Preisanstieg von 2,5 % pro Jahr für alle Rohstoffe mit einer hohen Kritikalitätsbewertung (Klasse V) ausgegangen. In Szenario 3 wird ein starker Preisanstieg erwartet. Entsprechend steigen die Preise aller Rohstoffe der Krititkalitätsklasse IV um 2,5 % pro Jahr und die der Rohstoffe in Klasse V um 5 % pro Jahr. Die einzelnen Szenarien werden in Tabelle 5.7 nochmals zusammenfassend dargestellt.

Tabelle 5.7.: Szenarien Rohstoffpreise P_{hts}

Kritikalität	Szenario 1 Preise konstant	Szenario 2 Moderater Anstieg	Szenario 3 Starker Anstieg
I–III	konstant	konstant	konstant
IV	konstant	konstant	Anstieg 2,5 %/a
V	konstant	Anstieg 2,5 %/a	Anstieg 5 %/a

5.1.5. Weitere planungsrelevante Daten

Der Planungshorizont für die beiden Fallstudien umfasst den Zeitraum von 2015 bis 2040, wobei eine Planungsperiode jeweils zwei Jahre andauert. Der Zeitraum entspricht einem strategischen Planungshorizont und wurde anhand der verfügbaren Prognosen für den weiteren Zubau gewählt, die für eine fundierte Abschätzung des Abfallaufkommens benötigt werden. Der Kalkulationszinssatz wird in beiden Fallstudien und in allen Szenarien auf 5 % pro Jahr festgelegt.

Für die konkrete Umsetzung des in Abschnitt 4.4 entwickelten Planungsansatzes im Rahmen der beiden Fallstudien ist es notwendig, eine Aggregation des Abfallaufkommens sowie eine Vorauswahl der potentiellen Standorte der Sammelstellen und Verwertungsanlagen durchzuführen. Die hierfür angewendeten Verfahren beschreibt der nachfolgende Abschnitt.

5.2. Daten-Aggregation und Standortvorauswahl

Die sehr hohe Anzahl an installierten PV-Anlagen und der Komplexität des erstellten Optimierungsansatzes verlangt es, eine geeignete Aggregation der Abfallentstehungsorte der Kunden durchzuführen. Die verwendete Systematik wird in diesem Abschnitt vorgestellt.

Das Verfahren gliedert sich in drei Schritte, wie nachfolgend beschrieben:

1. Der erste Schritt unterteilt das betrachtete Planungsgebiet in einzelne Rasterzellen. Durch die Vorgabe der Länge und Breite jeder Rasterzelle und die dadurch determinierte Gesamtanzahl an Rasterzellen ist das Aggregationsniveau frei wählbar.

2. Im zweiten Schritt wird überprüft, in welcher der gebildeten Rasterzellen die PV-Anlage eines jeden Datensatzes zu verorten ist.

3. Im letzten Schritt erfolgt die eigentliche Aggregation, indem für jede Rasterzelle alle darin enthaltenen PV-Anlagen anhand ihrer Masse und ihres Standortes zu einem geographischen Schwerpunkt (PV-Schwerpunkt) innerhalb der Rasterzelle aggregiert werden. Die so gebildeten Aggregationspunkte finden als Abfallentstehungsorte in der Optimierung Verwendung.

Das Ergebnis des Verfahrens wird exemplarisch am Beispiel des Bundeslandes Nordrhein-Westfalen in Abbildung 5.1 dargestellt. Erkennbar sind die entstehenden Rasterzellen sowie die zugehörigen PV-Schwerpunkte in grau.

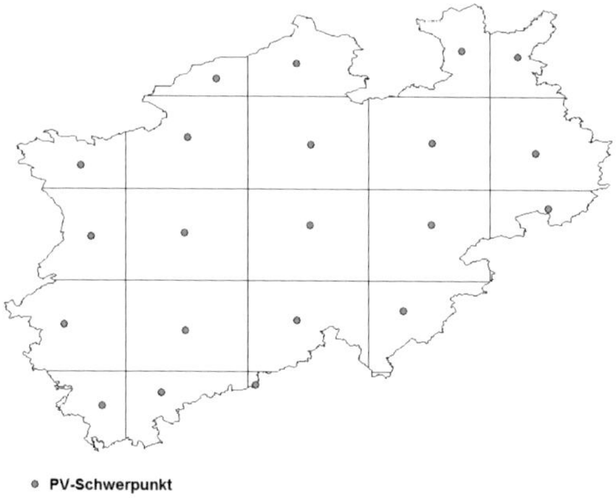

Abbildung 5.1.: Aggregiertes Abfallaufkommen am Beispiel des Bundeslandes Nordrhein-Westfalen

Die flexible Skalierbarkeit des Verfahrens erlaubt die Aggregation der Daten auf ein beliebiges Niveau. Zudem ist das Vorgehen nicht an spezifische regionale Gegebenheiten geknüpft, sodass es universell zum Einsatz gebracht werden kann.

Neben den Abfallentstehungsorten müssen für die Anwendung des in Kapitel 4 entwickelten Planungsansatzes potentielle Standorte für die individuellen Sammelstellen sowie Verwertungsanlagen identifiziert werden. Die Auswahl potentieller Standorte für neu zu errichtende Anlagen erfolgt in der Literatur sowie in der Praxis anhand verschiedener Standortfaktoren (vgl. [Domschke, 1996], [Günther und Tempelmeier, 2012]). Aufgrund der strategischen Betrachtungsebene des vorliegenden Planungsproblems und des Fokus der Untersuchung auf der Ermittlung einer wirtschaftlichen Verwertungsstrategie ist eine grobe Standortvorauswahl in dieser Phase ausreichend. Ziel ist es hierbei, erste Erkenntnisse bezüglich der geographischen Platzierung der neu zu errichtenden Standorte zu erhalten. Eine detailliertere Planung kann im Rahmen eines nachgeschalteten Planungsschrittes durchgeführt werden. Die Standortvorauswahl für die individuellen Sammelstellen und Verwertungsanlagen erfolgt daher vereinfachend, indem die Anzahl der potentiellen Standorte festgelegt und eine Gleichverteilung dieser über das Planungsgebiet vorgenommen wird.

5.3. Regionale Fallstudie für Nordrhein-Westfalen

Eine erste Evaluierung des Planungsansatzes erfolgt im Rahmen der Umsetzung einer Fallstudie für das Bundesland Nordrhein-Westfalen (NRW). Mit einer Gesamtleistung von ca. 4.000 MWp wurden hier rund 11 % der gesamten PV-Modulkapazität Deutschlands installiert [Bundesverband Solarwirtschaft e. V., 2014a], [Bundesverband Solarwirtschaft e. V., 2015]. Zudem befinden sich in NRW bereits drei Glasrecyclinganlagen in Betrieb (siehe Abschnitt 2.3.2.1), die bei der Planung einer Sammlungs- und Verwertungsinfrastruktur zu berücksichtigen sind.

Zur Umsetzung der Fallstudie werden zunächst die über die oben genannten Informationen hinaus gehenden planungsrelevanten Daten in Abschnitt 5.3.1 dargestellt. Im Anschluss wird unter Anwendung der in Abschnitt 5.2 beschriebenen Verfahren ein Preprocessing vorgenommen, bevor die Implementierung und Lösung erfolgt (siehe Abschnitt 5.3.2). Die Darstellung und Diskussion der Ergebnisse schließt sich an (siehe Abschnitt 5.3.3).

5.3.1. Datenermittlung Fallstudie NRW

Grundlegend für die Ermittlung einer geeigneten Sammlungs- und Verwertungsinfrastruktur ist die Abschätzung des Abfallaufkommens bei den Kunden. Auf Basis der Daten der Energie-Map[2] kann der zeitliche Verlauf des Zubaus an PV-Modulen für Nordrhein-Westfalen, wie in Abbildung 5.2 dargestellt, ermittelt werden. Zudem enthält dieser Datensatz exakte Informationen über den jeweiligen Standort der einzelnen Anlagen, die für eine detaillierte Abschätzung der zeitlichen und räumlichen Verteilung des Abfallaufkommens wesentlich sind.

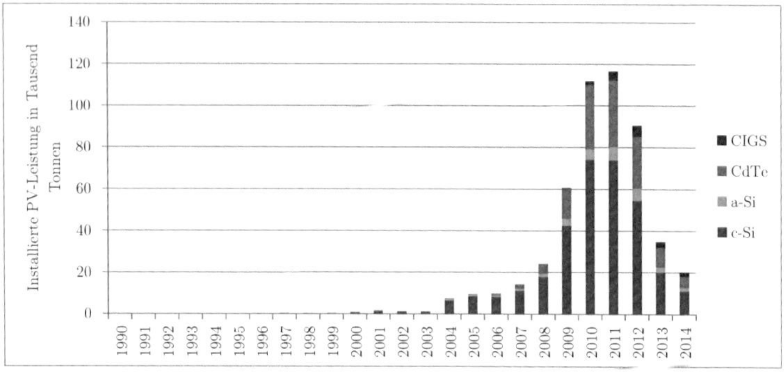

Abbildung 5.2.: In NRW im Zeitraum 1990 bis 2014 installierte PV-Leistung [Deutsche Gesellschaft für Sonnenenergie e. V., 2015]

Zusätzlich zu den heute bereits installierten Anlagen muss auch im Rahmen der Abschätzung des Abfallaufkommens eine Prognose für den weiteren Zubau ab dem Jahre 2015 erfolgen. Hierbei ist dessen Höhe sowie geographische Verteilung planungsrelevant. Im Rahmen dieser Fallstudie erfolgt die Abschätzung des Abfallaufkommens auf Basis der Prognose von Dirr et al. [Dirr et al., 2014] (siehe Abschnitt 2.1.3.4). Hinsichtlich der geographischen Verteilung zeigen Untersuchungen, dass diese aufgrund verschiedener Einflussfaktoren (wie z. B. dem Pro-Kopf-Einkommen vgl. [Dirr et al., 2014]) in der Vergangenheit nicht gleichmäßig erfolgte. Daher wird davon ausgegangen, dass die Verteilung des prognostizierten Zubaus analog zum bisherigen Ausbau ausfallen wird. Zudem ergab eine Potentialstudie, dass derzeit in NRW nur rund 5 % der bestehenden Flächenkapazität genutzt werden [Ludes et al., 2013, S. 17]. Demnach stellen auch die verfügbaren Flächen keine Einschränkung dar.

[2] Für nähere Erläuterungen hierzu siehe Abschnitt 2.1.3.1.

Wie bereits in Abschnitt 2.1.3 dargelegt, existieren lediglich Informationen über die Marktanteile der einzelnen Modultechnologien der bisherigen Installationen bzw. Prognosen für den zukünftigen Ausbau, jedoch keine exakte Information über den jeweiligen Modultyp einer spezifischen Anlage. Dementsprechend wird eine gleichmäßige Verteilung der einzelnen Modultypen über das Planungsgebiet bei der Abschätzung des Abfallaufkommens angenommen. Unter Verwendung dieser Annahmen sowie der erwarteten Lebensdauer der Anlagen (siehe Abschnitt 2.1.3.2) wird die Höhe des erwarteten Abfallaufkommens für den Zeitraum von 2015 bis 2040 geschätzt. Dieser Zeitraum entspricht dem Planungshorizont der Fallstudie. Abbildung 5.3 zeigt die Ergebnisse dieser Abschätzung.

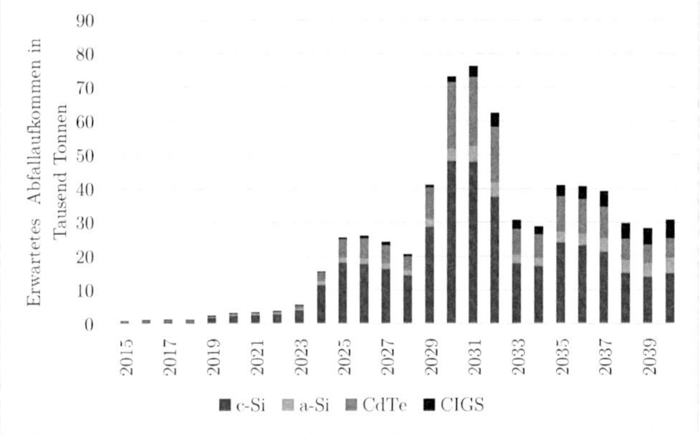

Abbildung 5.3.: Abschätzung des Abfallaufkommes für NRW (eigene Berechnung auf Basis [Bundesverband Solarwirtschaft e. V., 2015] sowie Zubau-Prognose ab 2015 nach [Dirr et al., 2014] mit EEG 2013)

Weitere zu ermittelnde Daten sind die Distanzmatrizen zwischen den einzelnen Abfall entstehungsorten, den Sammelstellen sowie den Verwertungsanlagen. Diese werden auf Basis der Luftlinienentfernung bestimmt und mit einem Umwegefaktor zur Abschätzung der Straßenentfernung multipliziert (siehe Abschnitt 4.3.3). Voraussetzung für die Bestimmung dieser Entfernungen ist jedoch die Kenntnis der konkreten Standorte der bestehenden und potentiellen Sammelstellen sowie der potentiellen Verwertungsanlagen. Mit Hilfe des Verfahrens aus Abschnitt 5.2 werden nachfolgend die aggregierten Abfallentstehungsorte der Kunden sowie der potentielle Standorte der individuellen Sammelstellen und Verwertungsanlagen ermittelt.

5.3.2. Preprocessing und Implementierung

Zur Umsetzung der Fallstudie werden in den nachfolgenden Abschnitten das angewendete Preprocessing (siehe Abschnitt 5.3.2.1) sowie das Vorgehen zur Implementierung und Lösung (siehe Abschnitt 5.3.2.1) beschrieben.

5.3.2.1. Preprocessing

Zur Einbindung der einzelnen Abfallentstehungsorte im Rahmen der Optimierung kommt das in Abschnitt 5.2 dargestellte Aggregationsverfahren zur Anwendung. Zudem wird gemäß des geschilderten Vorgehens eine Standortvorauswahl für die Sammelstellen und Verwertungsanlagen getroffen. Dieses Vorgehen entspricht einer Form des Preprocessings und trägt zu einer Reduktion der Komplexität des resultierenden Planungsproblems bei.

Die durchschnittliche Entfernung zur nächstgelegenen WEEE-Sammelstelle beträgt in Deutschland ca. sechs Kilometer[3] [Harelas, 2014]. Daher wird davon ausgegangen, dass an jedem der nachfolgend berechneten Abfallentstehungsorte der Kunden eine WEEE-Sammelstelle existiert (d. h. es gilt: $M^K = C^O$). Mit Hilfe des oben beschriebenen Verfahrens lassen sich die einzelnen installierten PV-Anlagen zu 25 diskreten Abfallentstehungsorten aggregieren. Diese finden im Rahmen der Optimierung als Kundenstandorte (M^K) sowie als Standorte der WEEE-Sammelstellen Verwendung, wobei von jedem Kundenstandort $m \in M^K$ eine Lieferung zu jeder WEEE-Sammelstelle $c \in C^O$ möglich ist. Zusätzlich werden neben den drei bereits bestehenden Glasrecyclinganlagen fünf weitere potentielle Verwertungsstandorte gemäß des Verfahrens aus Abschnitt 5.2 über das Planungsgebiet verteilt. Hierbei ist zu beachten, dass an jedem Standort mehrere Verwertungsanlagen errichtet werden können. Als potentielle Standorte für die individuellen Sammelstellen werden die Standorte der bestehenden bzw. potentiellen Verwertungsanlagen verwendet. Dies entspricht häufig der Situation in der Praxis, in der Sammelstellen in räumlicher Nähe zu Verwertungsanlagen liegen. Es können jedoch Transporte von jeder Sammelstelle zu jeder Verwertungsanlage erfolgen. Die ermittelten aggregierten Kundenstandorte, Sammelstellen und potentiellen Verwertungsstandorte werden in Abbildung 5.4 dargestellt.

Da in NRW derzeit kein PV-Hersteller mehr ansässig ist, können die entsprechenden Elemente des Modells entfernt werden.

[3] Berechnung auf Grundlage der ca. 1600 bestehenden WEEE-Sammelstellen in Deutschland [Harelas, 2014].

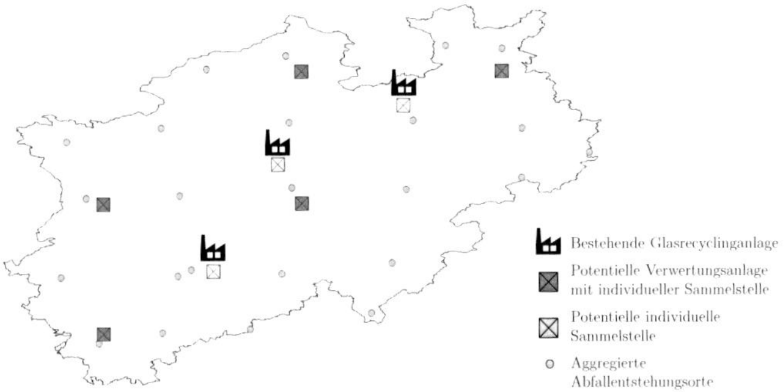

Abbildung 5.4.: Aggregierte Kundenstandorte sowie Standortvorauswahl für individuelle Sammelstellen und Verwertungsanlagen

5.3.2.2. Implementierung

Die Implementierung und Optimierung der Modelle für die strategische Netzwerkplanung der Sammlung und Verwertung von PV-Modulen erfolgt mit der Optimierungssoftware Fico Xpress. Die Modelle wurden auf einem 64 Bit Windows Rechner mit einem Arbeitsspeicher von 16 GB RAM gelöst. Eine Zusammenfassung der Größenordnung der einzelnen Modelle wird in Tabelle 5.8 dargestellt.

Tabelle 5.8.: Größe der Optimierungsmodelle der NRW-Fallstudie

Modell	Szenario separat	Hurwicz-Ansatz
Nebenbedingungen	27.978	27.985
Entscheidungsvariablen	101.984	100.273
davon ganzzahlig	3.016	3.019
Nicht-Null-Koeffizienten	316.128	882.810

Das maximal zulässige MIP-Gap wurde auf 5 % festgelegt. Wegen der Langfristigkeit von realen Standort- und Technologieentscheidungen sind Unsicherheiten in der Datenbasis unvermeidlich, daher können mögliche Abweichungen der gefundenen von der optimalen Lösung in dieser Größenordnung vernachlässigt werden [Cordeau et al., 2006]. Außerdem werden zusätzliche Nebenbedingungen für die maximale Anzahl der zu errichtenden Verwertungsstandorte hinzugefügt, die aus einer vorherigen Untersuchung der Probleminstanzen resultieren. Die Einführung dieser zusätzlichen Schranken führte zu einer deutlichen Reduzierung der Rechenzeiten. Diese liegen zwischen ca. 10 Minuten und 5 Stunden.

5.3.3. Ergebnisse

Für die Auswertung der Ergebnisse und die Analyse der Auswirkungen der verschiedenen Rohstoffpreisentwicklungen auf die Infrastrukturentscheidungen werden nachfolgend zunächst die einzelnen Szenarien ausgewertet. Im Anschluss erfolgt eine explizite ex-ante Berücksichtigung aller Szenarien mit Hilfe der robusten Erweiterung des Entscheidungsansatzes (siehe Abschnitt 4.5).

Ein großer Teil des erwarteten Abfallaufkommens kann in den drei bereits bestehenden Glasrecyclinganlagen in Nordrhein-Westfalen verwertet werden. Jedoch sind diese Anlagen nur für das Recycling von c-Si und a-Si Modulen geeignet, sodass für die CdTe und CIGS Module weitere Verwertungskapazitäten geschaffen werden müssen. In Abbildung 5.5 wird der Ausbau der Verwertungsinfrastruktur im Hinblick auf die zeitliche und geographische Entwicklung dargestellt. Wie zu erkennen ist, steigt die Anzahl der installierten Lobbe-Anlagen bei steigenden Rohstoffpreisen. Darüber hinaus lässt sich auch eine positive Entwicklung der erzielbaren NPVs mit zunehmender Rohstoffpreisentwicklung beobachten (Szenario 1: 9,5 Mio. € im Vergleich zu Szenario 3: 57,2 Mio. €). Die Ursachen für diese Entwicklungen werden nachfolgend im Detail analysiert.

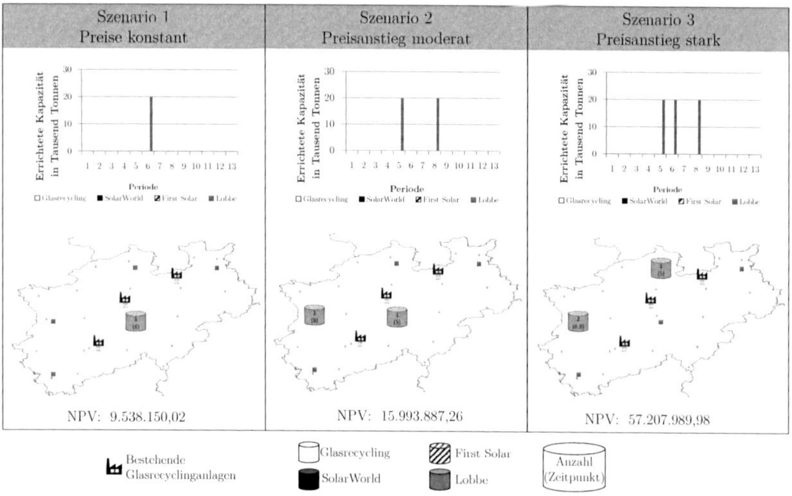

Abbildung 5.5.: Zeitlicher (oben) und geographischer (unten) Verlauf der Verwertungsinfrastrukturentwicklung je Szenario

Eine Analyse der Zusammensetzung des NPV der einzelnen Szenarien zeigt, dass der vermehrte Zubau an Lobbe-Anlagen mit höheren Investitionen und auch insgesamt höheren Auszahlungen verbunden ist. Diese werden jedoch in dem Szenario mit stärkerem Preisanstieg der Rohstoffe durch deutlich höhere Einzahlungen durch den Verkauf der Sekundärrohstoffe kompensiert (siehe Abbildung 5.6). Der größte Anteil der Auszahlungen besteht aus den variablen Zahlungen für die Verwertung. Diese steigen in Szenario 2 und 3 jedoch nur leicht im Vergleich zu Szenario 1 an.

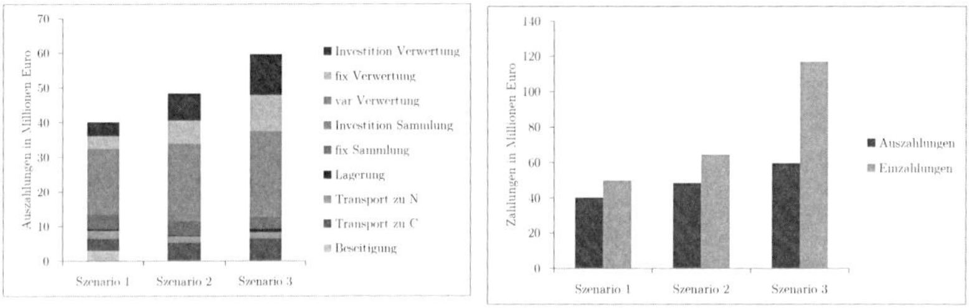

Abbildung 5.6.: Rechts: Verteilung der Auszahlungen je Szenario, links: Gesamte Aus- und Einzahlungen je Szenario (jeweils kumulierte, diskontierte Zahlungen)

Um die Ursache für die verschiedenen Höhen der Einzahlungen und damit den deutlichen Unterschieden der Zielfunktionswerte zu ermitteln, ist es notwendig, die konkreten Verwertungspfade für die einzelnen PV-Modultypen in dem jeweiligen Szenario zu betrachten. Wie in Abbildung 5.7 dargestellt, ändert sich insbesondere der Verwertungspfad der c-Si Module in Abhängigkeit von der Rohstoffpreisentwicklung.

Im ersten Szenario verwerten die bestehenden Glasrecyclinganlagen den größten Teil des Abfallaufkommens. Zur Einhaltung der vorgegebenen Verwertungs- und Recyclingquoten muss auch ein Teil der CdTe und CIGS Module verwertet werden, wobei die hierfür notwendigen Auszahlungen die erwirtschafteten Einzahlungen übersteigen[4]. Eine Alternative wäre die Verwertung mit der Anlage des Unternehmens First Solar, was jedoch einen deutlich geringeren NPV mit sich bringen würde.

Im Vergleich dazu kann bei der Preisentwicklung des zweiten Szenarios ein positiver Saldo durch den Einsatz der Lobbe-Anlagen für die Verwertung von CdTe und CIGS Modulen erzielt werden. Nicht ausgeschöpfte Kapazitäten der errichteten Anlagen werden aufgrund des höheren Deckungsbeitrages zur Verwertung von c-Si und a-Si

[4]Der NPV für die Errichtung der Lobbe Anlage in Periode 6, der Verwertung der CdTe und CIGS Module und dem Verkauf bzw. der Beseitigung der Outputfraktionen beträgt -80.398 €

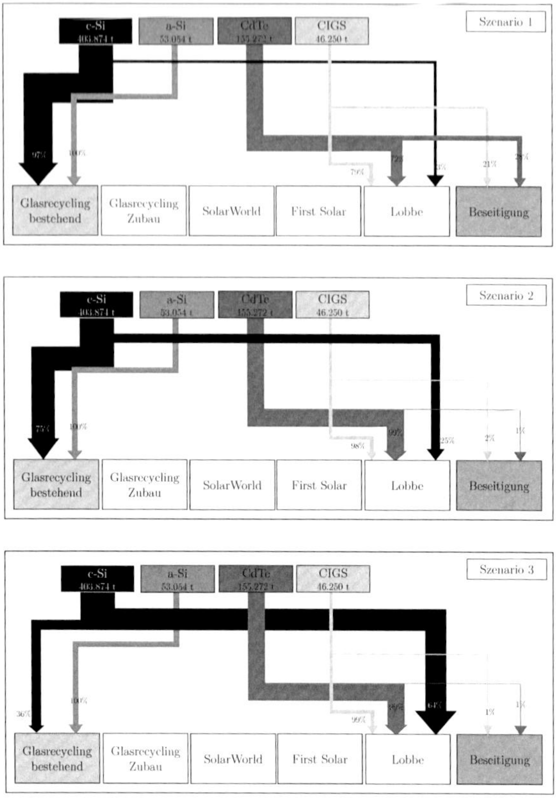

Abbildung 5.7.: Verwertungspfade je Modultyp und Szenario

Modulen herangezogen. Allerdings ist es in diesem Szenario insgesamt wirtschaftlich vorteilhafter, c-Si Module in den bestehenden Glasrecyclinganlagen zu verwerten statt weitere Lobbe-Anlagen für die Verwertung dieser Module zu errichten.

Dies ändert sich mit der Preisentwicklung des dritten Szenarios. Den Ausschlag gibt hierbei der Anstieg des Preises für Silber, das in den c-Si Modulen in geringen Mengen enthalten ist. Durch diese Entwicklung ist die Verwertung von c-Si Modulen mit der Technologie von Lobbe im dritten Szenario am vorteilhaftesten, sodass eine zusätzliche Anlage dieses Typs errichtet wird. Durch diese Änderung des Verwertungspfades lassen sich zusätzlich rund 22 Tonnen Silber zurückgewinnen (Szenario 1: ca. 11 t, Szenario 3: ca. 33 t). Abbildung 5.8 veranschaulicht die Ein- und Auszahlungen für den Verkauf bzw. die Beseitigung der in den einzelnen Szenarien zurückgewonnen Sekundärrohstoffe und Restfraktionen.

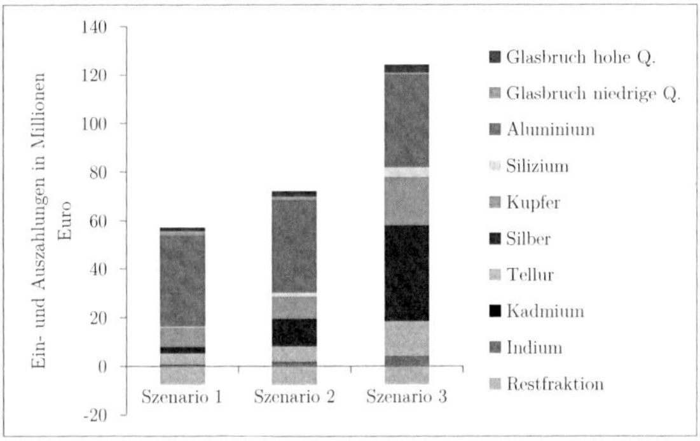

Abbildung 5.8.: Diskontierte Gesamteinzahlungen je Rohstoff und je Szenario

Die gewählten Verwertungspfade nehmen auch Einfluss auf das zu errichtende Sammelsystem. Im ersten Szenario, in dem 60 % des gesamten Abfallaufkommens über die bestehenden Glasrecyclinganlagen verwertet werden, ist die Nutzung des günstigeren WEEE-Sammelsystems[5] vorzuziehen, da für die Verwertung in diesen Anlagen keine sortenreine Sammlung erforderlich ist. Lediglich für die in der Lobbe-Anlage verwerteten Abfälle wird eine individuelle Sammelstelle errichtet, um die Modulabfälle dort sortenrein zu sammeln. Die kumulierten diskontierten Auszahlungen für das Sammelssystem betragen in diesem Szenario ca. 10 Mio. €. Dagegen sind für die Verwertung im dritten Szenario drei individuelle Sammelstellen erforderlich, wodurch die gesamten Auszahlungen auf einen Wert von ca. 12 Mio. € ansteigen. Insgesamt sind die Zahlungen für die Sammlung jedoch deutlich geringer als die für die Verwertung. Darüber hinaus ist die Konfiguration des Sammelsystems im Vergleich zur Errichtung der Verwertungsanlagen weniger schwer revidierbar, sodass diesbezüglich auch kurzfristige Anpassungen möglich wären.

Aufgrund des aufgezeigten starken Einflusses der Rohstoffpreisentwicklung auf die ökonomisch vorteilhafte Ausgestaltung eines Sammlungs- und Verwertungssystems ist es notwendig, die potentiellen Entwicklungen bereits bei der Entscheidungsfindung explizit zu berücksichtigen. Diesen Ansatz verfolgt die in Abschnitt 4.5 vorgestellte

[5] Hierbei werden bei den Zahlungen für das Sammelsystem neben den Investitionen und fixen Zahlungen je Periode auch die Transporte zu den Sammelstellen bzw. von dort zu den Verwertungsanlagen gezählt.

robuste Erweiterung des Planungsansatzes. Mit Hilfe des Hurwicz-Kriteriums werden in der Zielfunktion explizit der beste und schlechteste NPV jeder Lösung bei der Optimierung berücksichtigt. Die Wahl des Optimismusparameters λ repräsentiert hierbei die Risikoeinstellung des Entscheidungsträgers. In Abbildung 5.9 sind die Ergebnisse dieses Ansatzes für verschiedene Werte für λ zusammen mit der jeweiligen szenariooptimalen Lösung dargestellt. Durch den Vergleich der szenariooptimalen Lösung mit den Lösungen des Hurwicz-Ansatzes wird die Ausrichtung dieses Ansatzes deutlich. Bei der Wahl eines hohen Wertes für λ liegt die Lösung bei Eintreten des dritten Szenarios sehr nahe an der szenariooptimalen Lösung. Im Gegenzug wird jedoch bei Eintreten des ersten Szenarios im Vergleich zur dortigen optimalen Lösung ein deutlich geringerer NPV erzielt. Analoges gilt für andere Werte für λ. Entsprechend obliegt es dem Entscheidungsträger, zwischen den bestehenden Chancen und Risiken gemäß seiner Risikoeinstellung abzuwägen.

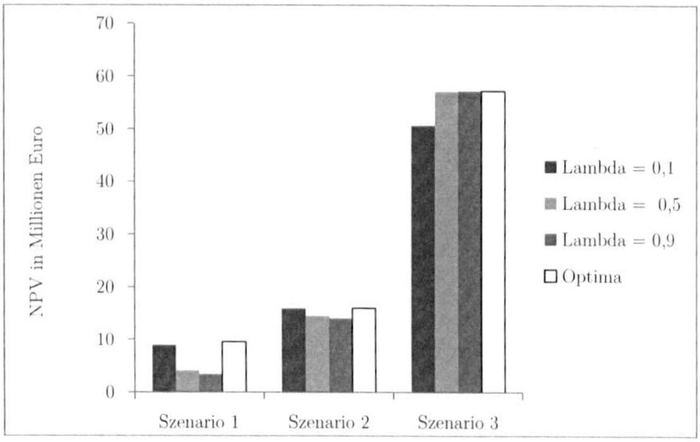

Abbildung 5.9.: Optimale Zielfunktionswerte (NPV) je Szenario sowie Ergebnisse des Hurwicz-Ansatzes bei verschiedenen Werten für λ

Bereits für die regional begrenzte Fallstudie für das Bundesland Nordrhein-Westfalen konnte gezeigt werden, dass die Rohstoffpreisentwicklung einen erheblichen Einfluss auf die ökonomisch vorteilhafte Ausgestaltung eines Netzwerkes für die Sammlung und Verwertung von PV-Modulen nimmt. Durch die spezielle Situation der drei bereits bestehenden Glasrecyclinganlagen, in denen freie Kapazitäten für die Verwertung von PV-Modulen bestehen [Seitz et al., 2013, S. 14], [Beckmann, 2012, S. 31], [green jobs Austria, 2013, S. 10], ist für NRW nur ein begrenzter weiterer Zubau notwendig. Daher wird in der nachfolgenden Fallstudie der Untersuchungsrahmen auf Deutschland ausgeweitet, um somit umfassende Aussagen für die zukünftig anstehenden Infrastrukturentscheidungen treffen zu können. Zudem werden für diesen erweiterten Rahmen

Szenariosanalysen zur Untersuchung der Auswirkungen weiterer Änderungen in den Eingangsdaten durchgeführt.

5.4. Fallstudie Deutschland

Aufgrund der Langfristigkeit des Planungshorizontes ist insbesondere die mit hohen Investitionen verbundene Technologiewahl bezüglich der Verwertungstechnologien entscheidend für die Wirtschaftlichkeit des Systems. Aus diesem Grund wird der Fokus der Fallstudie Deutschland auf die Bestimmung der ökonomisch vorteilhaften Verwertungsstrategie für jeden PV-Modultyp bei unsicherer Rohstoffpreisentwicklung gelegt. In dieser Betrachtung wird von der Implementierung eines individuellen Sammelsystems ausgegangen. Die Auswahlentscheidung für das einzusetzende Sammelsystem ist daher nicht Bestandteil der Optimierung. Dies geht mit den Überlegungen der NRW-Fallstudie einher, dass die Konfiguration des Sammelsystems deutlich leichter revidierbar ist als die Errichtung der Verwertungsanlagen. Dieses Vorgehen erlaubt eine deutliche Reduktion der Modellkomplexität.

Zur Bestimmung der optimalen Netzwerkkonfiguration ist es zunächst notwendig, die für diese Fallstudie spezifisch relevanten Daten zu erheben (Abschnitt 5.4.1). Im Anschluss erfolgt eine Anpassung des Planungsansatzes (Abschnitt 5.4.2) sowie die Darstellung und Diskussion der Ergebnisse (Abschnitt 5.4.3). Die Auswirkungen von Änderungen der Inputdaten werden abschließend im Rahmen von Szenarioanalysen untersucht (Abschnitt 5.4.4).

5.4.1. Datenermittlung Fallstudie Deutschland

Grundlegend für die Ermittlung einer geeigneten Sammlungs- und Verwertungsinfrastruktur ist die Abschätzung des Abfallaufkommens bei den Kunden und Herstellern. Abbildung 5.10 visualisiert die geographische Verteilung der in Deutschland insgesamt installierten Leistung sowie die Standorte der verschiedenen PV-Hersteller. Wie in der Abbildung ersichtlich, wurde aufgrund der stärkeren Sonneneinstrahlung der größte Anteil der PV-Module in Bayern und Baden-Württemberg installiert (vgl. hierzu auch [Dirr et al., 2014]).

Wie bereits in der vorherigen Fallstudie erläutert, ist neben der räumlichen Verteilung auch die zeitliche Verteilung der PV Installationen für die Abschätzung des Abfallaufkommens wesentlich. Die zeitliche Entwicklung des zu erwartenden Abfallaufkommens

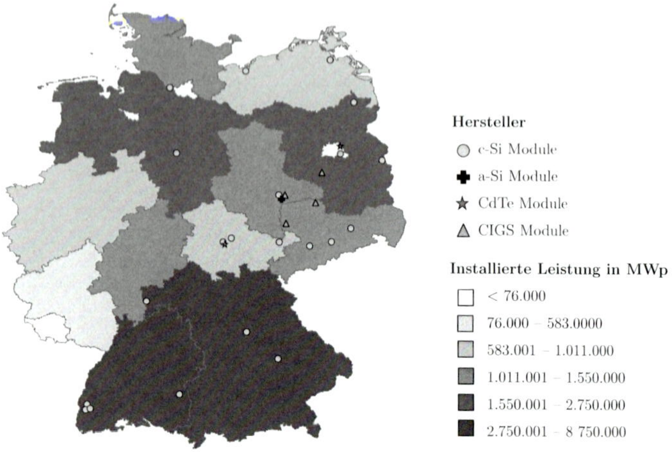

Abbildung 5.10.: Insgesamt im Zeitraum 1990 bis 2013 installierte PV-Leistung je Bundesland sowie Standorte der PV-Hersteller

für Deutschland wurde bereits in Abschnitt 2.1.3.4 auf Basis der Anlagendaten der Energie-Map [Deutsche Gesellschaft für Sonnenenergie e. V., 2015] abgeleitet und wird im Rahmen der Fallstudie verwendet. Die weiteren Schritte der Abschätzung der zeitlichen und geographischen Verteilung des Abfallaufkommens werden analog zur NRW-Fallstudie durchgeführt. Aufgrund der starken Abweichungen der Prognosen für den weiteren Zubau werden hierbei in dieser Fallstudie zwei deutlich voneinander abweichende Szenarien verglichen (siehe Abschnitt 2.1.3.4).

Ebenfalls sind analog zur NRW-Fallstudie die Distanzmatrizen zwischen den einzelnen Abfallentstehungsorten sowie den Sammelstellen bzw. Verwertungsanlagen zu ermitteln. Dazu werden nachfolgend die aggregierten Abfallentstehungsorte der Kunden sowie die Standortvorauswahl für die potentiellen Sammelstellen und Verwertungsanlagen auf Basis des Verfahrens aus Abschnitt 5.2 bestimmt. Zunächst wird jedoch auf die notwendigen Modellanpassungen näher eingegangen.

5.4.2. Modellanpassung und Preprocessing

Aufgrund des veränderten Schwerpunktes im Vergleich zur Fallstudie NRW sind einige Anpassungen des Planungsmodells notwendig. Diese werden im Nachfolgenden dargelegt, bevor im Anschluss auf die Datenaggregation und Standortvorauswahl sowie die

Implementierung und Lösung eingegangen wird.

Durch die Annahme der Errichtung eines individuellen Sammelsystems können alle Elemente des öffentlichen Sammelsystems aus dem Modell entfernt werden. Analog zur NRW-Fallstudie befinden sich die Standorte der individuellen Sammelstellen in unmittelbarer räumlicher Nähe zu den Verwertungsstandorten. Allerdings wird hier davon ausgegangen, dass Abfälle, die zu einer bestimmten Sammelstelle geliefert werden, nur an dem zugehörigen Verwertungsstandort verwertet werden können. Hierdurch entfallen $C^I \times N$ Transportvariablen. Für die entsprechenden Indexmengen C^I und N bedeutet dies, dass es eine eindeutige Zuweisung zwischen beiden gibt. Konkret heißt dies $c = 1$ entspricht $n = 1$. Durch die weitere Einschränkung, dass alle Abfälle zu einer Sammelstelle geliefert werden müssen, unterscheidet sich die Behandlung der Abfälle der Hersteller nicht mehr von denen der Kunden[6]. Dies ermöglicht die Betrachtung über eine aggregierte Menge aller Abfallentstehungsorte M, wobei für M gilt: $M = M^K \cup M^H$. Unter Verwendung der in Tabelle 5.9 angegebenen Notation verändert sich die Modellformulierung wie folgt.

Tabelle 5.9.: Änderung in der Notation für Fallstudie Deutschland

Notation		
A_{mpt} :	Abfallaufkommen am Abfallentstehungsort $m \in M$ von PV-Modultyp p in Periode t	[t/a]
x^{MC}_{mcpt} :	Abfallmenge, die von Abfallentstehungsort $m \in M$ zur Sammelstelle $c \in C^I$ an PV-Modultyp p in Periode t transportiert wird	[t/a]
x^{C}_{cpqt} :	Abfallmenge, die an Sammelstelle $c \in C^I$ an Modultyp p in Qualität q in Periode t gesammelt wird	[t/a]

Im Unterschied zum Grundmodell (siehe Abschnitt 4.4) müssen nur noch die Transporte von den Kunden bzw. Herstellern zu den Sammelstellen zur Berechnung der Transportzahlungen in der Zielfunktion berücksichtigt werden. Demnach ändert sich die entsprechende Zielfunktionskomponente wie folgt:

$$C^T_t := \sum_{p \in P} \sum_{c \in C_I} \left(\sum_{m \in M^K} D^{KC}_{mc} \cdot T^{KC} \cdot x^{MC}_{mcpt} + \sum_{m \in M^H} D^{HC}_{mc} \cdot T^{HC} \cdot x^{MC}_{mcpt} \right). \tag{5.2}$$

[6]Im Grundmodell besteht für die Hersteller sowohl die Möglichkeit ihre Abfälle direkt zu den Verwertungsstandorten als auch zu einer individuellen Sammelstelle zu liefern.

Zudem ergeben sich die folgenden Veränderungen der Massenbilanzen. Der Abtransport des Abfallaufkommens kann aggregiert über die Menge M aller Abfallentstehungsorte betrachtet werden und muss nicht mehr nach Herstellern bzw. Kunden differenziert werden.

$$A_{mpt} = \sum_{c \in C^I} x^{MC}_{mcpt} \qquad \forall m \in M, p \in P, t \in T \tag{5.3}$$

Entsprechend wird das gesamte Abfallaufkommen zu den individuellen Sammelstellen transportiert und dort in einer bestimmten Qualität q gesammelt.

$$\sum_{m \in M} x^{MC}_{mcpt} = \sum_{q \in Q} x^{C}_{cpqt} \qquad \forall c \in C^I, p \in P, t \in T \tag{5.4}$$

Analog zum Grundmodell gilt für die betrachtete Situation ebenfalls die Einhaltung der Lagerbilanzgleichungen an den individuellen Sammelstellen. Wie oben beschrieben, wird davon ausgegangen, dass sich die Verwertungsanlagen in unmittelbarer räumlicher Nähe zu den Sammelstellen befinden (d. h. es gilt: $c = n$), sodass hier keine weiteren Transporte zu berücksichtigen sind. Demnach ergibt sich die Lagerbilanzgleichung der Sammelstellen wie folgt:

$$\begin{aligned} & x^{C}_{cpqt} - b_{cpqt} + b_{cpq(t-1)} \\ & \quad = \sum_{r \in R} \sum_{g \in G} x^{V}_{nrgpqt} + x^{Bes}_{crgpqt} \quad \forall c \in C^I, n \in N, c = n, p \in P, q \in Q, t \in T \end{aligned} \tag{5.5}$$

Zur Anwendung des in Abschnitt 4.4 vorgestellten Planungsansatzes auf die Fallstudie Deutschland werden im Rahmen eines Preprocessings die einzelnen installierten PV-Anlagen zu 50 diskreten Abfallentstehungsorten aggregiert. Diese werden bei der Optimierung als Kundenstandorte (M^K) verwendet. Zusätzlich werden neben den sieben bereits bestehenden Glasrecyclinganlagen acht weitere potentielle Recyclingstandorte gemäß des Verfahrens aus Abschnitt 5.2 über das Planungsgebiet verteilt, wobei an jedem Standort mehrere Verwertungsanlagen errichtet werden können. Die ermittelten aggregierten Kundenstandorte sowie potentiellen Recyclingstandorte zeigt Abbildung 5.11.

Die Implementierung und Optimierung der Modelle für die strategische Netzwerkplanung der Sammlung und Verwertung von PV-Modulen erfolgt auch für die Fallstudie Deutschland mit der Optimierungssoftware Fico Xpress. Die Modelle wurden auf einem 64 Bit Windows Rechner mit einem Arbeitsspeicher von 16 GB RAM gelöst. Eine

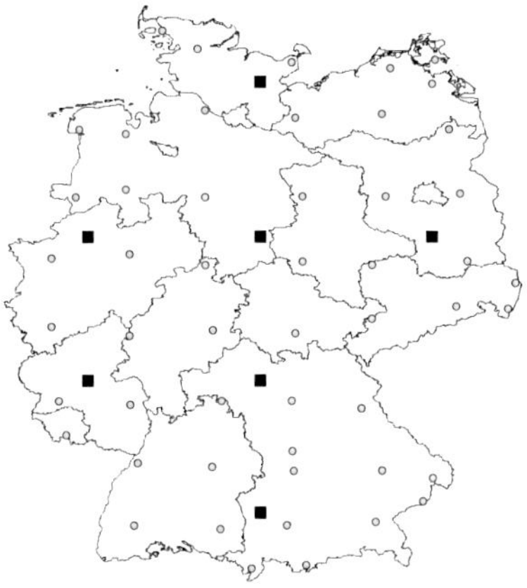

Abbildung 5.11.: Aggregierte Kundenstandorte (graue Kreise) sowie Standortvorauswahl für Sammelstellen bzw. Verwertungsanlagen (schwarze Vierecke)

Zusammenfassung der Größenordnung der einzelnen Modelle wird in Tabelle 5.11 dargestellt.

Tabelle 5.11.: Größe der Optimierungsmodelle der Fallstudie Deutschland

Modell	Szenario separat	Hurwicz-Ansatz
Nebenbedingungen	20.818	20.829
Entscheidungsvariablen	117.315	117.320
davon ganzzahlig	3.900	3.903
Nicht-Null-Koeffizienten	346.293	990.585

Das maximal zulässige MIP-Gap wurde auf 5 % festgelegt. Wegen der Langfristigkeit von realen Standort- und Technologieentscheidungen sind Unsicherheiten in der Datenbasis unvermeidlich, daher können mögliche Abweichungen der gefundenen von der optimalen Lösung in dieser Größenordnung vernachlässigt werden [Cordeau et al., 2006]. Außerdem werden zusätzliche Nebenbedingungen für die maximale Anzahl der zu errichtenden Verwertungsstandorte hinzugefügt, die aus einer vorherigen Untersuchung der Probleminstanzen resultieren. Die erforderlichen Rechenzeiten der Planungsmodelle liegen zwischen ca. 1,5 Stunden und mehreren Tagen.

5.4.3. Ergebnisse

Die Auswertung der einzelnen Szenarien zeigt wiederum, dass die Entscheidungen über die installierten Recyclingtechnologien und die damit verbundenen Verwertungspfade je PV-Modultyp von der Rohstoffpreisentwicklung abhängig sind. Die gewählte Verwertungsinfrastruktur je Szenario wird in Abbildung 5.12 dargestellt. Bei der dargestellten zeitlichen Entwicklung des Kapazitätszubaus (siehe Abbildung 5.12, oben) wird deutlich, dass dieser in allen Szenarien der Entwicklung des Abfallaufkommens folgt.

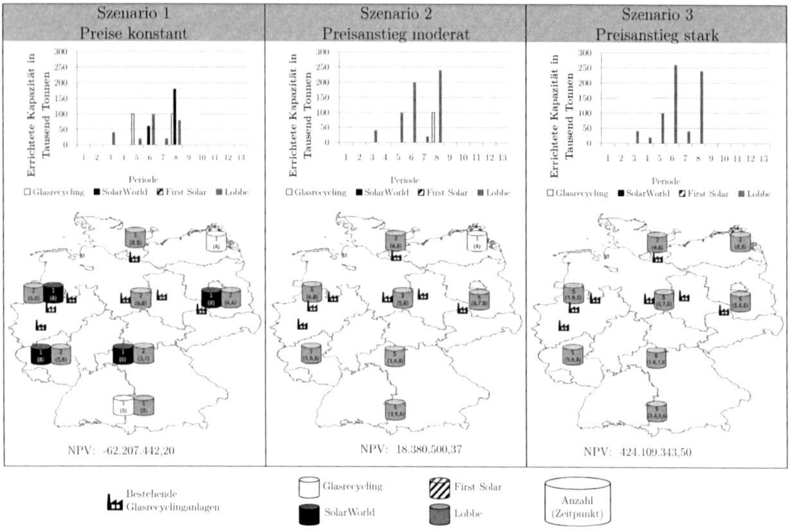

Abbildung 5.12.: Zeitlicher (oben) und geographischer (unten) Verlauf der Verwertungsinfrastrukturentwicklung je Szenario

Insgesamt werden in allen Szenarien Recyclinganlagen mit einer Gesamtkapazität von 700.000 Tonnen installiert, die sich jedoch unterschiedlich auf die einzelnen Technologien verteilen (siehe Tabelle 5.12 sowie Abbildung 5.12). Zu Beginn des Planungshorizontes werden die bestehenden Glasrecyclinganlagen genutzt. Mit dem Anstieg des Abfallaufkommens wird ein weiterer Zubau erforderlich. Während hierbei in Szenario 1 stärker in Glasrecyclinganlagen und Anlagen der Firma SolarWorld investiert wird, werden in Szenario 2 und 3 verstärkt Anlagen basierend auf der fortschrittlichen Recyclingtechnologie der Firma Lobbe errichtet.

Tabelle 5.12.: Prozentuale Verteilung der installierten Kapazitäten auf die einzelnen Recyclingtechnologien

Verwertungstechnologie	Szenario 1	Szenario 2	Szenario 3
Glasrecycling	28,57 %	14,29 %	0 %
SolarWorld	34,29 %	0 %	0 %
First Solar	0 %	0 %	0 %
Lobbe	37,14 %	85,71 %	100 %

Ein deutlicher Unterschied zeigt sich bei Auswertung des NPVs der einzelnen Szenarien. Während sich in Szenario 1 ein negativer NPV von ca. -62. Mio. € ergibt, fällt dieser in Szenario 2 mit rund 18 Mio. € leicht bzw. in Szenario 3 mit etwa 424 Mio. € sehr positiv aus. Wie in Abbildung 5.13 links ersichtlich, ist die Zusammensetzung der Auszahlungen in allen Szenarien ähnlich. Deutliche Unterschiede ergeben sich jedoch bei den erwirtschafteten Einzahlungen durch den Verkauf der wiedergewonnenen Rohstoffe (Abbildung 5.13, rechts). Hierbei nehmen die einzelnen Verwertungspfade für jeden PV-Modultyp einen wesentlichen Einfluss, der nachfolgend näher untersucht wird.

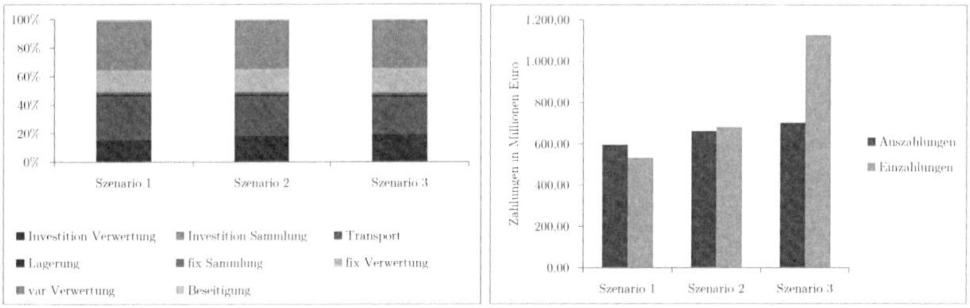

Abbildung 5.13.: Rechts: Prozentuale Verteilung der Auszahlungen je Szenario, links: Gesamte Aus- und Einzahlungen je Szenario (jeweils kumulierte, diskontierte Zahlungen)

Abbildung 5.14 visualisiert die Verwertungspfade der einzelnen Modultypen in den einzelnen Szenarien mit Hilfe jeweils eines Sanky-Diagramms. Es zeigt sich, dass sich wie bereits in der Fallstudie NRW insbesondere für die c-Si Module, die auch in Bezug auf die Masse des gesamten Abfallaufkommens den größten Anteil stellen, der optimale Verwertungspfad in Abhängigkeit von der Rohstoffpreisentwicklung ändert. Im ersten Szenario werden 92 % der c-Si Module mit dem einfachen Glasrecyclingverfahren bzw. dem Verfahren von SolarWorld verwertet. Dagegen ändert sich im dritten Szenario der gewählte Verwertungspfad für einen Großteil dieser Module. Insgesamt 80 % der c-Si

Module werden in diesem Szenario in einer Lobbe-Anlage verwertet. Dies hat zur Folge, dass im dritten Szenario rund 200 Tonnen mehr Silber zurückgewonnen werden als in Szenario 1 (Szenario 1: ca. 140 t, Szenario 3: ca. 340 t). Dies entspricht in Szenario 1 einem Wert von ca. 35 Mio. € im Vergleich zu 409 Mio € in Szenario 3, wobei die Preisentwicklung des jeweiligen Szenarios berücksichtigt wird.

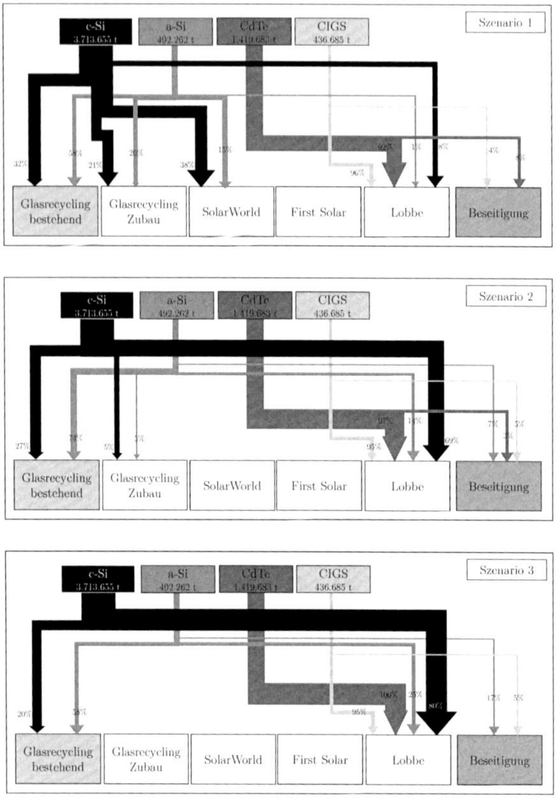

Abbildung 5.14.: Verwertungspfade je Modultyp

Die Verwertung der CdTe und CIGS Module erfolgt in allen Szenarien mit Hilfe des Verfahrens von Lobbe. Das Verfahren des Unternehmens First Solar wird in keinem Szenario eingesetzt. Es zeigt sich, dass der Einsatz dieses speziell für die Verwertung der CdTe Module entwickelten Verfahrens wirtschaftlich nicht sinnvoll ist, da selbst bei voller Auslastung die Auszahlungen die sich ergebenden Einzahlungen in jeder

Periode übersteigen. Dieser Effekt wird im dritten Szenario etwas abgemildert, bleibt aber weiterhin bestehen.

Bei der ausschließlichen Verwertung von CdTe und CIGS Modulen ist das Verfahren von Lobbe im ersten Szenario bei voller Auslastung erst nach neun bzw. zehn Perioden wirtschaftlich. Entsprechend ist hier, wie bereits in der Fallstudie NRW, teilweise die Einhaltung der geforderten Verwertungs- und Recyclingquoten ausschlaggebend für die Verwertung. Dies führt dazu, dass im ersten Szenario die Masse der insgesamt beseitigten Module am größten ist (136.519 t im Vergleich zu 92.399 t in Szenario 2 und 110.093 t in Szenario 3).

Durch eine detaillierte Analyse der Einzahlungen können diese auf den Verkauf der einzelnen Rohstoffe aufgeschlüsselt werden (siehe Abbildung 5.15). Wie bereits oben erwähnt, ist insbesondere die Silberpreisentwicklung ausschlaggebend für den gewählten Verwertungspfad der c-Si Module und nimmt somit wesentlichen Einfluss auf die zu errichtenden Verwertungsanlagen (siehe Abbildung 5.14).

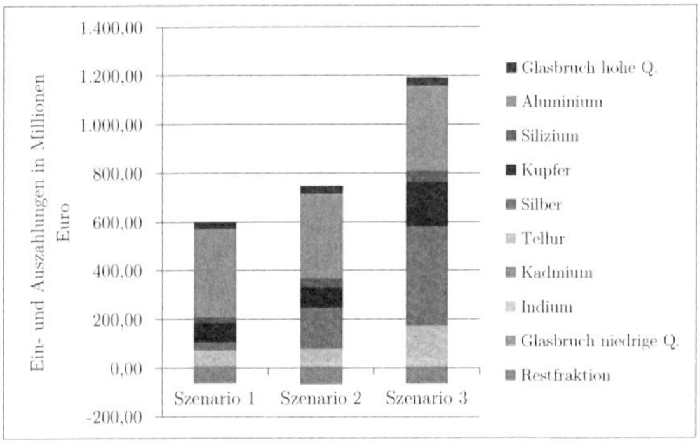

Abbildung 5.15.: Diskontierte Gesamteinzahlungen je Rohstoff und je Szenario

Tabelle 5.13 fasst die jeweiligen Massen der zurückgewonnenen Rohstoffe im Einzelnen zusammen.

Aufgrund des gezeigten starken Einflusses der Rohstoffpreisentwicklung auf die optimalen Verwertungspfade der einzelnen Modultypen ist es wesentlich, diese Unsicherheit bereits bei der Planung explizit zu berücksichtigen. Hierzu wird, wie in Kapitel 4 geschildert, ein robuster Entscheidungsansatz mittels des Hurwicz-Kriteriums eingesetzt. Ein Vergleich der Ergebnisse dieses Ansatzes mit verschiedenen Werten für den Optimismusparameter λ mit den jeweiligen szenariooptimalen Lösungen wird in Abbildung 5.16 dargestellt. Gemäß der Ausrichtung des Ansatzes ist ähnlich zur

Tabelle 5.13.: Wiedergewonnene Massenanteile je Rohstoff und Szenario in Tonnen (gerundet)

Rohstoff	Szenario 1	Szenario 2	Szenario 3
Glasbruch hohe Qualität	2.638.414	3.133.776	3.469.144
Glasbruch niedrige Qualität	1.553.166	1.024.834	677.440
Aluminium	572.335	548.844	545.281
Silizium	51.711	80.625	94.181
Kupfer	34.512	36.228	36.531
Silber	139	308	343
Tellur	820	869	892
Kadmium	820	869	892
Indium	38	37	37
Restfraktion	1.073.810	1.143.495	1.127.452

NRW-Fallstudie zu erkennen, dass bei einem niedrigen Wert für λ das Ergebnis bei Eintreten des ersten Szenarios sehr nahe an der szenariooptimalen Lösung für Szenario 1 liegt. Analoges gilt für die Wahl eines hohen Wertes für λ beim Eintreten von Szenario 3. Dementsprechend sollte der Optimismusparameter λ gemäß der Risikoeinstellung des Entscheidungsträgers gewählt werden. Ein risikoscheuer Entscheider wählt einen niedrigen Wert, um die Verluste bei Eintreten des ersten Szenarios zu begrenzen. Dies führt jedoch gleichzeitig dazu, dass der potentiell mögliche Gewinn bei Eintreten des dritten Szenarios nicht erreicht werden kann. Dies gilt analog für den umgekehrten Fall.

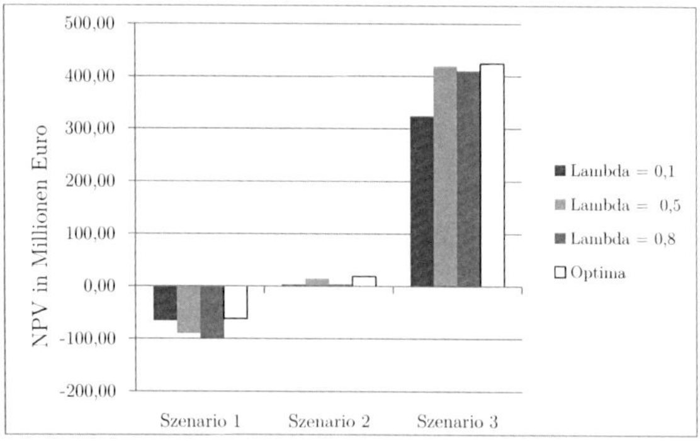

Abbildung 5.16.: Optimale Zielfunktionswerte (NPV) je Szenario sowie Ergebnisse des Hurwicz-Ansatzes bei verschiedenen Werten für λ

5.4.4. Szenarioanalyse

Wie eingangs geschildert, stehen derzeit nicht alle planungsrelevanten Daten zur Verfügung bzw. können exakt prognostiziert werden. Entsprechend werden die Ergebnisse dreier ausgewählter Szenarioanalysen nachfolgend geschildert. Zunächst werden die Auswirkungen eines deutlich höheren Abfallaufkommens untersucht, bevor die Wirkung von Veränderungen der betriebswirtschaftlichen sowie technischen Daten der Verwertungsanlagen analysiert werden.

Ausschlaggebend für den Kapazitätszubau des Sammlungs- und Verwertungsnetzwerkes ist der erwartete Anstieg des Abfallaufkommens. Wie in Abschnitt 2.1.3.4 dargestellt, bestehen hierbei große Abweichungen zwischen verschiedenen Prognosen für den weiteren Zubau. Die bisherigen Analysen wurden auf Basis der Prognose nach [Dirr et al., 2014] durchgeführt, da diese die aktuell gültige EEG Richtlinie berücksichtigt und die derzeitige Entwicklung korrekt abbildet. Um die Auswirkungen eines deutlich erhöhten Abfallaufkommens zu analysieren, erfolgt im Rahmen der ersten Szenarioanalyse die Schätzung des Abfallaufkommens auf Basis der Prognose des weiteren Zubaus nach [Masson et al., 2014, S. 31] und [Monier und Hestin, 2011, S. 49] (siehe Abschnitt 2.1.3.4, Abbildung 2.11). Die Analyse zeigt die Auswirkungen auf die notwendigen Verwertungskapazitäten sowie den NPV in den verschiedenen Szenarien. Insgesamt werden zusätzliche Anlagen mit einer Kapazität 120.000 t errichtet. Da der in dieser Analyse berücksichtigten Abfallprognose die gleichen Daten bezüglich der vergangenen bzw. Prognosen bezüglich der zukünftigen Marktanteile der einzelnen PV-Modultypen zugrunde liegen, bleiben die Aussagen in Bezug auf die vorteilhaften Verwertungspfade für die einzelnen Modultypen erhalten. Demnach ist es im ersten Szenario nach wie vor vorteilhaft, Glasrecycling und SolarWorld Anlagen für c-Si und a-Si Module einzusetzen sowie Anlagen der Firma Lobbe für die Verwertung von CdTe und CIGS Modulen. Im dritten Szenario dagegen werden nur Lobbe-Anlagen zugebaut. Entsprechend weisen die Zielfunktionswerte der einzelnen szenariooptimalen Lösungen eine ähnliche Struktur wie die obige Betrachtung auf, die jedoch wegen des höheren Aufkommens extremer ausfallen (NPV Szenario 1: −113 Mio. € im Vergleich zu NPV Szenario 3: 524 Mio. €).

Neben dem erwarteten Abfallaufkommen sind auch viele der entscheidungsrelevanten betriebswirtschaftlichen Daten derzeit nur grob abschätzbar. Aufgrund des großen Anteils der Investitionen sowie der variablen und fixen Auszahlungen für den Betrieb der Verwertungsanlagen (siehe Abbildung 5.13) werden auch für diese Daten Szenarioanalysen durchgeführt. Hierbei wird exemplarisch die Auswertung einer Änderung der betriebswirtschaftlichen Daten bei der Verwertungstechnologie des Unternehmens

Lobbe analysiert. Untersucht werden die Auswirkungen einer 20 %-igen Erhöhung der zugehörigen Zahlungen. Diese werden in Tabelle 5.14 zusammenfassend dargestellt.

Tabelle 5.14.: Betriebswirtschaftliche Daten bei einer Verteuerung der Verwertungsanlage Lobbe

Zahlung	Kapaziätsklasse	Ausgangsdaten	Erhöhte Zahlungen (+20 %)
Investition	5.000 [t/a]	4.767.664 €	5.721.197 €
	10.000 [t/a]	7.226.428 €	8.671.713 €
Fixe Zahlungen	5.000 [t/a]	2.025.397 €	1.687.831 €
	10.000 [t/a]	1.336.264 €	1.113.553 €
Variable Zahlungen	5.000 [t/a]	120 €	144 €
	10.000 [t/a]	100 €	120 €

Die Ergebnisse zeigen, dass im dritten Szenario keine wesentlichen Veränderungen auftreten. Der Grund hierfür liegt darin, dass der starke Anstieg des Silberpreises auch die gestiegenen Auszahlungen für die Errichtung und den Betrieb der Lobbe Anlagen kompensiert. Deutliche Änderungen zeigen sich jedoch bei der Auswertung des ersten Szenarios. Hierbei wird ein deutlich höherer Anteil des Abfallaufkommens beseitigt (273.564 t gegenüber vorher 136.519 t). Bei den beseitigten Modulen handelt es sich jeweils um die etwa doppelte Menge an a-Si, CdTe und CIGS Modulen. Zudem wird ein deutlich geringerer Anteil der c-Si Module mittels der Technologie von Lobbe verwertet (55.068 t gegenüber vorher 298.540 t). In Summe werden durch diese Änderungen zwei Lobbe-Anlagen weniger errichtet.

Auch bei den planungsrelevanten technischen Daten sind derzeit aufgrund des frühen Entwicklungsstadiums der fortschrittlichen Verwertungstechnologien einige Daten mit Unsicherheit behaftet. Hierbei ist insbesondere die Frage von Interesse, ob die Technologien von First Solar und Lobbe auch auf größere Kapazitätsklassen hochskaliert werden können und inwieweit die damit erzielbaren Skaleneffekte die Wirtschaftlichkeit dieser Anlagen beeinflussen. Da eine technische Beurteilung dieses Sachverhaltes nicht Gegenstand der Arbeit ist, wird die nachfolgende Szenariosanalyse auf die Untersuchung der Veränderung der Wirtschaftlichkeit der Anlagen beschränkt. Hierfür werden für beide Technologien Anlagen mit einer Kapazität von 30.000 t pro Jahr betrachtet. Die zugehörigen Daten werden analog zum Vorgehen in Abschnitt 5.1.2 erhoben und in Tabelle 5.15 dargestellt.

Die Ergebnisse zeigen, dass dieser Anlagentyp die Wirtschaftlichkeit des Verfahrens von Lobbe deutlich steigert. So werden im dritten Szenario anstelle von 35 Anlagen

Tabelle 5.15.: Betriebswirtschaftliche Daten für Anlagen mit einer jährlichen Kapazität von 30.000 t

Verwertungs-technologie	Investition [€]	Anteil fixe Zahlungen an Investition [%]	Jährliche fixe betriebsbedingte Zahlungen [€/a]	Variable Zahlungen Verwertung [€/t]
First Solar	9.412.005	10,7 %	1.006.708	119
Lobbe	13.970.000	11,5 %	1.607.332	100

der Anlagen mit einer Kapazität von 10.000 Tonnen 13 Anlagen mit einer Kapazität von jeweils 30.000 Tonnen errichtet. Dies hat zur Folge, dass die Zahlungen für die Errichtung und den Betrieb der Anlagen von ca. 257 Mio.€ auf ca. 224 Mio.€ sinken. Trotz des Anstieges der Auszahlungen für Transporte steigt der NPV insgesamt um ca. 23 Mio.€ auf einen Betrag von 447 Mio.€. Ein ähnliches Ergebnis ergibt sich für die anderen beiden Szenarien, wobei sich die optimalen Verwertungspfade im Vergleich zu der obigen Auswertung nicht ändern. Die Verwertungstechnologie von First Solar wird auch in dieser Kapazitätsklasse nicht eingesetzt, weil sie nach wie vor nicht wirtschaftlich arbeitet. Dies liegt darin begründet, dass die sich ergebenden Einzahlungen zu gering sind, um die notwendigen Auszahlungen zu kompensieren. Lediglich bei der Preisentwicklung des dritten Szenarios wird unter der Annahme der Errichtung der Anlage in der ersten Periode und voller Auslastung über den gesamten Planungshorizont für jede First Solar Anlage ein positiver NPV (ca. 4 Mio. €) erzielt. Dieser ist jedoch so gering, dass es deutlich lohnender ist, die CdTe-Module mit der Technologie von Lobbe zu verwerten. Aus den Ergebnissen der beiden Fallstudien werden nachfolgend Handlungsindikationen abgeleitet.

5.5. Handlungsempfehlungen für die Sammlung und Verwertung von PV-Modulen

Aufgrund der veränderten gesetzlichen Rahmenbedingungen ist die Frage des Umgangs mit ausgedienten PV-Modulen von großer Aktualität. Hierbei lassen sich einzelne Akteure identifizieren, die in die resultierenden Entscheidungen zur Ausgestaltung der Sammlungs- und Verwertungsinfrastruktur für PV-Module involviert sind und unterschiedliche Motive verfolgen. Auf Basis der Erkenntnisse aus den vorangegangenen Fallstudien werden Handlungsempfehlungen für die einzelnen Anspruchsgruppen abgeleitet. Im Einzelnen werden nachfolgend potentielle Investoren, PV-Hersteller, Entscheidungsträger aus Forschung und Entwicklung sowie politische Entscheidungsträger betrachtet.

5.5.1. Handlungsempfehlungen an potentielle Investoren

Die Bewertung der Investition in eine Verwertungsanlage wird aus Sicht eines potentiellen Investors rein auf Basis monetärer Entscheidungsgrößen getroffen. Hierbei umfasst die Entscheidung neben der Wahl der errichteten Verwertungstechnologie auch die Steuerung der verwerteten PV-Modultypen. Somit sind hierbei, im Gegensatz zur obigen Betrachtung aus Gesamtsystemsicht, lediglich die der errichteten Anlage zuzurechnenden Zahlungsströme entscheidungsrelevant.

Auf Basis der in den Fallstudien betrachteten betriebswirtschaftlichen Daten zeigen die Ergebnisse, dass im Falle steigender Rohstoff- und insbesondere Silberpreise der Einsatz fortschrittlicher Technologien – wie z. B. der Anlage von Lobbe – für die Verwertung der c-Si, CdTe und CIGS PV-Modultypen vorteilhaft sein könnte. Hierbei sind Technologien von besonderem Interesse, die universell auf verschiedene Modultypen angewendet werden können und die die verschiedenen kritischen Rohstoffe zurückgewinnen können. Da die obigen Ergebnisse auf ersten groben Schätzungen beruhen, ist eine detaillierte Erhebungen der entscheidungsrelevanten betriebswirtschaftlichen Daten zur genaueren Abschätzung des wirtschaftlichen Potentials dieser Anlagen erforderlich. Dennoch zeigen die Analysen am Beispiel der Anlage der Firma Lobbe, dass diese Technologie auch bei einer Erhöhung der erforderlichen Zahlungen um bis zu 20 % eine vorteilhafte Alternative darstellt. Darüber hinaus kann durch den Einsatz von fortschrittlichen Verwertungsanlagen mit einer höheren Kapazität – bei Erreichung entsprechender Skaleneffekte – im Falle steigender Rohstoffpreise eine weitere Steigerung des NPVs erreicht werden.

Auch im Falle konstanter Rohstoffpreise bietet die Errichtung einer fortschrittlichen Verwertungsanlage die Chance durch die Verwertung von c-Si, CdTe und CIGS Modulen und dem Verkauf der wiedergewonnenen Outputfraktionen einen positiven NPV zu erwirtschaften. Allerdings lässt sich im Falle gleichbleibender Rohstoffpreise bereits mit einer einfachen Verwertungstechnologie – wie den teilweise bereits bestehenden Glasrecyclinganlagen – bei voller Auslastung für die Verwertung der c-Si Module ein höherer NPV erzielen. Durch den Verzicht auf die Wiedergewinnung der kritischen Rohstoffe wird dadurch jedoch auch die Möglichkeit genommen, bei einer entsprechenden Preissteigerung eine Erhöhung der Erlöse zu realisieren. Diese Strategie entspricht demnach der Einstellung eines risikoaversen Entscheidungsträgers. A-Si Module bieten generell aufgrund der geringen Menge enthaltener kritischer, aber auch weniger kritischer Rohstoffe wie Aluminium und Kupfer nur ein geringes wirtschaftliches Potential und sind daher für Investoren weniger von Interesse.

Neben einer erforderlichen detaillierten Analyse der entscheidungsrelevanten betriebswirtschaftlichen Daten für eine fundierte Investitionsentscheidung ist die Abschätzung der Auslastung der Anlagen wesentlich für das Ergebnis. Aufgrund des anfänglich geringen und erst nach und nach ansteigenden Abfallaufkommens sollte daher der Ausbau der Verwertungskapazitäten zeitlich gestaffelt erfolgen. Dies bietet zudem die Möglichkeit, neue Informationen bezüglich der Rohstoffpreisentwicklung, aber auch des Abfallaufkommens sowie der geltenden gesetzlichen Rahmenbedingungen zu berücksichtigen und dadurch die finanziellen Risiken zu reduzieren.

5.5.2. Handlungsempfehlungen an Hersteller von PV-Modulen

Auf Basis der geänderten rechtlichen Rahmenbedingungen obliegt den Herstellern von PV-Modulen die Verantwortung für die Sammlung und Verwertung ihrer Produkte. Demnach sind die Hersteller verpflichtet die PV-Module bei den Sammelstellen abzuholen und die weitere Verwertung zu übernehmen bzw. in Auftrag zu geben (siehe Abschnitt 2.2). Entsprechend liegt sowohl die Ausgestaltung eines effizienten Sammelsystems als auch einer entsprechenden Verwertungsinfrastruktur im Interesse der Hersteller.

Aufgrund der Vorgabe inputbasierter Verwertungs- und Recyclingquoten stellt deren Einhaltung keine Restriktion bezüglich der einzusetzenden Technologien dar. Daher können die Hersteller frei unter den verfügbaren Verwertungstechnologien wählen. Entsprechend decken sich die Empfehlungen mit denen für potentielle Investoren. Die Ausgestaltung des Sammelsystems ist dabei auf die angestrebte Verwertungsinfrastruktur anzupassen. Für den Einsatz fortschrittlicher Verwertungstechnologien ist es notwendig, die Module sortenrein zu trennen, was nur durch die Errichtung eines individuellen Sammelsystems ermöglicht werden kann. Für diesen Fall sollte ein kollektives Sammelsystem der Hersteller genutzt werden, wie es bereits von PV-Cycle angestrebt wird, um Synergien zu schaffen und den Aufwand für die einzelnen Hersteller zu minimieren.

Zudem haben die Hersteller die Möglichkeit durch die Berücksichtigung des Aspektes der Verwertung bereits bei der Entwicklung und dem Design der PV-Module, zu einer Verringerung des Aufwandes für die Verwertung und damit einer Verbesserung der

Wirtschaftlichkeit des Systems beizutragen.

5.5.3. Handlungsempfehlungen an Forschung und Entwicklung

Aus Sicht eines Entscheidungsträgers aus dem Bereich der Forschung und Entwicklung stellt sich die Frage, an welchen Verwertungstechnologien und mit welcher Ausrichtung die weitere Forschung betrieben werden sollte.

Es zeigt sich, dass der Einsatz fortschrittlicher Verwertungstechnologien durchaus das Potential hat, eine gewinnbringende Verwertung von PV-Modulen zu ermöglichen. Demnach sollte die Forschung und Entwicklung an diesen Technologien weiter voran getrieben werden. Hierbei sind insbesondere Technologien vielversprechend, die universell auf verschiedene Modultypen anwendbar sind und zudem in der Lage sind, verschiedene Rohstoffe zurückzugewinnen. Neben der Entwicklung neuer Technologien ist auch die Frage von besonderem Interesse, inwieweit und in welchem Zeitraum sich die derzeit in der Entwicklung befindlichen Ansätze in industriellem Maßstab umsetzten lassen und auf welche Kapazitäten diese skaliert werden können.

Entscheidend für die am Markt erzielbaren Erlöse für den Verkauf der Rohstoffe sind zudem die Sortenreinheit sowie die Masse der wiedergewonnenen Fraktionen. Aufgrund der in Bezug auf das Modulgewicht geringen Anteile an enthaltenen kritischen Rohstoffen müssen diese möglichst vollständig und sortenrein wiedergewonnen werden, um die Wirtschaftlichkeit der jeweiligen Technologie zu gewährleisten. Unter Umständen bieten hierbei auch weitere Materialien, die derzeit noch nicht bei der Rückgewinnung betrachtet werden, ein wirtschaftliches Potential. So fokussiert sich ein derzeit laufendes Forschungsprojekt auf die Rückgewinnung der hochwertigen Kunststoffe [Schmiemann, 2014]. Das Ergebnis der Untersuchung sowie das wirtschaftliche Potential dieses Sekundärrohstoffs stehen derzeit noch aus.

5.5.4. Handlungsempfehlungen an politische Entscheidungsträger

Auf Basis der durchgeführten Fallstudien sowie der Analyse der rechtlichen Rahmenbediungen in Abschnitt 2.2 werden Handlungsempfehlungen an einen politischen Entscheidungsträger in Deutschland abgeleitet.

Im Gegensatz zu der Entscheidungsperspektive potentieller Investoren stellt die monetäre Bewertung der Investitionsalternativen für einen politischen Entscheidungsträger keine relevante Entscheidungsgrundlage dar. Vielmehr sollte die Ausgestaltung der gesetzlichen Rahmenbedingung zur Sicherung einer langfristigen Rohstoffversorgung im Fokus der Betrachtung dieses Entscheiders stehen. Auf strategischer Ebene wurde dies bereits als Zielsetzung der Politik festgeschrieben. Zudem wurde das Recycling als geeignete Maßnahme für die Sicherung der Rohstoffversorgung eingestuft (siehe Abschnitt 2.2). Zur Steuerung der durchgeführten Verwertungs- und Recyclingaktivitäten wird in Deutschland auf das Instrumentarium der gesetzlich vorgegebenen Verwertungs- und Recyclingquoten zurückgegriffen. Die Analyse der konkret geltenden gesetzlichen Anforderungen hat jedoch gezeigt, dass diese noch nicht auf die oben geschilderte geänderte Ausrichtung abgestimmt sind. Durch die derzeitige Verwendung von rein inputbasierten Verwertungs- und Recyclingquoten werden keine Anforderungen hinsichtlich der wiederzugewinnenden Rohstoffe gestellt. Demzufolge ist es zur Erfüllung der gesetzlichen Vorgaben ausreichend unspezifische Verwertungsverfahren einzusetzen und nicht in fortschrittliche Recyclingtechnologien zu investieren. Dies hat zur Folge, dass auf die Wiedergewinnung der kritischen Rohstoffe verzichtet werden kann.

Um die Strategie zur Sicherung der Rohstoffversorgung und zum Abbau der Abhängigkeit von Importen für den Industriestandort Deutschland zu verfolgen, ist die Schaffung entsprechender gesetzlicher Rahmenbedingungen notwendig. Eine Möglichkeit besteht hierbei in der Einführung outputbasierter Quoten, die den Anteil der wiederzugewinnenden Sekundärrohstoffe vorschreibt. Hierbei besteht jedoch gerade bei PV-Modulen aufgrund ihrer Zusammensetzung die Problematik, dass auch zur Einhaltung outputbasierter Quoten die Wiedergewinnung der geringwertigen Rohstoffe ausreichend ist. Entsprechend wäre hierbei die spezifische Vorgabe für die Wiedergewinnung einzelner kritischer Rohstoffe bzw. eine alternative Regelung auf Basis der Kritikalitätsbewertung notwendig. Dies stellt jedoch einen sehr starken Eingriff in den Handlungsspielraum der Unternehmen und Investoren dar. Entsprechend sollte eine solch strikte Regelung nur für Rohstoffe eingesetzt werden, deren Verfügbarkeit stark eingeschränkt ist und die langfristig eine hohe Relevanz für Deutschland besitzen. Allerdings forciert die Einführung solcher Regelungen, das Interesse von Herstellern und Investoren an der Forschung und Entwicklung entsprechender Verwertungstechnologien und treibt die Entwicklung einer effektiven Strategie für die Bereitstellung von Sekundärrohstoffen voran. Demzufolge können auch diese strikten Regelungen langfristig zur Sicherung der Rohstoffversorgung und damit der Wettbewerbsfähigkeit des Wirtschaftsstandortes Deutschland beitragen.

6 Kritische Würdigung und Ausblick

In der vorliegenden Arbeit wird ein Planungsansatz für die strategische Netzwerkplanung für Sammlung und Verwertung von PV-Modulen unter Berücksichtigung von Rohstoffpreisunsicherheiten konzipiert, implementiert und auf zwei Fallstudien angewendet.

6.1. Kritische Würdigung

Zu Beginn der Arbeit erfolgt zunächst die Abschätzung des erwarteten Abfallaufkommens an PV-Modulen sowie die Analyse der komplexen technischen und rechtlichen Rahmenbedingungen, die für die Ausgestaltung der Sammlungs- und Verwertungsinfrastruktur für PV-Module gelten. Zudem wird eine detaillierte Analyse der Angebots- und Nachfragesituation bezüglich der enthaltenen Rohstoffe sowie deren Preisentwicklung vorgenommen. Erst auf Basis dieser detaillierten Betrachtung ist es möglich, die Anforderungen an ein geeignetes Entscheidungsunterstützungssystem abzuleiten. Darüber hinaus erfordert die nachfolgende Konzeption eines praxisrelevanten Planungsansatzes die Kenntnis dieser Zusammenhänge für die problemadäquate Modellierung potentieller Handlungsalternativen.

Zur Umsetzung der Anforderungen bedarf es einer Untersuchung der Ansätze und Methoden aus den Bereichen des Reverse Logistics, der Optimierung unter Unsicherheit sowie der Rohstoffkritikalitäts-Forschung. Nur eine Kombination der Methoden und Erkenntnisse aus diesen Bereichen sowie eine Weiterentwicklung der bestehenden Ansätze ermöglicht es, die Entscheidungssituation mit ihren spezifischen Charakteristika adäquat abzubilden und einen geeigneten techno-ökonomischen Planungsansatz für die Unterstützung zukünftiger Investitionsentscheidungen abzuleiten. Hierbei stellt insbesondere der methodische Umgang mit der unsicheren Rohstoffpreisentwicklung eine besondere Herausforderung dar. Zu diesem Zweck wird im Rahmen der Arbeit ein entsprechender Planungsansatz entwickelt und implementiert sowie anhand zweier Fallstudien evaluiert. Dies ermöglicht die Ableitung von Handlungsempfehlungen für die Ausgestaltung eines ökonomisch vorteilhaften Sammlungs- und Verwertungssystems für PV-Module in NRW bzw. Deutschland aus Gesamtsystemperspektive. Das entwickelte Entscheidungsunterstützungssystem wird im Folgenden aus methodischer und inhaltlicher Sicht gewürdigt.

Aus **methodischer Sicht** ist festzuhalten, dass der vorliegende Planungsansatz die techno-ökonomische Bewertung eines integrierten Sammlungs- und Verwertungssystems von PV-Modulen unter expliziter Berücksichtigung unsicherer Rohstoffpreisentwicklungen ermöglicht. Dazu werden alle planungsrelevanten technischen und rechtlichen Aspekte sowie die daraus resultierenden Zahlungen analysiert und modelliert. Zur Beschreibung und Auswahl einer geeigneten Netzwerkinfrastruktur wird ein gemischt-ganzzahliges Optimierungsmodell erstellt, das eine integrierte Standort-, Technologie- und Kapazitätsentscheidung erlaubt. Aufgrund des Fehlens eines problemadäquaten Ansatzes in der Literatur wird ein neuer Ansatz erstellt, der alle Charakteristika des vorliegenden Entscheidungsproblems geeignet abbildet. Anhand der resultierenden Zahlungsströme erfolgt die betriebswirtschaftliche Bewertung der einzelnen Alternativen mit Hilfe des NPV.

Aufgrund der Unsicherheit bezüglich der zukünftigen Rohstoffpreisentwicklung, die jedoch den NPV wesentlich beeinflusst, ist es notwendig, diesen Aspekt im Rahmen der Planung zu berücksichtigen. In den bisher in der Literatur vorgestellten Ansätzen wird die Problematik der Ableitung geeigneter Rohstoffpreisszenarien weitgehend vernachlässigt. Diese Information ist jedoch essentiell für die Auswahl einer geeigneten Methodik. Aus diesem Grund wird in der vorliegenden Arbeit auf Informationen aus dem Bereich der Rohstoffkritikalitäts-Forschung zurückgegriffen. Dieses Forschungsfeld befindet sich zwar aktuell noch in einem frühen Entwicklungsstadium, es konnte jedoch in ersten Analysen ein Zusammenhang zwischen der Kritikaltiätsbewertung eines Rohstoffs und dessen Preisentwicklung aufgezeigt werden. Demnach stellen die Indikatoren aus diesem Bereich einen geeigneten Ansatzpunkt für die vorliegenden Untersuchungen dar. Auf dieser Basis wird eine auf die verfügbaren Informationen abgestimmte robuste Erweiterung des Entscheidungsunterstützungsansatzes vorgestellt. Durch den Einsatz des Hurwicz-Kriteriums ist es möglich, eine Alternative zu bestimmen, die die Chancen und Risiken einer Alternative unter expliziter Berücksichtigung der Risikoeinstellung des Entscheidungsträgers gegeneinander abwägt.

Aus **inhaltlicher Sicht** gelingt mit der Anwendung des Entscheidungsunterstützungssystems auf zwei ausgewählte Fallstudien die Illustration und Validierung des entwickelten Konzeptes. Dies ermöglicht die Durchführung einer integrierten Standort-, Kapazitäts- und Technologieplanung für die Errichtung eines Sammlungs- und Verwertungsnetzwerkes für PV-Module. Im Ergebnis werden die potentiellen Handlungsalternativen für die notwendigen Investitionsentscheidungen aus Gesamtsystemperspektive analysiert. Dabei wird insbesondere der Einfluss der Rohstoffpreisentwicklung auf die optimalen Verwertungspfade der PV-Module und damit auf die Ausgestaltung der Netzwerkinfrastruktur beleuchtet. Somit lässt sich, die komplexe Entscheidungssituation geeignet abzubilden und die wirtschaftlichen Potentiale aufzeigen. Damit unterscheidet sich die Ausrichtung des erstellten Planungsansatzes von der Mehrzahl der in der Literatur veröffentlichten Beiträge, die in der Regel die rechtlich getriebene Errichtung eines Sammlungs- und Verwertungsnetzwerkes betrachten.

Zusammenfassend wird deutlich, dass mit dem in der vorliegenden Arbeit konzipierten und implementierten Entscheidungsunterstützungssystem erstmalig die Erstellung eines für die Sammlung und Verwertung von PV-Modulen problemadäquaten Planungsansatzes gelingt. Insbesondere die Integration der unsicheren Rohstoffpreisentwicklung unter Verwendung geeigneter Rohstoffpreisszenarien erlaubt eine detaillierte Analyse der Entscheidungssituation. Die Ergebnisse sind für Investoren aber auch für politische Entscheidungsträger relevant und tragen der zunehmenden Bedeutung von Fragestellungen der Sicherung der Rohstoffversorgung Rechnung.

6.2. Weitere Einsatzbereiche des Planungsansatzes

Der vorgestellte Planungsansatz kann sowohl räumlich, inhaltlich als auch funktionell auf verschiedene andere Einsatzbereiche übertragen werden.

In Bezug auf die **räumliche** Dimension wurde der vorgestellte Planungsansatz im Rahmen der Fallstudien auf Nordrhein-Westfalen sowie Deutschland angewendet. Dies zeigt bereits, dass die Übertragung auf andere geographische Regionen bzw. Länder problemlos möglich ist. Aufgrund der Tatsache, dass auch in anderen Ländern der europäischen Union die installierte PV-Leistung deutlich angestiegen ist und durch die WEEE-Novelle ähnliche gesetzliche Anforderungen gelten, erscheint eine Übertragung auf andere EU-Länder bzw. die gesamte Europäische Union sinnvoll. Somit könnte beispielsweise die Planung des existierenden Sammlungs- und Verwertungsnetzwerkes von PV-Cycle, die ein europaweites Sammelsystem anstreben, unterstützt werden.

Aufgrund der speziellen Situation bei der Sammlung und Verwertung von PV-Modulen ist eine **inhaltliche** Übertragung des erstellten Planungsansatzes zwar grundsätzlich durchführbar, jedoch für andere Fragestellungen unter Umständen nicht direkt geeignet. Allerdings ist es durchaus möglich, einzelne Aspekte des Planungsansatzes zu übernehmen und diese auf vielfältige Fragestellungen anzuwenden. Beispielsweise ist eine differenzierte Technologiebetrachtung in Bezug auf deren Input-Output-Bilanz sowie des Entwicklungsstadiums auch für andere Problemstellungen im Bereich des Reverse Logistics von Interesse. Daneben stellt insbesondere die Berücksichtigung von unsicheren Rohstoffpreisentwicklungen in strategischen Planungsansätzen eine zunehmend relevante Fragestellung dar, die sich auf viele andere Planungsaufgaben sowohl aus dem Bereich des vorwärts als auch des rückwärts gerichteten Supply Chain Managements übertragen lässt. Gerade für Deutschland ist dieser Aspekt aufgrund der bestehenden Importabhängigkeit bei vielen Rohstoffen von besonderer Relevanz.

Funktionell wurde der vorgestellte Planungsansatz für die Entscheidungsunterstützung der strategischen Planung aus Gesamtsystemsicht erstellt. Aufgrund des Schwerpunktes der Betrachtung auf die Errichtung der Verwertungsanlagen bietet sich hierbei insbesondere eine Übertragung der Ergebnisse und detaillierte Analyse auf die Entscheidungsperspektive eines Investors an. Um diesbezüglich detaillierte Aussagen treffen zu können, bedarf es jedoch weitergehender Analysen zur exakten Bestimmung der technischen und betriebswirtschaftlichen Daten.

6.3. Weiterer Forschungsbedarf

Weiterer Forschungsbedarf besteht insbesondere bei der Ableitung adäquater Rohstoffpreisszenarien. Hierbei stellen die entwickelten Rohstoffkritikaliätsindikatoren einen guten Ausgangspunkt dar. Wie die Untersuchungen von [Achzet, 2012; Gleich et al., 2013] zeigen, können diese Indikatoren jedoch durch eine rohstoffspezifische Betrachtung weiterentwickelt werden (siehe Abschnitt 3.3.2.1). Basierend auf den sich daraus ergebenden Erkenntnissen ist auch der angewendete robuste Entscheidungsansatz zu überprüfen und gegebenenfalls anzupassen. Grundsätzlich bleibt hierbei die Frage bestehen, ob sich mit einer rein monetären Betrachtung des Entscheidungsproblems alle mit der zukünftigen Rohstoffversorgung verbundenen Risiken ausreichend abbilden lassen. Gerade aus Sicht eines politischen Entscheidungsträgers sollte dieser Aspekt weiter gefasst werden, um neben den Preisrisiken auch sonstige Verfügbarkeitsrisiken abbilden zu können. Hierbei kann es sinnvoll sein, eine Entscheidungsansatz auf Basis einer multikriteriellen Bewertung zu betrachten.

Daneben ist es, wie oben bereits erwähnt, für die Ableitung detaillierter Handlungsempfehlungen notwendig, die planungsrelevanten technischen und betriebswirtschaftlichen Daten im Detail zu erheben und im Rahmen der Modellierung zu berücksichtigen. Hierfür sind weiterführende technische Analysen erforderlich, die auch eine Analyse der Skalierbarkeit der verschiedenen Anlagen umfassen sollten. Dabei bietet sich die Möglichkeit, im Rahmen des vorgestellten Planungsansatzes neben dem Recycling auch andere Verwertungsoptionen wie die Wiederverwendung zu integrieren, um die Wirtschaftlichkeit solcher Maßnahmen zu untersuchen.

Aufgrund der Komplexität des vorgestellten Modells und der Vielzahl an Entscheidungen bei realistischen Problemgrößen stellt die Lösbarkeit der jeweiligen Probleminstanz derzeit einen limitierenden Faktor dar. Aus diesem Grund sollte die weitere Forschung zwei Ansatzpunkte verfolgen. Einerseits könnte durch den Einsatz effizienter, spezifisch auf die Problemklasse abgestimmter Lösungsverfahren die Rechenzeiten auch für größere Probleminstanzen deutlich reduziert werden. Andererseits könnte für die vorliegende Problemstellung auch ein iterativer Lösungsansatz nach dem Top-Down-Prinzip vielversprechend sein, bei dem der Detailgrad der Planung mit geringerer geographischer Ausdehnung zunimmt.

7 Zusammenfassung

Aufgrund des erwarteten Anstiegs des Abfallaufkommens infolge des starken Zubaus an PV-Anlagen und deren erwarteter Lebensdauer von 20 bis 25 Jahren wurden die Module im Rahmen der Novelle der WEEE-Richtlinie in den Geltungsbereich dieser Richtlinie und somit des ElektroG integriert. Dies hat zur Folge, dass eine geeignete Sammlungs- und Verwertungsinfrastruktur für die Module zu errichten ist. Für die Ausgestaltung dieses Systems stehen verschiedene Handlungsalternativen zur Verfügung. Zum einen kann die Einrichtung des Sammelsystems durch eine Integration in das bestehende WEEE-Sammelsystem oder durch die Errichtung eines individuellen Sammelsystems nur für PV-Module erfolgen. Zum anderen befindet sich derzeit eine Reihe verschiedener Verwertungstechnologien in der Entwicklung, sodass sich die Frage stellt, wie die jeweilige Verwertungsstrategie für die einzelnen PV-Modultypen aussehen sollte. Hierbei sind die verschiedenen technischen Merkmale der einzelnen Technologien zu berücksichtigen sowie deren betriebswirtschaftliche Bewertung. Zudem ist es insbesondere notwendig, die mit der jeweiligen Verwertungstechnologie wiedergewinnbaren Rohstoffe differenziert zu betrachten, da die durch den Verkauf dieser Rohstoffe erzielbaren Erlöse die Wirtschaftlichkeit des Systems wesentlich beeinflussen. Aufgrund der mit der Rohstoffpreisentwicklung verbundenen Unsicherheit stellt die adäquate Modellierung dieses Sachverhaltes eine besondere Herausforderung an den erstellten Planungsansatz dar.

Vor diesem Hintergrund erfolgt in der vorliegenden Arbeit die Konzeption eines Planungsansatzes zur strategischen Netzwerkplanung für die Sammlung und Verwertung von PV-Modulen. Mit Hilfe des erstellten techno-ökonomischen Bewertungsansatzes, der auf eine integrierte Standort-, Technologie- und Kapazitätsentscheidung abzielt, werden zukünftige Investitionsentscheidungen unterstützt. Die Anwendung des Ansatzes erfolgt exemplarisch für Nordrhein-Westfalen sowie Deutschland. Mit Hilfe einer robusten Modellerweiterung erfolgt eine explizite Berücksichtigung der Unsicherheit bezüglich der Rohstoffpreisentwicklung.

Zur Umsetzung werden in einem ersten Schritt die rechtlichen, technischen und betriebswirtschaftlichen Rahmenbedingungen analysiert. Ziel ist es hierbei, die bestehende Planungssituation zu analysieren sowie mögliche Handlungsalternativen aufzuzeigen. Zur Erfüllung der bestehenden gesetzlichen Anforderungen ist es ausreichend, auf die bereits im großtechnischen Maßstab im Einsatz befindlichen Verwertungstechnologien zurückzugreifen. Diese sind jedoch nicht in der Lage, in PV-Modulen in geringen Mengen enthaltene kritische Rohstoffe wiederzugewinnen. Demgegenüber befinden sich verschiedene neue Technologien in unterschiedlichen Entwicklungsstadien, die auf die Wiedergewinnung dieser kritischen Rohstoffe abzielen. Aus betriebswirtschaftlicher Perspektive sind die durch den Verkauf der wiedergewonnenen Rohstoffe erzielbaren Preise ausschlaggebend für die Wirtschaftlichkeit des Systems. Da die Preisentwicklungen großer Unsicherheit unterworfen sind, wird deren Angebots- und Nachfragesituation analysiert sowie die historischen Preisentwicklungen beleuchtet (siehe Kapitel 2).

Auf Basis der sich daraus ergebenden Anforderungen an den zu erstellenden Planungsansatz wird die wissenschaftliche Literatur aus den Bereichen des Reverse Logistics, der Optimierung unter Unsicherheit sowie der Forschung zur Rohstoffkritikalität auf die Erfüllung dieser Anforderungen hin überprüft sowie die Übertragbarkeit auf das vorliegende Planungsproblem beleuchtet. Es zeigt sich, dass es bereits eine Reihe von Ansätzen gibt, die einige der Charakteristika des vorliegenden Planungsproblems abbilden. Allerdings gibt es derzeit keinen Planungsansatz, der die Entscheidungssituation für die Errichtung eines Systems zur Sammlung und Verwertung von PV-Modulen vollständig erfasst. Hierbei zeigt sich der Bereich der Forschung zur Rohstoffkritikalität als vielversprechender Ansatzpunkt zur Bereitstellung aggregierter Informationen, die die Preisentwicklung beeinflussen (siehe Kapitel 3).

Entsprechend erfolgt im Anschluss die Konzeption eines Entscheidungsunterstützungssystems für die strategische Planung der Sammlung und Verwertung von PV-Modulen. Die Planung basiert auf einem gemischt-ganzzahligen Optimierungsmodell, das eine integrierte Standort-, Technologie- und Kapazitätsentscheidung ermöglicht. Die Optimierung zielt auf eine Maximierung des NPV ab. Mit Hilfe einer robusten Erweiterung unter Verwendung des Hurwicz-Kriteriums wird die explizite Berücksichtigung der unsicheren Rohstoffpreisentwicklung ermöglicht. Dies erlaubt dem Entscheidungsträger eine umfassende Analyse der Entscheidungssituation sowie der Chancen und Risiken der einzelnen Alternativen (siehe Kapitel 4).

Die Anwendung des techno-ökonomischen Bewertungsansatzes auf die Fallbeispiele für Nordrhein-Westfalen sowie Deutschland verdeutlichen die Eignung des Ansatzes zur strategischen Planung der Sammlungs- und Verwertungsinfrastruktur für PV-Module.

Durch den Einsatz des konzipierten Planungsansatzes wird eine betriebswirtschaftliche Bewertung der verschiedenen Handlungsalternativen ermöglicht. Zudem wird der Einfluss der unsicheren Rohstoffpreisentwicklung auf das Entscheidungsproblem aufgezeigt. Auf Basis der vorgestellten Analysen können detaillierte Ergebnisse und Handlungsempfehlungen für die Sammlung und Verwertung von PV-Modulen abgeleitet werden (siehe Kapitel 5).

Das vorgestellte Konzept stellt einen geeigneten sowie am Fallbeispiel validierten Ansatz für die integrierte Standort-, Technologie- und Kapazitätsentscheidung für die Sammlung und Verwertung von PV-Modulen dar. Hierbei erfolgt erstmals die Entwicklung eines geeigneten Entscheidungsunterstützungsansatzes, der alle Charakteristika der vorliegenden Planungssituation abbildet. Zudem wird durch die robuste Erweiterung des Ansatzes und die Nutzung der Erkenntnisse aus dem Bereich der Forschung zur Rohstoffkritikalität eine realitätsnahe Erweiterung bestehender Planungskonzepte vorgenommen, die der zunehmenden Bedeutung von Fragestellungen der Sicherung der Rohstoffversorgung Rechnung trägt. Eine Übertragung des Konzeptes ist sowohl auf andere Länder und Regionen sowie auf andere Fragestellungen aus dem Bereich des Reverse Logistics möglich (siehe Kapitel 6).

Mit dem in dieser Arbeit konzipierten Entscheidungsunterstützungssystem gelingt es erstmalig, eine integrierte Standort-, Technologie- und Kapazitätsentscheidung für die strategische Netzwerkplanung der Sammlung und Verwertung von PV-Modulen unter expliziter Berücksichtigung der Rohstoffkritikalität durchzuführen. Die Integration der unsicheren Rohstoffpreisentwicklung ermöglicht es den Entscheidungsträgern, die Wirtschaftlichkeit verschiedener Handlungsalternativen für verschiedene Entwicklungen zu analysieren. Somit wird ein Planungsansatz bereitgestellt, der die Chancen und Risiken der Alternativen gegeneinander abwägt und dadurch dem Entscheidungsträger eine tiefgehende Analyse der Entscheidungssituation ermöglicht.

A
Anhang

A.1. Übersicht PV-Hersteller

Tabelle A.1.: Übersicht PV-Hersteller mit erwarteter Produktionsmenge für 2013 [Kreutzmann und Siemer, 2014, S. 22-23]

Hersteller	Standort	Produzierte PV-Modultypen	Produktionsmenge [MW]
Aleo Solar AG	Prenzlau	kristallines Silizium	150
Alfasolar GmbH	Hannover	kristallines Silizium	12
Asola Technologies GmbH	Erfurt	kristallines Silizium	5
Axsun Solar GmbH & Co. KG	Laupheim	kristallines Silizium	20
Bosch Solar Energy AG / Solar World AG	Arnstadt	kristallines Silizium	150
Centrosolar AG	Wismar	kristallines Silizium	110
Conergy AG / Astronergy Solarmodule GmbH	Frankfurt (Oder)	kristallines Silizium	100
GSS Gebäude-Solarsysteme GmbH	Korbußen	kristallines Silizium	3
Hanwha Q Cells GmbH	Thalheim	kristallines Silizium	100
Heckert Solar AG	Chemnitz	kristallines Silizium	90
Jurawatt GmbH	Neumarkt i. d. Oberpfalz	kristallines Silizium	20
ML&S Manufacturing, Logistics and Service GmbH & Co. KG	Greifswald	kristallines Silizium	20

SI Module GmbH	Freiburg im Breisgau	kristallines Silizium	11
Solar-Fabrik AG	Freiburg im Breisgau	kristallines Silizium	20
Solarnova Produktions- und Vertriebsgesellschaft mbH	Wedel	kristallines Silizium	5
Solarwatt GmbH	Dresden	kristallines Silizium	40
Solarworld AG	Freiberg (Sachsen)	kristallines Silizium	400
Solon Modules GmbH	Berlin	kristallines Silizium	25
Sunovation GmbH	Elsenfeld	kristallines Silizium	1
Webasto Roof & Components SE	Schierling	kristallines Silizium	0,5
Soitec Solar GmbH	Freiburg im Breisgau	konzentrierende Systeme	30
Inventux Solar Technologies GmbH	Berlin	amorphes Silizium	20
Madsar PV GmbH	Ichtershausen	amorphes Silizium	20
Avancis GmbH	Torgau	Kupfer-Indium-Diselenid	20
Solarion AG	Zwenkau	Kupfer-Indium-Diselenid	5
Solibro GmbH (Hanergy)	Thalheim	Kupfer-Indium-Diselenid	20
Calyxo GmbH	Thalheim	Cadmiumtellurid	15

A.2. Auswertung verschiedener Rohstoffkritikalitätsstudien

Tabelle A.2.: Kritikalität nach [National Research Council, 2008]

Rohstoff	Supply risk	Impact of supply restrictions	Aggregierte Bewertung
Kupfer	1	2,8	mittel
Indium	3	3,46	hoch
Gallium	3	2,48	hoch

Vorgehen: Bewertung bei der beiden Hauptdimensionen auf einer Skala von 1 bis 4 mit Hilfe eines semi-quantitativen Verfahrens auf Basis von Expertenschätzungen. Zusammensetzung Hauptdimensionen:
Supply Risk: US import dependence, World reserve/production ratio, World reserve base/production ratio, World byproduct production as % of total world primary production
Impact of supply restrictions: US consumption, US consumption in existing uses for which sustitution is difficult or impossible, Importance of groth in emerging uses that could overwhelm existing global production capacity

Tabelle A.3.: Kritikalität nach [Morley und Eatherley, 2008]

Rohstoff	Addition	Aggregierte Bewertung
Silizium	15	gering
Kupfer	16	mittel
Indium	16	mittel
Zinn	19	hoch
Silber	19	hoch
Gallium	16	mittel
Molybdän	17	mittel

Vorgehen: Bewertung der Subkriterien auf Basis qualitativer Kriterien auf einer Skala von 1 bis 3. Aggregation der Subkriterien zu den beiden Hauptdimensionen und zu Gesamtbewertung mittels Addition. Zusammensetzung Hauptdimensionen:
Material Risk: Global Consumption, Substitutability, Global Warming Potential, Total Material Requirement
Supply Risk: Scarcity, Monopoly Supply, Politival Stability, Climate Change Vulnerability

Tabelle A.4.: Kritikalität nach [Buchert et al., 2009]

Rohstoff	Demand Groth	Supply Risk	Recycling restrictions	Aggregierte Bewertung
Indium	+	+	+	hoch
Tellur	+	+	+	hoch
Gallium	+	+	+	hoch

Vorgehen: Bewertung der drei Hauptdimensionen auf Basis von Expertenschätzungen anhand verschiedener Subkriterien. Zusammensetzung Hauptdimensionen:
Demand growth: Rapid vs. moderate
Supply Risk: Regional concentration, Physical Scarcity, Temporary Scarcity, Structural or technicla scarcity
Recycling restrictions: High scale of dissipative applications, Physical/Chemical limitations for recycling, Lack of suitable recycling technologies and/or infrastructure, Lack of price incentives for recycling

Tabelle A.5.: Kritikalität nach [Europäische Kommission, 2014] und [Europäische Kommission, 2010a]

Rohstoff	Economic Importance	Supply Risk	Aggregierte Bewertung
Aluminium	7,57	0,43	gering
Kupfer	8,66	0,45	mittel
Indium	5,59	1,8	hoch
Tellur	5,58	0,19	gering
Silber	4,77	0,73	mittel
Zinn	6,74	0,89	mittel
Gallium	6,3	1,82	hoch
Molybdän	5,92	0,86	mittel

Vorgehen: Berechnungsformel für beide Hauptdimesionen. Zusammensetzung Hauptdimensionen:
Economic Importance of sector s (EI_s): Consumption of a material i in a given end-user sector s (A_{is}), economic importance of each sector s (Q_s), Gewichtung auf Basis des European Gross domestic product (GDP), Formel: $EI_s = \frac{1}{GDP} \sum_s A_{is} Q_s$
Supply Risk of material i (SR_i): Substituability (σ_i), Recycling (ρ_i), Stability and level of concentration of production countries (HHI_{WGI}), Formel: $SR_i = \sigma_i(1-\rho_i)HHI_{WGI}$

Tabelle A.6.: Kritikalität nach [U.S. Department of Energy, 2010]

Rohstoff	Importance of Clean Energy	Supply Risk	Aggregierte Bewertung
Indium	2	3	hoch
Tellur	2	3	hoch
Gallium	1	3	mittel

Vorgehen: Bewertung der Subkriterien auf Basis qualitativer Kriterien auf einer Skala von 1 bis 4. Aggregation der Subkriterien zu den beiden Hauptdimensionen mittels gewichteter Summe. Betrachtung für verschiedene Zeithorizonte (Tabelle mittelfristig 5-15 Jahre) Zusammensetzung Hauptdimensionen:
Importance of Clean Energy: Clean Energy Demand, Substitutability Limitations
Supply Risk: Basic Availability, Competing Technology Demand, Political, Regulatory and Social Factors, Co-dependence on other Markets, Producer Diversity

Tabelle A.7.: Kritikalität nach [Pfleger et al., 2011]

Rohstoff	Kritikalitätsklasse	Aggregierte Bewertung
Aluminium	mittel	mittel
Kupfer	niedrig	gering
Indium	hoch	hoch
Kadmium	mittel	mittel
Silber	mittel	mittel
Zinn	hoch	hoch
Gallium	mittel	mittel
Molybdän	hoch	hoch

Vorgehen: Bewertung der Krititkalität als gewichtete Summe qualitativer und quantitativer Kriterien. Einteilung in drei Kritikalitätsklassen.
Quantitative Kriterien: Länderrisiko, Statische Reichweite, Länderkonzentration, Unternehmenskonzentration, Preisrisiko
Qualitative Kriterien: Nicht-Substituierbarkeit, Zukunftstechnologie, Strategische Industriepolitik

Tabelle A.8.: Kritikalität nach [Erdmann et al., 2011]

Rohstoff	Kritikalitätsklasse	Aggregierte Bewertung
Aluminium	II	gering
Silizium	II	gering
Kupfer	VI	mittel
Indium	V	hoch
Tellur	IV	mittel
Silber	V	hoch
Zinn	V	hoch
Gallium	V	hoch
Molybdän	IV	mittel

Vorgehen: Bewertung der Subkriterien auf Basis qualitativer und quantitativer Kriterien auf einer Skala von 0 bis 1. Aggregation der Subkriterien zu den beiden Hauptdimensionen mittels gewichteter Summe. Aufteilung der Matrix in verschiedene Kritikalitätsklassen. Zusammensetzung Hauptdimensionen:
Vulnerabilität: Anteil Deutschlands am Weltverbrauch, Ändern des Anteils Deutschlands am Weltverbrauch, Änderung der Importe Deutschlands, Sensitivität der Wertschöpfungskette in Deutschland, Globaler Nachfrageimpuls durch Zukunftstechnologien, Substituierbarkeit
Versorgungsrisiko: Länderrisiko für die Importe Deutschlands, Länderrisiko für die globale Produktion, Länderkonzentration der globalen Reserven, Unternehmenskonzentration der globalen Produktion, Verhältnis von globalen Reserven zu globaler Produktion, Anteil der globalen Haupt- und Nebenproduktion, Recyclingfähigkeit

Literaturverzeichnis

[AbfRRL 2008] ABFRRL: *Richtlinie 2008/98/EG des Europäschen Parlamentes und des Rates über Abfälle und zur Aufhebung bestimmter Richtlinien (ABfRRL) vom 12.12.2008*. 2008

[Achzet 2012] ACHZET, B.: *Empirische Analyse von preis- und verfügbarkeitsbeeinflussenden Indikatoren unter Berücksichtigung der Kritikalität von Rohstoffen*. Hamburg : disserta Verlag, 2012

[Acker 2013] ACKER, M.: *Millionen-Pacht für Wertstoffhof*. merkur-online.de. 2013. – URL `http://www.merkur-online.de/lokales/ebersberg/ebersberg/millionen-pacht-wertstoffhof-3205088.html`. – Zugriffsdatum: 04.10.2010

[Alumur et al. 2012] ALUMUR, S. ; NICKEL, S. ; GAMA, F. Saldanha-da ; VERTER, V.: Multi-period reverse logistics network design. In: *European Journal of Operational Research* 220 (2012), Nr. 1, S. 67–78

[Andruleit et al. 2013] ANDRULEIT, H. ; BAHR, A. ; BABIES, H.-G ; FRANKE, D. ; MESSNER, J. ; PIERAU, R. ; SCHAUER, M. ; SCHMIDT, S. ; WEIHMANN, S. ; BUNDESANSTALT FÜR GEOWISSENSCHAFTEN UND ROHSTOFFE (BGR) (Hrsg.): *Energiestudie 2013 – Reserven, Ressourcen und Verfügbarkeit von Energierohstoffen*. Hannover, 2013

[Angerer et al. 2009] ANGERER, G. ; ERDMANN, L. ; MARSCHEIDER-WEIDEMANN, F. ; SCHARP, M. ; LÜLLMANN, A. ; HANDKE, V. ; MARWEDE, M.: *Rohstoffe für Zukunftstechnologien: Einfluss des branchenspezifischen Rohstoffbedarfs in rohstoffintensiven Zukunftstechnologien auf die zukünftige Rohstoffnachfrage*. Stuttgart : Fraunhofer-IRB-Verlag, 2009

[ATZ Entwicklungszentrum, TU München, Lehrstuhl für Rohstoff- und Energietechnologie 2011] ATZ ENTWICKLUNGSZENTRUM, TU MÜNCHEN, LEHRSTUHL FÜR ROHSTOFF- UND ENERGIETECHNOLOGIE: *Ressourcenstrategie für Hessen unter besonderer Berücksichtigung von Sekundärrohstoffen, Abschlussbericht*. Sulzbach-Rosenberg, Straubing, 2011. – Auftraggeber: Hessisches Ministerium für Umwelt, Energie, Landwirtschaft und Verbraucherschutz

[Bamberg und Coenenberg 2006] BAMBERG, G. ; COENENBERG, A.: *Betriebswirtschaftliche Entscheidungslehre*. München : Vahlen Verlag, 2006

[Bardt 2008] BARDT, H.: *Sichere Energie- und Rohstoffversorgung: Herausforderung für Politik und Wirtschaft?* Köln : Deutscher Instituts-Verlag, 2008. – IW-Positionen – Beiträge zur Ordnungspolitik Institut der deutschen Wirtschaft Köln, Band 36

[Bardt 2011] BARDT, H.: Rohstoffpreise – Entwicklung und Bedeutung für die deutsche Wirtschaft. In: *IW-Trends Vierteljahresschrift zur empirischen Wirtschaftsforschung aus dem Institut der deutschen Wirtschaft Köln* 2 (2011), S. 1–13

[Barros et al. 1998] BARROS, A. ; DEKKER, R. ; SCHOLTEN, V.: A two-level network for recycling sand: A case study. In: *European Journal of Operational Research* 110 (1998), Nr. 2, S. 199–214

[Beckmann 2012] BECKMANN, J.: Wieso Abfall? Entsorgung von Photovoltaik-Anlagen. In: *Eta green & Installateur* (2012), Nr. 2, S. 28–31

[Behrendt et al. 2010] BEHRENDT, S. ; ERDMANN, L. ; MARWEDE, M. ; CAPORAL, S. ; KLIMA, Umwelt und Energie G. Wuppertal Institut für (Hrsg.): *Roadmap: Ressourceneffiziente Photovoltaik 2020+: Arbeitspaket 9 des Projektes Materialeffizienz und Ressourcenschonung (MaRess)*. 2010

[Ben-Tal et al. 2009] BEN-TAL, A. ; EL GHAOUI, L. ; NEMIROVSKI, A.: *Robust Optimization*. Princeton : Princeton University Press, 2009

[Berck und Roberts 1996] BERCK, P. ; ROBERTS, M.: Natural Resource Prices: Will They Ever Turn Up? In: *Journal of Environmental Economics and Management* 31 (1996), Nr. 1, S. 65–78

[Berens und Köfling 1983] BERENS, W. ; KÖFLING, F.-J.: Das Schätzen von realen Entfernungen bei der Warenverteilungsplanung mit gebietspaarspezifischen Umwegfaktoren. In: *OR Spektrum* 5 (1983), S. 67–75

[Berger et al. 1998] BERGER, C. ; SAVARD, G. ; WIZERE, A.: EUGENE: An optimization-based decision support system for long-term integrated regional waste management planning. In: *International Journal of Environment and Pollution* (1998), Nr. 13, S. 437–449

[Berger et al. 2010] BERGER, W. ; SIMON, F.-G. ; WEIMANN, K. ; ALSEMA, E.: A novel approach for the recycling of thin film photovoltaic modules. In: *Resources, Conservation and Recycling* 54 (2010), Nr. 10, S. 711–718

[Bertsimas und Sim 2003] Bertsimas, D. ; Sim, M.: Robust discrete optimization and network flows. In: *Mathematical Programming* 98 (2003), Nr. 1–3, S. 49–71

[Bilimoria und Defrenne 2013] Bilimoria, S. ; Defrenne, N. ; S&T Consulting, Ceres (Hrsg.): *The evolution of photovoltaic waste in Europe: Study 1305-01*. 2013

[Billard et al. 2012] Billard, Y. ; Bazin, F. ; Lacroix, O. ; ENEA Consulting (Hrsg.): *RECORD–Recyclinage des panneaux photovoltaique en fin de vie: Etat des lieux international*. 2012

[BINE Informationsdienst 2010] BINE Informationsdienst: *Recycling von Photovoltaik-Modulen*. projektinfo, 02/10. 2010

[Birge und Louveaux 2011] Birge, J. ; Louveaux, F.: *Introduction to stochastic programming*. New York : Springer Science, 2011

[Blohm und Lüder 1995] Blohm, H. ; Lüder, K.: *Investition: Schwachstellenanalyse des Investitionsbereichs und Investitionsrechnung*. München : Vahlen Verlag, 1995

[Bringezu 2014] Bringezu, S. ; Wirtschafts Woche Green (Hrsg.): *Rohstoffe: Die Ressourcenwende droht am Recycling zu scheitern*. 2014. – URL `http://green.wiwo.de/rohstoffe-wie-ressourcenwende-am-recycling-scheitern-droht/`. – Zugriffsdatum: 09.03.2015

[Buchert et al. 2009] Buchert, M. ; Schüler, D. ; Bleher, D. ; Neurohr, N. ; Hagelüken, L. ; United Nations Environment Programme, Öko-Institut e. V. (Hrsg.): *Critical metals for future sustainable technologies and their recycling potential: Sustainable Innovtion and Technology Transfer, Industrial Sector Studies*. Paris, Darmstadt, 2009

[Bundesanstalt für Geowissenschaften und Rohstoffe 2013] Bundesanstalt für Geowissenschaften und Rohstoffe: *Neuer BGR-Bericht zur Rohstoffsituation: Versorgung mit Rohstoffen bleibt Achillesferse für Technologiestandort Deutschland*. Hannover, 2013

[Bundesanstalt für Geowissenschaften und Rohstoffe o. J] Bundesanstalt für Geowissenschaften und Rohstoffe: *Rohstoffverfügbarkeit*. o. J. – URL `http://www.bgr.bund.de/DE/Themen/Min_rohstoffe/Rohstoffverfuegbarkeit/rohstoffverfuegbarkeit_node.html;jsessionid=1F1CDD0AD8BDF4B5A0DD995B6186CF27.1_cid321`. – Zugriffsdatum: 10.03.2015

[Bundesministerium für Umwelt, Naturschutz und Reaktorsicherheit 2003] Bundesministerium für Umwelt, Naturschutz und Reaktorsicherheit: *100.000 Dächer-Solarstrom-Programm kurz vor dem Ziel: Bis Jahresende 300 MW neu installierter Leistung erwartet / Antragsende: 30. Juni 2003.* 2003. – URL http://www.bmub.bund.de/presse/pressemitteilungen/pm/artikel/100000-daecher-solarstrom-programm-kurz-vor-dem-ziel/. – Zugriffsdatum: 24.12.2014

[Bundesministerium für Wirtschaft und Energie 2015] Bundesministerium für Wirtschaft und Energie: *Marktanalyse Photovoltaik-Dachanlagen.* Berlin, 2015

[Bundesministerium für Wirtschaft und Technologie 2010] Bundesministerium für Wirtschaft und Technologie: *Rohstoffstrategie der Bundesregierung: Sicherung einer nachhaltigen Rohstoffversorgung Deutschlands mit nicht-energetischen mineralischen Rohstoffen.* Berlin, 2010

[Bundesnetzagentur 2014] Bundesnetzagentur: *EEG Analgenregister Solar: Startseite des PV-Meldeportals.* 2014. – URL https://app.bundesnetzagentur.de/pv-meldeportal/portal_start_00.aspx. – Zugriffsdatum: 14.04.2014

[Bundesrat 2015] Bundesrat: *Beschluss des Bundesrates, BR-Drucksache 303/15.* 2015

[Bundesregierung 08.07.2013] Bundesregierung: *Photovoltaik-Förderung: Erfolgreiche Reform.* 08.07.2013. – URL http://www.bundesregierung.de/ContentArchiv/DE/Archiv17/Artikel/2013/07/2013-07-08-reform-der-photovoltaik-foerderung-erfolgreich.html. – Zugriffsdatum: 06.01.2013

[Bundestag 2015] Bundestag: *Plenarprotokoll 18/115 vom 02.07.2015.* 2015

[Bundesverband Solarwirtschaft e. V. 2012] Bundesverband Solarwirtschaft e. V.: *Geschäftsklimaindex „Photovoltaik“: Ergebnisse 1. Quartal 2012.* Berlin, 2012

[Bundesverband Solarwirtschaft e. V. 2014a] Bundesverband Solarwirtschaft e. V.: *Solarstrom in Deutschland: Infographik.* 2014. – URL http://www.solarwirtschaft.de/pressegrafiken.html. – Zugriffsdatum: 01.04.2015

[Bundesverband Solarwirtschaft e. V. 2014b] Bundesverband Solarwirtschaft e. V.: *Statistische Zahlen der deutschen Solarbranche (Photovoltaik).* Berlin, 2014

[Bundesverband Solarwirtschaft e. V. 2015] BUNDESVERBAND SOLARWIRTSCHAFT E. V.: *Statistische Zahlen der deutschen Solarbranche (Photovoltaik).* Berlin, 2015

[Charnes und Cooper 1959] CHARNES, A. ; COOPER, W.: Chance-Constrained Programming. In: *Management Science* 6 (1959), Nr. 1, S. 73–79

[Chauvel et al. 2003] CHAUVEL, A. ; FOURNIER, G. ; RAIMBAULT, C.: *Manual of process economic evaluation.* Paris : Editions Technip, 2003

[Choi und Fthenakis 2010] CHOI, J. ; FTHENAKIS, V.: Economic Feasibility of Recycling Photovoltaic Modules. In: *Journal of Industrial Ecology* 14 (2010), Nr. 6, S. 947–964

[Choi und Fthenakis 2014] CHOI, J. ; FTHENAKIS, V.: Crystalline silicon photovoltaic recycling planning: Macro and micro perspectives. In: *Journal of Cleaner Production* 66 (2014), S. 443–449

[Coenenberg et al. 2004] COENENBERG, A. ; MATTNER, G. ; SCHULTZE, W.: *Einführung in das Rechnungswesen: Grundzüge der Buchhaltung und Bilanzierung.* Stuttgart : Schäffer-Poeschel Verlag, 2004

[Cordeau et al. 2006] CORDEAU, J. ; PASIN, F. ; SOLOMON, M.: An integrated model for logistics network design. In: *Annals of Operations Research* 144 (2006), Nr. 1, S. 59–82

[de Brito und Dekker 2004] DE BRITO, M.P. ; DEKKER, R.: A Framework for Reverse Logistics. In: DEKKER, R.; FLEISCHMANN, M.; INDERFURTH, K.; VAN WASSENHOVE, L. (Hrsg.): *Reverse Logistics.* Berlin und New York : Springer Verlag, 2004, S. 3–27

[Dekker et al. 2004] DEKKER, R. ; FLEISCHMANN, M. ; INDERFURTH, K. ; VAN WASSENHOVE, L.N.: Quantitative Models for Reverse Logistics Decision Making. In: DEKKER, R.; FLEISCHMANN, M.; INDERFURTH, K.; VAN WASSENHOVE, L. (Hrsg.): *Reverse Logistics.* Berlin und New York : Springer Verlag, 2004

[Deutsche Gesellschaft für Sonnenenergie e. V. 2015] DEUTSCHE GESELLSCHAFT FÜR SONNENENERGIE E. V.: *EnergyMap.info.* 2015. – URL http://www.energymap.info/. – Zugriffsdatum: 04.04.2015

[Deutsche Rohstoff Agentur 2015a] DEUTSCHE ROHSTOFF AGENTUR: *Preismonitor.* 2015. – URL http://www.deutsche-rohstoffagentur.de/DERA/DE/

Rohstoffinformationen/Rohstoffpreise/Preismonitor/preismonitor_node.html. – Zugriffsdatum: 15.09.2015

[Deutsche Rohstoff Agentur 2015b] DEUTSCHE ROHSTOFF AGENTUR: *Volatilitätsmonitor*. 2015. – URL http://www.deutsche-rohstoffagentur.de/DERA/DE/Rohstoffinformationen/Rohstoffpreise/Volatilit%C3%A4tsmonitor/volatilit%C3%A4tsmonitor_node.html. – Zugriffsdatum: 15.09.2015

[Dimmler 2014] DIMMLER, B.: Overview of Thin-Film Solar Cell Technologies. In: WILLEKE, G.; WEBER, E. (Hrsg.): *Advances in Photovoltaics: Part 3* Bd. 90. Academic Press, 2014, S. 121–136

[Dinkelbach und Kleine 1996] DINKELBACH, W. ; KLEINE, A.: *Elemente einer betriebswirtschaftlichen Entscheidungslehre*. Berlin, Heidelberg und New York : Springer Verlag, 1996

[Dirr et al. 2014] DIRR, M. ; NEBEL, J. ; SAHAMIE, R. ; TUMA, A.: Ein quantitativer Erklärungsansatz für die zeitliche und geographische Entwicklung der Photovoltaik in Deutschland: Implikationen für das EEG und eine effiziente Kreislaufwirtschaft. In: *Zeitschrift für Umweltpolitik & Umweltrecht* 37 (2014), Nr. 2, S. 161–197

[Domschke 1996] DOMSCHKE, W.: *Logistik*. München u. a. : Oldenbourg Verlag, 1996

[Domschke und Drexl 2007] DOMSCHKE, W. ; DREXL, A.: *Einführung in Operations Research*. Berlin : Springer Verlag, 2007

[Dörsam 2007] DÖRSAM, P.: *Grundlagen der Entscheidungstheorie – anschaulich dargestellt*. Heidenau : PD-Verlag, 2007

[Duclos et al. 2010] DUCLOS, S. ; OTTO, J. ; KONITZER, D.: Design in an era of constrained resources. In: *Mechanical engineering* 132 (2010), Nr. 9, S. 36–40

[Dyckhoff und Spengler 2007] DYCKHOFF, H. ; SPENGLER, T.S.: *Produktionswirtschaft: Eine Einführung für Wirtschaftsingenieure*. Berlin und Heidelberg : Springer Verlag, 2007

[EEG 2014] EEG: *Gesetz für den Ausbau erneuerbarer Energien (Erneuerbare-Energien-Gesetz – EEG) vom 21.07.2014*. 2014

[ElektroG 2005] ELEKTROG: *Gesetz über das Inverkehrbringen, die Rücknahme und die umweltverträgliche Entsorgung von Elektro- und Elektronikgeräten (ElektroG) vom 16.03.2005*. 2005

[ElektroG 2015] ELEKTROG: *Gesetz zur Novellierung des Elektro- und Elektronikgerätegesetz (ElektroG) – Gesetzentwurf vom 11.03.2015.* 2015

[Erdmann et al. 2011] ERDMANN, L. ; BEHRENDT, S. ; FEIL, M. ; INSTITUT FÜR ZUKUNFTSSTUDIEN UND TECHNOLOGIEBEWERTUNG (ITZ), ADELPHI (Hrsg.): *Kritische Rohstoffe für Deutschland: „Identifikation aus Sicht deutscher Unternehmen wirtschaftlich bedeutsamer mineralischer Rohstoffe, deren Versorgungslage sich mittel- bis langfristig als kritisch erweisen könnte“: Abschlussbericht.* Berlin, 2011

[Erdmann und Graedel 2011] ERDMANN, L. ; GRAEDEL, T.: Criticality of Non-Fuel Minerals: A Review of Major Approaches and Analyses. In: *Environmental Science & Technology* 45 (2011), Nr. 18, S. 7620–7630

[EuPD Research 2013] EUPD RESEARCH: *Photovoltaik-Preismonitor Deutschland: German PV ModulePriceMonitor 2013: Ergebnisse 1. Quartal.* Bonn, 2013

[Europäische Kommission 2005] EUROPÄISCHE KOMMISSION: *Sustainability evaluation of solar energy systems (SENSE): Projekt Referenz: ENK5-CT-2002-00639.* 2005. – URL http://cordis.europa.eu/project/rcn/67931_en.html. – Zugriffsdatum: 05.05.2015

[Europäische Kommission 2010a] EUROPÄISCHE KOMMISSION: *Critical raw materials for the EU: Report of the Ad-hoc Working Group on defining critical raw materials.* 2010

[Europäische Kommission 2010b] EUROPÄISCHE KOMMISSION: *Die Rohstoffinitiative – Sicherung der Versorgung Europas mit den für Wachstum und Beschäftigung notwendigen Gütern vom 06.05.2010, SEK(2008) 2741.* 2010

[Europäische Kommission 2010c] EUROPÄISCHE KOMMISSION: *Evaluation by the Commission services concerning an Environmental Agreement submitted by PV Cycle to the Commission on 03 December 2010.* 2010

[Europäische Kommission 2013] EUROPÄISCHE KOMMISSION: *European Commission adopts price undertaking in EU-China solar panels case.* 2013. – URL http://trade.ec.europa.eu/doclib/press/index.cfm?id=957. – Zugriffsdatum: 02.04.2015

[Europäische Kommission 2014] EUROPÄISCHE KOMMISSION: *Critical raw materials for the EU: Report of the Ad hoc Working Group on defining critical raw materials.* 2014

[European Environment Agency 2012] EUROPEAN ENVIRONMENT AGENCY: *Typical charge (gate fee and landfill tax) for legal landfilling of non-hazardous municipal waste in EU Member States and regions.* 2012. – URL `http://www.eea.europa.eu/data-and-maps/figures/typical-charge-gate-fee-and#tab-documents`. – Zugriffsdatum: 03.12.2014

[Exner Trenntechnik GmbH 2014] EXNER TRENNTECHNIK GMBH: *Recycling von Photovoltaikmodulen in Kooperation mit take-e-way GmbH.* 2014

[Fischetti und Monaci 2009] FISCHETTI, M. ; MONACI, M.: Light Robustness. In: HUTCHISON, D.; KANADE, T.; KITTLER, J.; KLEINBERG, J.; MATTERN, F.; MITCHELL, J.; NAOR, M.; NIERSTRASZ, O.; PANDU RANGAN, C.; STEFFEN, B.; SUDAN, M.; TERZOPOULOS, D.; TYGAR, D.; VARDI, M.; WEIKUM, G.; AHUJA, R.; MÖHRING, R.; ZAROLIAGIS, C. (Hrsg.): *Robust and Online Large-Scale Optimization* Bd. 5868. Berlin und Heidelberg : Springer Verlag, 2009, S. 61–84

[Fleischmann et al. 2001] FLEISCHMANN, M. ; BEULLENS, P. ; BLOEMHOF-RUWAARD, J. ; WASSENHOVE, L.: The impact of product recovery on logistics design. In: *Production and Operations Management* 10 (2001), Nr. 2, S. 156–173

[Fleischmann et al. 1997] FLEISCHMANN, M. ; BLOEMHOF-RUWAARD, J. ; DEKKER, R. ; VAN DER LAAN, E. ; VAN NUNEN, J. ; VAN WASSENHOVE, L.: Quantitative models for reverse logistics: A review. In: *European Journal of Operational Research* 103 (1997), Nr. 1, S. 1–17

[Fonseca et al. 2010] FONSECA, M. ; GARCÍA-SÁNCHEZ, Á. ; ORTEGA-MIER, M. ; GAMA, F. Saldanha-da: A stochastic bi-objective location model for strategic reverse logistics. In: *TOP* 18 (2010), Nr. 1, S. 158–184

[Forschungszentrum Jülich GmbH 2005] FORSCHUNGSZENTRUM JÜLICH GMBH: *Entwicklung eines Verfahrens zum Recycling von Solarzellen und Solarmodulen – Somozell.* 2005

[Fridgen et al. 2013] FRIDGEN, G. ; KÖNIG, C. ; METTE, P. ; RATHGEBER, A.: Die Absicherung von Rohstoffrisiken – Eine Disziplinen übergreifende Herausforderung für Unternehmen. In: *Zeitschrift für betriebswirtschaftliche Forschung* (2013), Nr. 2, S. 167–190

[Friedrich 2013] FRIEDRICH, B.: *Photorec: Rückgewinnung von seltenen strategischen Metallen aus EOL Dünnschicht-PV-Modulen.* Freiberg, 2013. – URL `http://www.r3-innovation.de/de/15431`. – Posterpräsentation beim r3-kickoff am 18.04.2013

[Friege und Kummer 2012] FRIEGE, H. ; KUMMER, B.: Ressourcenschonung am Beispiel der Elektro- und Elektronikaltgeräte: III. Photovoltaik-Module. In: *Müll und Abfall* (2012), Nr. 9, S. 456–463

[Friege und Kummer 2013] FRIEGE, H. ; KUMMER, B.: Photovoltaik-Module: Bedarf und Recycling. In: *UmweltMagazin* (2013), Nr. 3, S. 46–49

[Frondel et al. 2006] FRONDEL, M. ; ANGERER, G. ; BUCHHOLZ, P.: *Trends der Angebots- und Nachfragesituation bei mineralischen Rohstoffen: Endbericht: Forschungsprojekt Nr. 09/05 des Bundesministeriums für Wirtschaft und Technologie (BMWi).* 2006

[Gabrel et al. 2014] GABREL, V. ; MURAT, C. ; THIELE, A.: Recent advances in robust optimization: An overview. In: *European Journal of Operational Research* 235 (2014), Nr. 3, S. 471–483

[Geldermann 2014] GELDERMANN, J.: *Anlagen- und Energiewirtschaft: Kosten- und Investitionsschätzung sowie Technikbewertung von Industrieanlagen.* München : Vahlen Verlag, 2014

[Ghiani et al. 2014] GHIANI, G. ; LAGANÀ, D. ; MANNI, E. ; MUSMANNO, R. ; VIGO, D.: Operations research in solid waste management: A survey of strategic and tactical issues. In: *Computers & Operations Research* 44 (2014), S. 22–32

[Gleich et al. 2013] GLEICH, B. ; ACHZET, B. ; MAYER, H. ; RATHGEBER, A.: An empirical approach to determine specific weights of driving factors for the price of commodities—A contribution to the measurement of the economic scarcity of minerals and metals. In: *Resources Policy* 38 (2013), Nr. 3, S. 350–362

[Glöser und Faulstich 2014] GLÖSER, S. ; FAULSTICH, M.: Analyse kritischer Rohstoffe durch Methoden der multivariaten Statistik. In: TEIPEL, U.; RELLER, A. (Hrsg.): *3. Symposium Rohstoffeffizienz und Rohstoffinnovation.* Nürnberg : Fraunhofer Verlag, 2014

[Gomes et al. 2011] GOMES, M. ; BARBOSA-POVOA, A. ; NOVAIS, A.: Modelling a recovery network for WEEE: A case study in Portugal. In: *Waste Management* 31 (2011), Nr. 7, S. 1645–1660

[Govindan et al. 2014] GOVINDAN, K. ; SOLEIMANI, H. ; KANNAN, D.: Reverse logistics and closed-loop supply chain: A comprehensive review to explore the future. In: *European Journal of Operational Research* 240 (2014), Nr. 3, S. 603–626

[Graedel et al. 2012] GRAEDEL, T. ; BARR, R. ; CHANDLER, C. ; CHASE, T. ; CHOI, J. ; CHRISTOFFERSEN, L. ; FRIEDLANDER, E. ; HENLY, C. ; JUN, C. ; NASSAR, N. ; SCHECHNER, D. ; WARREN, S. ; YANG, M. ; ZHU, C.: Methodology of Metal Criticality Determination. In: *Environmental Science & Technology* 46 (2012), Nr. 2, S. 1063–1070

[Graedel und Erdmann 2012] GRAEDEL, T. ; ERDMANN, L.: Will metal scarcity impede routine industrial use? In: *MRS Bulletin* 37 (2012), Nr. 4, S. 325–331

[green jobs Austria 2013] GREEN JOBS AUSTRIA: *Recycling von PV-Modulen: Hintergrundpapier zum Round Table Recycling von PV-Modulen am 6. November 2013.* 2013

[Groot et al. 2012] GROOT, H. de ; RADEMAEKERS, K. ; SVATIKOVA, K. ; SMITH, M. ; WIDERBERG, O. ; OBERSTEINER, M. ; MARCARINI, A. ; DUMMOLLARD, G. ; STROSSER, P. ; DE PAOLI, G. ; LISE, W. ; KLAASSENS, E. ; ECORYS (Hrsg.): *Mapping resource prices: the past and the future: Final Report: Client: European Commission – DG Environment.* 2012

[Gudehus 2010] GUDEHUS, T.: *Logistik: Grundlagen – Strategien – Anwendungen.* Berlin u. a. : Springer Verlag, 2010

[Guide und van Wassenhove 2009] GUIDE, D. ; VAN WASSENHOVE, L.: OR FORUM—The Evolution of Closed-Loop Supply Chain Research. In: *Operations Research* 57 (2009), Nr. 1, S. 10–18

[Günther und Tempelmeier 2012] GÜNTHER, H. ; TEMPELMEIER, H.: *Produktion und Logistik.* Berlin u. a. : Springer Verlag, 2012

[Hameiri 2015] HAMEIRI, Z.: Photovoltaics literature survey (No. 116). In: *Progress in Photovoltaics: Research and Applications* 23 (2015), Nr. 2, S. 265–268

[Handelsblatt 2012] HANDELSBLATT: *Für ostdeutsche First-Solar-Werke ist offiziell Schluss.* 2012. – URL http://www.handelsblatt.com/unternehmen/industrie/solarunternehmen-fuer-ostdeutsche-first-solar-werke-ist-offiziell/-schluss/7573966.html. – Zugriffsdatum: 28.04.2015

[Harelas 2014] HARELAS, J.: *Frage Anzahl Wertstoff- und Recyclinghöfe in Deutschland, persönliche Mitteilung an E. Degel am 28.07.2014.* 2014

[Hoffmann 2008] HOFFMANN, V.: Damals war's: Ein Rückblick auf die Entwicklung der Photovoltaik in Deutschland. In: *Sonnenenergie* (2008), Nr. 6, S. 38–39

[Hombach und Walther 2015] HOMBACH, L. ; WALTHER, G.: Pareto-efficient legal regulation of the (bio)fuel market using a bi-objective optimization model. In: *European Journal of Operational Research* 245 (2015), Nr. 1, S. 286–295

[Hörig 2015] HÖRIG, D.: *Auskunft Verwertungs- und Recyclingquote ElektroG, persönliche Mitteilung an E. Degel am 21.04.2015.* 2015

[Hoyer et al. 2014] HOYER, C. ; KIECKHÄFER, K. ; SPENGLER, T.S.: Technology and capacity planning for the recycling of lithium-ion electric vehicle batteries in Germany. In: *Journal of Business Economics* 85 (2014), Nr. 5, S. 505–544

[Hudec et al. 2009] HUDEC, B. ; HOPPE, U. ; RIEDEL, C.: Photovoltaik. In: THOMÉ-KOZMIENSKY, K.; BECKMANN, M. (Hrsg.): *Erneuerbare Energien* Bd. 2. Neuruppin : TK Verlag Karl Thomé-Kozmiensky, 2009

[Hurwicz 1951] HURWICZ, L.: Optimality Criteria for Decision Making under Ignorance. In: *Cowles Comission Discussion Paper, Chicago* (1951)

[Huy et al. 2014] HUY, D. ; ANDRULEIT, H. ; BABIES, H.-G. ; ELSNER, H. ; HOMBERG-HEUMANN, D. ; MESSNER, J. ; RÖHLING, S. ; SCHAUER, M. ; SCHMIDT, S. ; SCHMITZ, M. ; SZURLIES, M. ; BUNDESANSTALT FÜR GEOWISSENSCHAFTEN UND ROHSTOFFE (Hrsg.): *Deutschland – Rohstoffsituation 2013.* Hannover, 2014

[Huy et al. 2013] HUY, D. ; ANDRULEIT, H. ; BABIES, H.-G ; HOMBERG-HEUMANN, D. ; MESSNER, J. ; NEUMANN, W. ; RÖHLING, S. ; SCHAUER, M. ; SCHMIDT, S. ; SCHMITZ, M. ; BUNDESANSTALT FÜR GEOWISSENSCHAFTEN UND ROHSTOFFE (Hrsg.): *Deutschland - Rohstoffsituation 2012.* 2013

[Initiative-Zink 2015] INITIATIVE-ZINK: *Interview mit D. Böttcher, Sprecher der Initiative Zink.* 2015. – URL http://www.initiative-zink.de/service/mediathek/interviews/boettcher-dirk/. – Zugriffsdatum: 16.09.2015

[Institut der deutschen Wirtschaft Köln 2015] INSTITUT DER DEUTSCHEN WIRTSCHAFT KÖLN: *Zeitreihe Industriemetallpreis-Index.* 2015

[ITQ 04.09.2014] ITQ: *Low-Energy Recycling für PV-Module: LE-Cycle.* 04.09.2014. – URL http://www.kompetenztag-engineering.de/live/le-cycle/. – Zugriffsdatum: 05.04.2014

[Jayaraman et al. 2003] JAYARAMAN, V. ; PATTERSON, R. ; ROLLAND, E.: The design of reverse distribution networks: Models and solution procedures. In: *European Journal of Operational Research* 150 (2003), Nr. 1, S. 128–149

[Junge 2003] JUNGE, K.: *Planung von Logistiknetzen: Modellierung und Optimierung verteilter Produktionssysteme.* Wiesbaden : Dt. Univ.-Verlag, 2003

[Kall und Wallace 1994] KALL, P. ; WALLACE, S.W.: *Stochastic programming.* Chichester u. a. : Wiley Verlag, 1994

[Kara und Onut 2010] KARA, S. ; ONUT, S.: A two-stage stochastic and robust programming approach to strategic planning of a reverse supply network: The case of paper recycling. In: *Expert Systems with Applications* 37 (2010), Nr. 9, S. 6129–6137

[Kerdoncuff 2008] KERDONCUFF, P.: *Modellierung und Bewertung von Prozessketten zur Herstellung von Biokraftstoffen der zweiten Generation.* Karlsruhe : Universitätsverlag, 2008

[Kernbaum 2012] KERNBAUM, S.: *Trennmedium, Verfahren und Anlage zum Trennen von Mehrschichtsystemen.* Patent DE 102011000322 A1. 2012

[Kernbaum et al. 2012] KERNBAUM, S. ; LOVIS, F. ; SURMANN, T.: *Entwicklung von nanoskaligen Trennmedien und Konstruktion einer kontinuierlichen Anlage für die Aufbereitung von PV-Modulen: saperaTens: Abschlussbericht über ein Entwicklungsprojekt, gefördert unter dem Az: 29682 von der Deutschen Bundesstiftung Umwelt.* Bielefeld, 2012

[Knitschky et al. 2011] KNITSCHKY, G. ; LISCHKE, A. ; MÜLLER, S.: Entwicklung der Nutzfahrzeugflotte und deren CO_2-Emissionen im Straßengüterverkehr in Deutschland bis zum Jahr 2030. In: CLAUSEN, U. (Hrsg.): *Wirtschaftsverkehr 2011.* Dortmund : Praxiswissen, 2011 (Logistik, Verkehr und Umwelt), S. 139–154

[kompany.de 2015] KOMPANY.DE: *SolarCycle GmbH Handelsregisterauszug: HRB16990 Stendal.* 2015. – URL `https://www.kompany.de/p/de/hrb16990%20stendal`. – Zugriffsdatum: 28.04.2015

[Koopmans 1951] KOOPMANS, T.: Analysis of production as an Efficient Combination of Activities. In: KOOPMANS, T. (Hrsg.): *Analysis of Production and Allocation, Proceeding of a Conference.* New York und London : John Wiley and Sons Inc., 1951, S. 33–97

[Kouvelis und Yu 1997] KOUVELIS, P. ; YU, G.: *Nonconvex Optimization and Its Applications.* Bd. 14: *Robust Discrete Optimization and Its Applications.* Boston : Springer US, 1997

[Kranert et al. 2012] KRANERT, M. ; METZGER, J. ; KOCH, M. ; FISCHER, K. ; INSTITUT FÜR SIEDLUNGSWASSERBAU, WASSERGÜTE- UND ABFALLWIRTSCHAFT (ISWA), INSTITUT FÜR PHOTOVOLTAIK, UNIVERSITÄT STUTTGART (Hrsg.): *Photovoltaikmodule – Umweltfreundlichkeit und Recyclingmöglichkeiten: Abschlussbericht.* 2012

[Krawietz 2003] KRAWIETZ, S.: *Gebäudeintegration von Photovoltaik (GIPV) in Europa.* Selbstverlag, 2003

[Kreutzmann und Siemer 2014] KREUTZMANN, A. ; SIEMER, J.: Die Hoffnung liegt im Kleinen: Mitten im Niedergang der deutschen Solarindustrie erkämpfen sich einige Mittelständler eine Nische. In: *Photon* (2014), Nr. 1, S. 20–24

[Kroll und Szombathy 2012] KROLL, J. ; SZOMBATHY, M.: Schließlich ist es Elektronikschrott: Interview mit K.P. Kramer. In: *EU-Recycling* 29 (2012), Nr. 3, S. 13–15

[KrWG 2012] KRWG: *Gesetz zur Förderung der Kreislaufwirtschaft und Sicherung der umweltverträglichen Bewirtschaftung von Abfällen (Kreislaufwirtschaftsgesetz: KrWG) vom 24.02.2012.* 2012

[LAbfG 2014] LABFG: *Landesabfallgesetz Nordrhein-Westfalen: LAbfG vom 13.03.2014.* 2014

[Laux 2007] LAUX, Helmut: *Entscheidungstheorie.* Berlin und Heidelberg : Springer Verlag, 2007

[Lee und Dong 2009] LEE, D. ; DONG, M.: Dynamic network design for reverse logistics operations under uncertainty. In: *Transportation Research Part E: Logistics and Transportation Review* 45 (2009), Nr. 1, S. 61–71

[Lempert et al. 2006] LEMPERT, R. ; GROVES, D. ; POPPER, S. ; BANKES, S.: A General, Analytic Method for Generating Robust Strategies and Narrative Scenarios. In: *Management Science* 52 (2006), Nr. 4, S. 514–528

[Li und Schulze 2011] LI, L. ; SCHULZE, L.: Uncertainty in Logistics Network Design: A Review. In: AO, S. (Hrsg.): *International MultiConference of Engineers and Computer Scientists.* Hong Kong : Newswood Limited. and International Association of Engineers, 2011

[Lindert 2014a] LINDERT, M.: *Finanzierung Recyclinghöfe, persönliche Mitteilung an E. Degel am 19.03.2014.* 2014

[Lindert 2014b] LINDERT, M.: *Jährliche Zahlungen für den Betrieb eines Wertstoff- bzw. Recyclinghofs, persönliche Mitteilung an E. Degel am 19.11.2014*. 2014

[Listeş und Dekker 2005] LISTEŞ, O. ; DEKKER, R.: A stochastic approach to a case study for product recovery network design. In: *European Journal of Operational Research* 160 (2005), Nr. 1, S. 268–287

[Lobbe 2012] LOBBE: Entsorgungsunternehmen stellt Weichen für Recycling von Photovoltaik-Modulen. In: *Müll und Abfall* 44 (2012), Nr. 2, S. 109

[Lobbe GmbH 2014] LOBBE GMBH: *Information zu ihren Recyclingverfahren, persönliche Mitteilung an E. Degel am 07.08.2014*. 2014

[Loser Chemie GmbH 2014] LOSER CHEMIE GMBH: *Information zu ihren Recyclingverfahren, persönliche Mitteilung an E. Degel am 14.08.2014*. 2014

[Ludes et al. 2013] LUDES, G. ; SIEBERS, B. ; STOCK, T. ; LANDESAMT FÜR NATUR, UMWELT UND VERBRAUCHERSCHUTZ NORDRHEIN-WESTFALEN (Hrsg.): *Potenzialstudie Erneuerbare Energien NRW: Teil 2 – Solarenergie*. Recklinghausen, 2013 (LANUV-Fachbericht 40)

[Märtel o. J.] MÄRTEL, C.: *1000 Dächer Programm: Photovoltaik Lexikon*. o. J.. – URL `http://www.photovoltaik-web.de/photovoltaik-lexikon/ziffern-0-9/1000-daecher-programm.html`. – Zugriffsdatum: 01.04.2015

[Marwede et al. 2013] MARWEDE, M. ; BERGER, W. ; SCHLUMMER, M. ; MÄURER, A. ; RELLER, A.: Recycling paths for thin-film chalcogenide photovoltaic waste – Current feasible processes. In: *Renewable Energy* 55 (2013), S. 220–229

[Masson et al. 2013] MASSON, G. ; LATOUR, M. ; REKINGER, M. ; THEOLOGITIS, I. ; M., Papoutsi ; EUROPEAN PHOTOVOLTAIC INDUSTRY ASSOCIATION (EPIA) (Hrsg.): *Global Market Outlook: For Photovoltaics 2013–2017*. Brüssel, 2013

[Masson et al. 2014] MASSON, G. ; ORLANDI, S. ; REKINGER, M. ; EUROPEAN PHOTOVOLTAIC INDUSTRY ASSOCIATION (EPIA) (Hrsg.): *Global Market Outlook: For Photovoltaics 2014–2018*. Brüssel, 2014

[McDonald und Pearce 2010] MCDONALD, N. ; PEARCE, J.: Producer responsibility and recycling solar photovoltaic modules. In: *Energy Policy* 38 (2010), Nr. 11, S. 7041–7047

[Melo et al. 2009] MELO, T. ; NICKEL, S. ; SALDANHA-DA-GAMA, F.: Facility location and supply chain management – A review. In: *European Journal of Operational Research* 196 (2009), Nr. 2, S. 401–412

[Min und Ko 2008] MIN, H. ; KO, H.-J.: The dynamic design of a reverse logistics network from the perspective of third-party logistics service providers. In: *International Journal of Production Economics* 113 (2008), Nr. 1, S. 176–192

[Monier und Hestin 2011] MONIER, V. ; HESTIN, M. ; BIO INTELLIGENCE SERVICE (Hrsg.): *Study on photovoltaic panels supplementing the impact assessment for a recast of the WEEE directive: Final Report: A project under the Framework contract ENV.G.4/FRA/2007/0067.* Paris, 2011

[Morley und Eatherley 2008] MORLEY, N. ; EATHERLEY, D.: *Material security: Ensuring resource availability for the UK economy.* Chester : C-Tech Innovation Ltd., 2008

[Mulvey et al. 1995] MULVEY, J. ; VANDERBEI, R. ; ZENIOS, S.: Robust Optimization of Large-Scale Systems. In: *Operations Research* 43 (1995), Nr. 2, S. 264–281

[Naß 2013] NASS, G.: *Recyclingkreislauf einer Photovoltaikanlage.* 2013. – URL `http://www.sma-sunny.com/2013/08/09/recyclingkreislauf-einer-photovoltaikanlage/`. – Zugriffsdatum: 16.07.2014

[National Center for Photovoltaics 2015] NATIONAL CENTER FOR PHOTOVOLTAICS: *Research Cell Efficiency Records.* 2015. – URL `http://www.nrel.gov/ncpv/`. – Zugriffsdatum: 09.04.2015

[National Research Council 2008] NATIONAL RESEARCH COUNCIL: *Minerals, critical minerals, and the U.S. economy.* Washington D.C. : National Academies Press, 2008

[Neumann und Morlock 1993] NEUMANN, K. ; MORLOCK, M.: *Operations Research.* München u. a. : Hanser Verlag, 1993

[Nuss et al. 2014] NUSS, C. ; SAHAMIE, R. ; STINDT, D.: The Reverse Supply Chain Planning Matrix: A Classification Scheme for Planning Problems in Reverse Logistics. In: *International Journal of Management Reviews* online veröffentlicht (2014)

[Palitzsch 2009] PALITZSCH, W.: *Technisches Verfahren zum Entfernen der Front- und Rückseitenkontakte von Solarzellen bei gleichzeitiger Gewinnung von Wertstoffen und Minimierung der Abfälle.* Patent DE102007034441 A1. 2009

[Palitzsch 2010] PALITZSCH, W.: *Technisches Verfahren zum Recycling von Dünnschichtsolarzellenmodulen.* Patent DE102008058530 A1. 2010

[Palitzsch und Loser 2013] PALITZSCH, W. ; LOSER, U.: *Systematic Thin Film Photovoltaic Recycling Hydrometallurgical Approaches.* Paris, 2013 (28th European PV Solar Energy Conference and Exhibition vom 30.09.–04.10.2013)

[Pati et al. 2008] PATI, R. ; VRAT, P. ; KUMAR, P.: A goal programming model for paper recycling system. In: *Omega* 36 (2008), Nr. 3, S. 405–417

[Peidro et al. 2009] PEIDRO, D. ; MULA, J. ; POLER, R. ; LARIO, F.: Quantitative models for supply chain planning under uncertainty: A review. In: *The International Journal of Advanced Manufacturing Technology* 43 (2009), Nr. 3–4, S. 400–420

[Peters et al. 2003] PETERS, M. ; TIMMERHAUS, K. ; WEST, R.: *Plant design and economics for chemical engineers.* New York : McGraw-Hill, 2003

[Pfleger et al. 2011] PFLEGER, P. ; KEMPERMANN, H. ; LICHTBLAU, K. ; BARDT, H. ; VEREINIGUNG DER BAYRISCHEN WIRTSCHAFT E. V. (Hrsg.): *Rohstoffsituation Bayern: Keine Zukunft ohne Rohstoffe.* 2011

[photovoltaik.eu 2013] PHOTOVOLTAIK.EU: *PV-Recyclingverband Ceres gibt auf.* 2013. – URL `http://www.photovoltaik.eu/PV-Recyclingverband-Ceres-gibt-auf,QUlEPTU1MTcyNCZNSUQ9MzAwMjE.html`. – Zugriffsdatum: 22.04.2015

[Pilarsky 2014] PILARSKY, G.: *Wirtschaft am Rohstofftropf: Der Kampf um die wichtigsten mineralischen Ressourcen.* Wiesbaden : Springer Gabler Verlag, 2014

[Pishvaee et al. 2011] PISHVAEE, M. ; RABBANI, M. ; TORABI, S.: A robust optimization approach to closed-loop supply chain network design under uncertainty. In: *Applied Mathematical Modelling* 35 (2011), Nr. 2, S. 637–649

[Podewils 2010] PODEWILS, C.: Garantiert kompliziert: Wer Modulgarantien durchsetzen will, braucht einen langen Atem und muss viel Geld mitbringen. In: *Photon* (2010), S. 120–129

[Pokharel und Mutha 2009] POKHAREL, S. ; MUTHA, A.: Perspectives in reverse logistics: A review. In: *Resources, Conservation and Recycling* 53 (2009), Nr. 4, S. 175–182

[PV Cycle 2015] PV CYCLE: *Unternehmens-Homepage.* 2015. – URL `www.pvcycle.org`. – Zugriffsdatum: 22.04.2015 [r2b consulting GmbH 2013] R2B CONSULTING GMBH: *Jahresprognose 2014 und Mittelfristprognose bis 2018 zur deutschlandweiten Stromerzeugung aus EEG Kraftwerken: Im Auftrag der 50Hertz Transmission GmbH, Ampiron GmbH, TenneT TSO GmbH, TransnetBW GmbH.* Köln, 2013

[Ramezani et al. 2013] RAMEZANI, M. ; BASHIRI, M. ; TAVAKKOLI-MOGHADDAM, R.: A robust design for a closed-loop supply chain network under an uncertain environment. In: *The International Journal of Advanced Manufacturing Technology* 66 (2013), Nr. 5–8, S. 825–843

[Ramon 2013] RAMON, L.: *FRELP: Full Recovery end-of-life photovoltaic.* Rom, 2013 (3rd International Conference on the recovery of photovoltaic panels am 28.08.2013)

[Raspe 2012] RASPE, R. ; ENERGIEZUKUNFT.EU (Hrsg.): *Photovoltaik-Branche in der Krise.* 2012. – URL `http://www.energiezukunft.eu/solar/photovoltaik/photovoltaik-branche-in-der-krise-gn10173/?bt=2&no_cache=1`. – Zugriffsdatum: 02.04.2015

[Realff et al. 2004] REALFF, M. ; AMMONS, J. ; NEWTON, D.: Robust reverse production system design for carpet recycling. In: *IIE Transactions* 36 (2004), Nr. 8, S. 767–776

[Recyclingportal.eu 2014] RECYCLINGPORTAL.EU: *Pilotanlage zum Recycling von Verbundmaterialien in Betrieb genommen.* 2014. – URL `http://www.recyclingportal.eu/artikel/32147.shtml`. – Zugriffsdatum: 30.07.2014

[Reiling Unternehmensgruppe 2015] REILING UNTERNEHMENSGRUPPE: *Standorte und Ansprechpartner bei der Reiling Unternehmensgruppe.* 2015. – URL `http://reiling.de/standorte-ansprechpartner/`. – Zugriffsdatum: 01.10.2015

[Remmers 1995] REMMERS, J.: *Zur Ex-ante-Bestimmung von Investitionen bzw. Kosten für Emissionsminderungstechniken und den Auswirkungen der Datenqualität in meso-skaligen Energie-Umwelt-Modellen.* Aachen : Shaker Verlag, 1995

[Rieger 1990] RIEGER, B.: Unscharfe Semantik: zur numerischen Modellierung vager Bedeutungen von Wörtern als fuzzy Mengen. In: BRAUER, W.; FRIEMEL, H.; MÜLLER-SCHÖNBERGER, G.; SCHÜTT, A. (Hrsg.): *Forum '90 Wissenschaft und Technik* Bd. 259. Berlin und Heidelberg : Springer Verlag, 1990, S. 80–104

[Rubio et al. 2008] RUBIO, S. ; CHAMORRO, A. ; MIRANDA, F.: Characteristics of the research on reverse logistics (1995–2005). In: *International Journal of Production Research* 46 (2008), Nr. 4, S. 1099–1120

[Sahinidis 2004] SAHINIDIS, N.: Optimization under uncertainty: state-of-the-art and opportunities. In: *Computers & Chemical Engineering* 28 (2004), Nr. 6–7, S. 971–983

[Salema et al. 2007] SALEMA, M. ; BARBOSA-PÓVOA, A. ; NOVAIS, A.: An optimization model for the design of a capacitated multi-product reverse logistics network with uncertainty. In: *European Journal of Operational Research* 179 (2007), Nr. 3, S. 1063–1077

[Salema et al. 2009] SALEMA, M. ; BARBOSA-PÓVOA, A. ; NOVAIS, A.: A strategic and tactical model for closed-loop supply chains. In: *OR Spectrum* 31 (2009), Nr. 3, S. 573–599

[Salema et al. 2010] SALEMA, M. ; BARBOSA-PÓVOA, A. ; NOVAIS, A.: Simultaneous design and planning of supply chains with reverse flows: A generic modelling framework. In: *European Journal of Operational Research* 203 (2010), Nr. 2, S. 336–349

[Sander et al. 2007] SANDER, K. ; SCHILLING, S. ; WAMBACH, K. ; SCHLENKER, S. ; MÜLLER, A. ; SPRINGER, J. ; FOUQUET, D. ; JELITTE, A. ; STYRI-HIPP, G. ; CHROMETZKA, T. ; ÖKOPOL INSTITUT FÜR ÖKOLOGIE UND POLITIK GMBH (Hrsg.): *Studie zur Entwicklung eines Rücknahme- und Verwertungssystem für photovoltaische Produkte: Gefördert durch das BMU, Förderkennzeichen 03MAP092, Kofinanziert durch EPIA/BSW-Solar*. Hamburg, 2007

[Sander et al. 2004] SANDER, K. ; ZANGL, S. ; REICHMUTH, M. ; SCHRÖDER ; G. ; ÖKOPOL INSTITUT FÜR ÖKOLOGIE UND POLITIK GMBH (Hrsg.): *Stoffbezogene Anforderungen an Photovoltaik-Produkte und deren Entsorgung: Umwelt-Forschungs-Plan, FKZ 202 33 304, Endbericht*. Hamburg/Leipzig, 2004

[Schatka 2011] SCHATKA, A.: *Strategische Netzwerkgestaltung in der Prozessindustrie*. Wiesbaden : Gabler Verlag, 2011

[Schirmbeck GmbH 2014] SCHIRMBECK GMBH ; DEGEL, E. (Hrsg.): *Recycling von PV-Modulen, persönliche Mitteilung an E. Degel am 12.11.2014*. 2014

[Schlenker et al. 2009] SCHLENKER, S. ; KONRAD, B. ; RAMIN-MARRO, D. v. ; DEUTSCHE SOLAR AG; BAYRISCHES INSTITUT FÜR UMWELTFORSCHUNG UND -TECHNIK (BIFA) (Hrsg.): *Entwicklung eines nachhaltigen Kreislaufsystems für photovoltaische Produkte „Somozell II“: Schlussbericht 2009: FKZ 0327566A; 0327566B*. Augsburg, 2009

[Schmiemann 2014] SCHMIEMANN, A.: *Recycling von Photovoltaikmodulen: Gefördert durch Europäischen Fond für regionale Entwicklung.* 2014. – URL http://www.ostfalia.de/cms/de/ifr/forschung/recycling_von_photovoltaik-modulen.html. – Zugriffsdatum: 02.07.2014

[Scholl 2001] SCHOLL, A.: *Robuste Planung und Optimierung: Grundlagen – Konzepte und Methoden – experimentelle Untersuchungen.* Heidelberg : Physica-Verlag, 2001

[Schultmann et al. 2006] SCHULTMANN, F. ; ZUMKELLER, M. ; RENTZ, O.: Modeling reverse logistic tasks within closed-loop supply chains: An example from the automotive industry. In: *European Journal of Operational Research* 171 (2006), Nr. 3, S. 1033–1050

[Schwarz et al. 2011] SCHWARZ, H. ; PFEIFFER, K. ; FUCHS, A. ; PORSINGER, T. ; FEIGE, A. ; BRANDENBURGISCH TECHNISCHE UNIVERSITÄT (Hrsg.): *Fortführung der Studie zur Netzintegration der Erneuerbaren Energie im Land Brandenburg: Studie im Auftrag des Ministeriums für Wirtschaft und Europaangelegenheiten des Landes Brandenburg in Kooperation mit 50Hertz Transmission GmbH, envia Verteilnetz GmbH, E.ON edis GmbH, WEMAG Netz GmbH.* Cottbus, 2011

[Secondsol 2015] SECONDSOL: *Unternehmens-Homepage.* 2015. – URL www.secondsol.de. – Zugriffsdatum: 06.05.2015

[Seitz et al. 2013] SEITZ, M. ; KROBAN, M. ; PITSCHKE, T. ; KREIBE, S. ; BIFA UMWELTINSTITUT (Hrsg.): *Ökoeffizienzanalyse von Photovoltaikmodulen.* Augsburg, 2013 (bifa-Texte 62)

[Shih 2001] SHIH, L.-H.: Reverse logistics system planning for recycling electrical appliances and computers in Taiwan. In: *Resources, Conservation and Recycling* 32 (2001), Nr. 1, S. 55–72

[Shrestha 2014] SHRESTHA, S.: Photovoltaics literature survey (No. 110). In: *Progress in Photovoltaics: Research and Applications* 22 (2014), Nr. 4, S. 502–504

[Sinnott 2005] SINNOTT, R.: *Coulson & Richardson's chemical engineering.* Bd. 6: *Chemical engineering design.* Amsterdam : Elsevier/Butterworth-Heinemann, 2005

[Slade 1982] SLADE, M.: Trends in Natural Resource Commodity Prices: An Analysis of the Time Domain. In: *Journal of Environmental Economics and Management* 9 (1982), Nr. 2, S. 122–137

[Snyder 2006] SNYDER, L.: Facility location under uncertainty: A review. In: *IIE Transactions* 38 (2006), Nr. 7, S. 547–564

[SolarServer 2011] SOLARSERVER: *SolarWorld gründet Joint Venture SolarCycle.* 2011. – URL http://www.solarserver.de/solar-magazin/nachrichten/archiv-2011/2011/kw36/solarworld-gruendet/-joint-venture-solarcycle-sitz-im-chemiepark-bitterfeld/wolfen-produktion-von-metallprodukten-und-anderen-materialien-aus/-recycelten-photo/voltaik-modulen.html. – Zugriffsdatum: 01.12.2012

[SolarServer 2012] SOLARSERVER: *Dünnschicht-Photovoltaik: First Solar meldet neuen Weltrekord- Wirkungsgrad für CdTe-Solarmodule: 14,4 Prozent Gesamtflächeneffizienz durch NREL bestätigt.* 2012. – URL http://www.solarserver.de/solar-magazin/nachrichten/archiv-2012/2012/kw03/duennschicht-photovolt/aik-first-solar-meldet-neuen-weltrekord-wirkungsgrad-fuer-cdte/-solarmodule-144-prozent-gesamtflaecheneffizienz-durch-nrel/-bestaetigt.html. – Zugriffsdatum: 01.12.2012

[Soleimani und Govindan 2014] SOLEIMANI, H. ; GOVINDAN, K.: Reverse logistics network design and planning utilizing conditional value at risk. In: *European Journal of Operational Research* 237 (2014), Nr. 2, S. 487–497

[Soleimani et al. 2013] SOLEIMANI, H. ; SEYYED-ESFAHANI, M. ; SHIRAZI, M.: A new multi-criteria scenario-based solution approach for stochastic forward/reverse supply chain network design. In: *Annals of Operations Research* (2013)

[Soyster 1973] SOYSTER, A.: Technical Note: Convex Programming with Set-Inclusive Constraints and Applications to Inexact Linear Programming. In: *Operations Research* 21 (1973), Nr. 5, S. 1154–1157

[Spalteholz 2013] SPALTEHOLZ, C. ; DEGEL, E. (Hrsg.): *Frage zum ElektroG, persönliche Mitteilung an E. Degel am 12.08.2013.* 2013

[Speirs et al. 2013] SPEIRS, J. ; HOUARI, Y. ; GROSS, R. ; UK ENERGY RESEARCH CENTRE (Hrsg.): *Materials Availaility: Comparison of material criticality studies – methodologies and results: Working Paper III, UKERC/WP/TPA/2013/002.* London, 2013

[Spengler et al. 1997] SPENGLER, T. ; PÜCHERT, H. ; PENKUHN, T. ; RENTZ, O.: Environmental integrated production and recycling management. In: *European Journal of Operational Research* 97 (1997), Nr. 2, S. 308–326

[Spengler und Rentz 1996] SPENGLER, T. ; RENTZ, O.: Betriebswirtschaftliche Planungsmodelle zur Demontage und zum Recycling komplexer zusammengesetzter Produkte. In: *Zeitschrift für Betriebswirtschaft, Sonderdruck betriebliches Umweltmanagement* (1996), Nr. 2, S. 79–96

[Srivastave 2008] SRIVASTAVE, S.: Network design for reverse logistics? In: *Omega* 36 (2008), Nr. 4, S. 535–548

[Statistisches Bundesamt 2014] STATISTISCHES BUNDESAMT: *Preise: Daten zur Energiepreisentwicklung: Lange Reihe von Januar 2000 bis Oktober 2014*. Wiesbaden, 2014

[Strassmann 2013] STRASSMANN, B. ; ZEIT ONLINE (Hrsg.): *Das falsche Versprechen: Alternative Energie*. 2013. – URL `http://www.zeit.de/2013/19/defekte-solaranlagen`. – Zugriffsdatum: 15.04.2015

[Sunicon GmbH 2012] SUNICON GMBH: *Entwicklung eines Demontageprozesses für ein ökologisch und ökonomisch effizientes Recycling von Solarmodulen zur langfristigen wirtschaftlichen Stabilisierung: SoMoRec: Föderkennzeichen 0325218*. 2012

[Taetow 2012] TAETOW, W.: *Interview in BINE Informationsdienst über PV-Wiederverwertungssystem veröffentlicht am 23.01.2012*. 2012. – URL `http://www.bine.info/nc/newsuebersicht/news/solarmodule-auf-recyclingkurs/`. – Zugriffsdatum: 04.10.2015

[take-e-way 2014] TAKE-E-WAY: *PV-Recycling – WEEE benötigt kein brancheninividuelles Rücknahmesystem der Hersteller*. 2014. – URL `http://www.take-e-way.de/news-presse/news/newsarchiv/newsarchiv-detailansicht/article/pv-recyc/ling--weee-benoetigt-kein-branchenindividuelles-ruecknahmesystem/-der-hersteller/`. – Zugriffsdatum: 05.07.2014

[Tammaro et al. 2015] TAMMARO, M. ; RIMAURO, J. ; FIANDRA, V. ; SALLUZZO, A.: Thermal treatment of waste photovoltaic module for recovery and recycling: Experimental assessment of the presence of metals in the gas emissions and in the ashes. In: *Renewable Energy* 81 (2015), S. 103–112

[TDC Trade, Development & Construction Ltd. 2014] TDC TRADE, DEVELOPMENT & CONSTRUCTION LTD.: *Recycling von Altglas aus PV-Modulen, persönliche Mitteilung an E. Degel am 24.07.2014.* 2014

[Tech o. J.] TECH, Iian: *Solar Electricity Basics-What is Solar Electricity?* o. J.. – URL http://iian.kr/wordpress/?page_id=1206. – Zugriffsdatum: 08.10.2015

[Teske und Masson 2011] TESKE, S. ; MASSON, G. ; GREENPEACE, EUROPEAN PHOTOVOLTAIC INDUSTRY ASSOCIATION (EPIA) (Hrsg.): *Solar Generation 6: Solar photovoltaic electricity empowering the world.* Brüssel, 2011

[Umweltbundesamt 2015a] UMWELTBUNDESAMT: *Elektro- und Elektronikgerätegesetz.* 2015. – URL http://www.umweltbundesamt.de/themen/abfall-ressourcen/produktverantwortung-in-der-abfallwirtschaft/elektroaltgeraete/elektro-elektronikgeraetegesetz. – Zugriffsdatum: 05.05.2015

[Umweltbundesamt 2015b] UMWELTBUNDESAMT: *Erneuerbare Energien in Zahlen.* 2015. – URL http://www.umweltbundesamt.de/themen/klima-energie/erneuerbare-energien/erneuerbare-energien-in-zahlen. – Zugriffsdatum: 30.03.2015

[U.S. Department of Energy 2010] U.S. DEPARTMENT OF ENERGY: *Critical Materials Strategy.* 2010

[U.S. Geological Survey 2002] U.S. GEOLOGICAL SURVEY: *Mineral Commodity Summaries 2002.* Washington, 2002

[U.S. Geological Survey 2007] U.S. GEOLOGICAL SURVEY: *Mineral Commodity Summaries 2007.* Washington, 2007

[U.S. Geological Survey 2013] U.S. GEOLOGICAL SURVEY: *2013 Minerals Yearbook: Aluminium (Advance Release).* 2013

[U.S. Geological Survey 2015a] U.S. GEOLOGICAL SURVEY: *Historical Statistics for Mineral and Material Commodities in the United States.* 2015. – URL http://minerals.usgs.gov/minerals/pubs/historical-statistics/#data. – Zugriffsdatum: 15.09.2015

[U.S. Geological Survey 2015b] U.S. GEOLOGICAL SURVEY: *Mineral Commodity Summaries 2015.* Reston und Virginia, 2015

[Vasters 2007] VASTERS, J.: Der BGR-Preisindex für metallische Rohstoffe (BGR-MPI). In: BUNDESANSTALT FÜR GEOWISSENSCHAFTEN UND ROHSTOFFE (Hrsg.): *Bundesrepublik Deutschland Rohstoffsituation 2006* Bd. H. 36. Stuttgart : Schweizerbart Verlag, 2007

[Verband der chemischen Industrie e. V. 2014] VERBAND DER CHEMISCHEN INDUSTRIE E. V.: *Chemiewirtschaft in Zahlen 2014*. 56. Frankfurt, 2014

[Wade 2011] WADE, A.: *Nachhaltigkeit durch Produktlebenszyklusmanagement.* 2011

[Wade 2012] WADE, A.: *Recyclingpotentiale bei Photovoltaikanlagen.* 2012 (Vortrag im Rahmen des 18. Kolloquium Abfall & Altlasten aktuell am 12.01.2012)

[Wade 2013] WADE, A.: *Rückführungskonzepte und Aufbereitungsverfahren für Photovoltaikmodule: Stand der Technik und rechtliche Rahmenbedingungen.* Iserlohn, 2013 (Vortrag im Rahmen des 4. Urban Mining Kongress vom 12. bis 13.06.2013)

[Wade 2014a] WADE, A.: *Evolution of First Solar's Module Recycling Technology.* Hamburg, 2014 (Vortrag im Rahmen der EU PVSEC am 23.09.2014)

[Wade 2014b] WADE, A.: *Regulatory Developments in Europe – Minimum collection and treatment standards for EOL PV panels: Update from the CENELEC Working Group.* 2014. – URL https://www.photovoltaic-conference.com/images/stories/29th/5_parallelevents/PV-life-cycle/04_Andreas_WADE.pdf. – Zugriffsdatum: 23.09.14

[Walther 2005] WALTHER, G.: *Recycling von Elektro- und Elektronik-Altgeräten: Strategische Planung von Stoffstrom-Netzwerken für kleine und mittelständische Unternehmen.* Wiesbaden : Dt. Univ.-Verlag, 2005

[Walther et al. 2008a] WALTHER, G. ; SPENGLER, T. ; QUEIRUGA, D.: Facility location planning for treatment of large household appliances in Spain. In: *International Journal of Environmental Technology and Management* 8 (2008), Nr. 4, S. 405–425

[Walther et al. 2008b] WALTHER, G. ; STEINBORN, J. ; SPENGLER, T.: Robuste Planung von Netzwerken zum Produktrecycling. In: INDERFURTH, K.; NEUMANN, G.; SCHENK, M.; WÄSCHER, G.; ZIEMS, D. (Hrsg.): *Begleitband zur 13. Magdeburger Logistiktagung: Netzwerklogistik.* Magdeburg : LOGiSCH, 2008, S. S. 235–249

[Wambach 2013] WAMBACH, K.: *Erfassung von Solarmodulen: Zukünftige Entsorgungsmengen.* Iserlohn, 2013 (Vortrag im Rahmen des 4. Urban Mining Kongress 2013 vom 12. bis 13.06.2013)

[Wambach et al. 2009] WAMBACH, K. ; SCHLENKER, S. ; MÜLLER, A. ; KONRAD, B.: *A Voluntary Take Back Scheme and Industrial Recycling of Photovoltaic Modules.* Hamburg, 2009 (Vortrag im Rahmen der 24th European Photovoltaic Solar Energy Conference vom 21. bis 25.09.2009)

[WEEE 2012] WEEE: *Richtlinie 2012/19/EU des Europäischen Parlaments und des Rates über Elektro- und Elektronik-Altgeräte (WEEE) vom 13.08.2012.* 2012

[Werner et al. 2011] WERNER, C. ; BREYER, C. ; GERLACH, A. ; ADELMANN, P. ; Q-CELLS SE; HOCHSCHULE ANHALT; UNIVESITÄT KASSEL; HOCHSCHULE ULM (Hrsg.): *Global overview on cumulative installed photovoltaic power.* 2011. – URL `https://www.q-cells.com/uploads/tx_abdownloads/files/Werner2011_poster_GlobalInstPVpower_2ndSmallPV-Appl_Ulm_finalDoc_03.pdf`. – Zugriffsdatum: 08.10.2015

[Werners 1987] WERNERS, B.: An interactive fuzzy programming system. In: *Fuzzy Sets and Systems* 23 (1987), Nr. 1, S. 131–147

[Wesselak und Voswinckel 2012] WESSELAK, V. ; VOSWINCKEL, S.: *Photovoltaik: Wie Sonne zu Strom wird.* Berlin : Springer Vieweg Verlag, 2012

[Weyhe 2014] WEYHE, R.: *ACCUREC RECYCLING GMBH: Solar.* Amsterdam, 2014 (Vortrag im Rahmen der PV SEC am 23.09.2014)

[Williams 1947] WILLIAMS, R.: Six-tenths Factor Aids in Approximating Costs. In: *Chemical Engineering* (1947), S. 124–125

[Wirth 2015] WIRTH, H. ; FRAUNHOFER ISE (Hrsg.): *Aktuelle Daten und Fakten zur Photovoltaik.* 2015

[Wittmann 1968] WITTMANN, W.: *Produktionstheorie.* Berlin und Heidelberg : Springer Verlag, 1968

[Zadeh 1965] ZADEH, L.: Fuzzy sets. In: *Information and Control* 8 (1965), Nr. 3, S. 338–353

[Zentrum für Sonnenenergie- und Wasserstoff-Forschung Baden-Württemberg 2014] ZENTRUM FÜR SONNENENERGIE- UND WASSERSTOFF-FORSCHUNG BADEN-WÜRTTEMBERG: *Vorbereitung und Begleitung der Erstellung des Erfahrungsberichts 2014 gemäß § 65 EEG, Vorhaben IIc Solare Strahlungsenergie: Wissenschaftlicher Bericht im Auftrag des Bundesministeriums für Wirtschaft und Energie.* Stuttgart, 2014

[Zhang et al. 2008] ZHANG, X. ; POTTER, A. ; XIAO, H.: A Research to Uncertainty in Reverse Logistics Decision Making. In: *International Conference on Information Management, Innovation Management and Industrial Engineering*. Los Alamitos : IEEE Computer Society, 2008, S. 195–198

[Zimmermann 2001] ZIMMERMANN, H.-J.: *Fuzzy Set Theory—and Its Applications*. Dordrecht : Springer Netherlands, 2001

[Zingel 2005] ZINGEL, H.: *Handbuch der Material- und Lagerwirtschaft*. Heppenheim und Birmingham : Goyang Media, 2005

FSC
www.fsc.org
MIX
Papier | Fördert gute Waldnutzung
FSC® C083411

Kolibri 360 GmbH
Ferdinand-Jühlke-Straße 7
99095 Erfurt, Deutschland
produktsicherheit@kolibri360.de